贾鸿莉 张可鑫 主编

U0387392

零基础学西门子
S7- 200 SMART PLC
编程及应用

化学工业出版社

·北京·

内 容 简 介

本书首先讲述了常用低压电器和电气控制电路基本知识，然后以 S7-200 SMART PLC 为例，通过实例介绍了 S7-200 SMART PLC 的硬件组成、指令系统和编程软件的使用方法、通信与网络、控制系统的设计等内容。

本书可作为高等院校电气类及相关专业的教材，也可作为电工及电气技术人员培训及自学用书。

图书在版编目（CIP）数据

零基础学西门子 S7-200 SMART PLC 编程及应用/贾鸿莉，张可鑫主编. —北京：化学工业出版社，2021.6
ISBN 978-7-122-38807-0

Ⅰ.①零…　Ⅱ.①贾…②张…　Ⅲ.①PLC 技术-程序设计-高等学校-教材　Ⅳ.①TM571.61

中国版本图书馆 CIP 数据核字（2021）第 054439 号

责任编辑：高墨荣
责任校对：王素芹　　　　　　　　　　　装帧设计：刘丽华

出版发行：化学工业出版社（北京市东城区青年湖南街 13 号　邮政编码 100011）
印　　装：大厂聚鑫印刷有限责任公司
787mm×1092mm　1/16　印张 13¼　字数 326 千字　2021 年 7 月北京第 1 版第 1 次印刷

购书咨询：010-64518888　　　　　　　　售后服务：010-64518899
网　　址：http://www.cip.com.cn
凡购买本书，如有缺损质量问题，本社销售中心负责调换。

定　　价：48.00 元

前言

可编程控制器（PLC）是集计算机技术、现代控制技术为一体的先进控制装置，在工业控制的各个领域获得了广泛的应用，它具有许多独特的优点，较好地解决了工业领域普遍关心的可靠、安全、灵活、方便、经济等问题。尽管 PLC 的功能非常强大，但是它只能替代继电器-接触器的控制电路，不可替代被控对象的主电路、信号输入和采集电路。除此之外，PLC 的编程思想又和继电器-接触器的控制电路很密切。所以，在学习 PLC 技术之前本书介绍了常用低压电器与电气控技术部分的内容。本书主要以 S7-200 SMART PLC 为例进行讲解，S7-200 SMART PLC 是西门子 SIMATIC 系列中的重要成员，是 S7-200 PLC 的发展方向，其指令和程序结构与 S7- 200 基本上相同。

本书共分为 8 章，第 1 章和第 2 章为电气控制；第 3~8 章为 PLC 应用技术。本书内容安排如下：

第 1 章主要介绍常用低压电器的结构、工作原理等有关知识。第 2 章主要介绍了广泛应用的三相笼型异步电动机的基本控制电路和一些典型控制电路。第 3 章介绍了可编程序控制器的基础知识，重点讲解它的组成、工作原理和工作方式。

第 4 章介绍了编程软件的功能与使用方法。第 5 章介绍了 S7-200 SMART PLC 的编程基础知识，包括 S7-200 SMART 系列 PLC 的硬件组成、数据类型与寻址方式，以及结合例子介绍位逻辑指令、定时器指令和计数器指令的应用。第 6 章介绍了 S7-200 SMART PLC 的功能指令，通过例子介绍了功能指令的使用方法，重点讲解数据传送指令、四则运算指令、逻辑与移位运算指令、数据转换、子程序、中断等指令的应用。第 7 章介绍了 S7-200 SMART PLC 控制系统的设计方法。第 8 章介绍了工业通信网络基础知识，包含 PLC 以太网通信及 RS485/RS232 端口自由通信。

本书各章配有思考与练习，供课后练习使用。本书可作为高等院校电气类及相关专业的教材，也可作为电工及电气技术人员培训及自学用书。

本书由贾鸿莉、张可鑫任主编，魏艳波、刘强任副主编。第 1、3、7 章由魏艳波编写，第 2、4、5 章由张可鑫编写，第 6、8 章由刘强编写，第 2.1 节、4.1 节由陈宝亮编写。陈泮洁、牛志新、赵秋英、张冰、张仁丹、文强、吴文昊、王慧杰、王妙妙、张金、郭锐、张剑、申婷婷、马跃对本书的编写提供了帮助。全书由贾鸿莉拟定编写大纲并负责统稿。

因水平有限，不妥之处在所难免，敬请读者批评指正。

编　者

目录

第3章 可编程序控制器（PLC）基础 / 39

第4章 STEP7-Micro/WIN SMART 编程软件功能与使用 / 50

第5章 西门子 S7-200 SMART PLC 的编程基础及程序设计 / 71

第1章

常用低压电器

本章主要介绍电气控制系统中常用的低压电器，如接触器、继电器、行程开关、熔断器等，介绍它们的作用、分类、结构、工作原理、技术参数、选用原则等内容。要求掌握电磁式电器的基本结构和工作原理；掌握接触器、热继电器、时间继电器、低压断路器、熔断器、行程开关等常用低压电器的功能、用途、工作原理及选用方法等内容，并能用图形符号和文字符号表示它们。理解接触器与继电器的区别、低压断路器和熔断器的区别，为后续学习继电器-接触器控制系统和 PLC 控制系统打下基础。

1.1 低压电器的定义、分类

电器是一种根据外界的信号（机械力、电动力和其它物理量），自动或手动接通和断开电路，从而断续或连续地改变电路参数或状态，实现对电路或非电对象的切换、控制、保护、检测和调节用的电气元件或设备。

低压电器通常指工作在额定电压为交流 1200V、直流 1500V 以下电路中的电器。常用的低压电器主要有接触器、继电器、开关电器、主令电器、熔断器、执行电器、信号电器等，如图 1-1 所示。

低压电器种类繁多，用途广泛，功能多样，构造各异。其分类方法很多，主要有以下几类。

(1) 按用途和控制对象分

① 低压配电电器　主要用于低压配电系统中，实现电能的输送和分配。例如，刀开关、转换开关、低压断路器、熔断器等。

② 低压控制电器　主要用于电气控制系统中，要求寿命长、体积小、重量轻，且动作迅速、准确、可靠。例如，接触器、各种控制继电器、主令电器、电磁铁等。

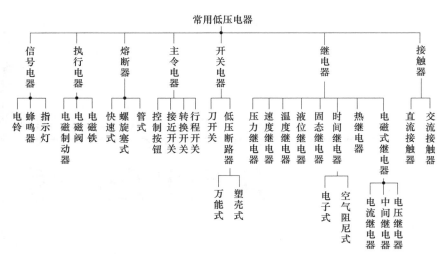

图 1-1　常用低压电器的分类

（2）按动作方式分

① 自动电器　依靠外来信号或其自身参数的变化，通过电磁或压缩空气来完成接通、分断、启动、反向和停止等动作的电器。例如，交/直流接触器、继电器、电磁铁等。

② 手动电器　通过外力（用手或经杠杆）操作手柄来完成指令任务的电器。例如，刀开关、控制按钮、转换开关等。

（3）按工作原理分

① 电磁式电器　利用电磁感应原理来工作的电器。例如，交/直流接触器、各种电磁式继电器、电磁铁等。

② 非电量控制电器　依靠外力或非电量信号（如温度、压力、速度等）的变化而动作的电器。例如，转换开关、刀开关、行程开关、温度继电器、压力继电器、速度继电器等。

1.2　电磁式电器的组成与工作原理

电磁式电器在电气控制系统中使用量最大，其类型也很多。各类电磁式电器在工作原理和构造上基本相同，就其结构而言，主要由两部分组成，即电磁机构和触点系统，其次还有灭弧系统和其它缓冲机构等。

1.2.1　电磁机构

（1）结构形式

电磁机构是电磁式电器的信号检测部分，其主要作用是将电磁能转换为机械能，带动触点动作，实现电路的接通或分断。

电磁机构由电磁线圈、铁芯和衔铁三部分组成。其结构形式按衔铁的运动方式可分为直动式和拍合式，常用的结构形式有下列三种（如图 1-2 所示）。

① 衔铁沿棱角转动的拍合式，如图 1-2（a）所示。这种结构适用于直流接触器。

② 衔铁沿轴转动的拍合式，如图 1-2（b）所示。其铁芯形状有 E 形和 U 形两种，此结

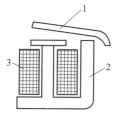  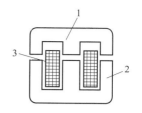

(a) 衔铁沿棱角转动的拍合式　　　　(b) 衔铁沿轴转动的拍合式　　　　(c) 衔铁沿直线运动的双E形直动式

图 1-2 常用的电磁机构结构形式

1—衔铁；2—铁芯；3—电磁线圈

构适用于触点容量较大的交流接触器。

③ 衔铁沿直线运动的双 E 形直动式，如图 1-2（c）所示。这种结构适用于交流接触器、继电器等。

电磁线圈的作用是将电能转换为磁能，即产生磁通，衔铁在电磁吸力作用下产生机械位移使铁芯与之吸合。凡通入直流电的电磁线圈都称为直流线圈，通入交流电的电磁线圈称为交流线圈。由直流线圈组成的电磁机构称为直流电磁机构，由交流线圈组成的电磁机构称为交流电磁机构。对于直流电磁机构，由于电流的大小和方向不变，只有线圈发热，铁芯不发热，通常其衔铁和铁芯均由软钢或工程纯铁制成，所以直流线圈做成高而薄的瘦高形，且不设线圈骨架，使线圈与铁芯直接接触，易于散热。对于交流电磁机构，由于其铁芯中存在磁滞和涡流损耗，线圈和铁芯都要发热，所以交流线圈设有骨架，使铁芯与线圈隔离，并将线圈制成短而厚的矮胖形，有利于线圈和铁芯的散热，通常其铁芯用硅钢片叠铆而成，以减少铁损。

另外，根据电磁线圈在电路中的连接方式可分为串联线圈（又称电流线圈）和并联线圈（又称电压线圈）。串联（电流）线圈串接于电路中，流过的电流较大，为减少对电路的影响，需要较小的阻抗，所以线圈导线粗且匝数少；而并联（电压）线圈并联在电路上，为减小分流作用，降低对原电路的影响，需较大的阻抗，所以线圈导线细且匝数多。

（2）工作原理

电磁式电器的工作原理示意图如图 1-3 所示。其工作原理：当电磁线圈通电后，产生的磁通经过铁芯、衔铁和气隙形成闭合回路，此时衔铁被磁化产生电磁吸力，所产生的电磁吸力克服释放弹簧与触点弹簧的反力使衔铁产生机械位移，与铁芯吸合，并带动触点支架使动、静触点接触闭合。当电磁线圈断电或电压显著下降时，由于电磁吸力消失或过小，衔铁在弹簧反力作用下返回原位，同时带动动触点脱离静触点，将电路切断。

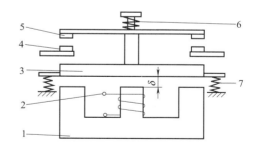

图 1-3 电磁式电器的工作原理示意图

1—铁芯；2—电磁线圈；3—衔铁；4—静触点；5—动触点；6—触点弹簧；7—释放弹簧；δ—气隙

1.2.2 触点系统

触点是一切有触点电器的执行部件，它在衔铁的带动下起接通和分断电路的作用。因此，要求触点导电、导热性能良好。触点通常用铜或银质材料制成。铜的表面容易氧化而生成一层氧化铜，使触点的接触电阻增大，损耗增大，温度上升，影响电器的使用寿命。所以，对于小电流电器（如接触器、继电器等），其触点常采用银质材料。

（1）触点的接触形式

触点主要有两种结构形式：桥式触点和指形触点，如图1-4所示。触点的接触形式有三种，即点接触、线接触和面接触，如图1-5所示。点接触由两个半球形触点或一个半球形与一个平面构成，点接触的桥式触点主要适用于电流不大且压力小的场合，如接触器的辅助触点或继电器触点。桥式触点多为面接触，它允许通过较大的电流。这种触点一般在接触表面上镶有合金，以减小接触电阻并提高耐磨性，多用于大容量、大电流的场合（如交流接触器的主触点）。指形触点的接触形式为线接触，接触区域为一条直线，触点接通或分断时产生滚动摩擦，指形触点的接触形式为线接触，接触区域为一条直线，触点接通或分断时产生滚动摩擦，既可消除触点表面的氧化膜，又可缓冲触点闭合时的撞击，改善触点的电气性能。指形触点适用于接电次数多、电流大的场合。

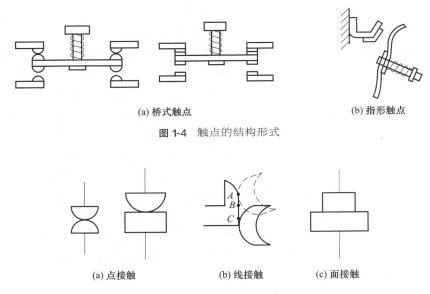

(a) 桥式触点　　　　　　　　　　　　　　(b) 指形触点

图1-4　触点的结构形式

(a) 点接触　　　　　　(b) 线接触　　　　　　(c) 面接触

图1-5　触点的接触形式

（2）触点的分类

触点按其所控制的电路可分为主触点和辅助触点。主触点用于接通或断开主电路，允许通过较大的电流；辅助触点用于接通或断开控制电路，只能通过较小的电流。

触点又有常开触点和常闭触点之分。在无外力作用且线圈未通电时，触点间是断开状态的称为常开触点（即动合触点），反之称为常闭触点（即动断触点）。

1.2.3　灭弧系统

（1）电弧

在通电状态下，动、静触点脱离接触时，如果被开断电路的电流超过某一数值（根据触点材料的不同，其值在0.25～1A之间），开断后加在触点间隙（或称弧隙）两端的电压超过某一数值（根据触点材料的不同，其值在12～20V之间）时，则触点间隙中就会产生电弧。电弧实际上是触点间气体在强电场下产生的放电现象，产生高温并发出强光和火花。电弧的产生为电路中电磁能的释放提供了通路，在一定程度上可以减小电路开断时的冲击电压。但电弧的产生却使电路仍然保持导通状态，使得该断开的电路未能断开，延长了电路的分断时间；同时电弧产生的高温将烧损触点金属表面，降低电器的寿命，严重时会引起火灾或其它事故，因此应采取措施迅速熄灭电弧。

（2）常用的灭弧方法

欲使电弧熄灭，应设法拉长电弧，从而降低电场强度；或者利用电磁力使电弧在冷却介质中运动，以降低弧柱周围的温度；或者将电弧挤入由绝缘的栅片组成的窄缝中以冷却电弧；或者将电弧分成许多串联的短弧。在低压电器中，常用的灭弧方法和灭弧装置有电动力灭弧、栅片灭弧、灭弧罩、窄缝灭弧、磁吹灭弧等。

① 电动力灭弧　桥式触点在分断时本身就具有电动力吹弧功能，不用任何附加装置，便可使电弧迅速熄灭。图 1-6 为一种桥式结构双断口触点（所谓双断口就是在一个回路中有两个产生和断开电弧的间隙）。当触点打开时，在断口中产生电弧，电弧电流在断口中电弧周围产生图中以"⊗"表示的磁场（由右手定则确定，⊗表示磁通的方向是由纸外跑向纸面），在该磁场作用下，电弧受力为 F，其方向指向外侧（由左手定则确定），如图 1-6 所示。在 F 的作用下，电弧向外运动并拉长、冷却而迅速熄灭。这种灭弧方法结构简单，无需专门的灭弧装置，一般多用于小功率电器中。其缺点：当电流较小时，电动力很小，灭弧效果较弱。但当配合栅片灭弧后，也可用于大功率的电器中。交流接触器常采用这种灭弧方法。

② 栅片灭弧　栅片灭弧示意图如图 1-7 所示。当触点分开时，所产生的电弧在吹弧电动力的作用下被推向一组静止的金属片内。这组金属片称为栅片，由多片镀锌薄钢片组成，它们彼此间相互绝缘。灭弧栅片系导磁材料，它将使电弧上部的磁通通过灭弧栅片形成闭合回路。由于电弧的磁通上部稀疏、下部稠密，这种上疏下密的磁场分布将对电弧产生由下至上的电磁力，将电弧推入灭弧栅片中去。当电弧进入栅片后，被分割成一段段串联的短弧，而栅片就是这些短弧的电极，且交流电弧在电弧电流过零瞬间会使每两片灭弧栅片间出现 $150 \sim 250V$ 的绝缘介电强度，使整个灭弧栅的绝缘强度大大加强，使得外加电压不足以维持电弧而迅速熄灭。此外，栅片还能吸收电弧热量，使电弧迅速冷却，这样当电弧进入栅片后就会很快熄灭。交流电器宜采用栅片灭弧。

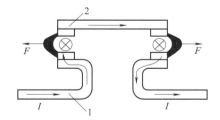

图 1-6　双断口触点的电动力灭弧示意图
1—静触点；2—动触点

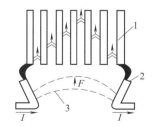

图 1-7　栅片灭弧示意图
1—灭弧栅片；2—触点；3—电弧

③ 灭弧罩　比灭弧栅片更简单的灭弧装置是耐高温的灭弧罩，灭弧罩用石棉水泥板或陶土制成，用以降温和隔弧，可用于交直流灭弧。

④ 窄缝灭弧　窄缝灭弧示意图如图 1-8 所示，是利用灭弧罩的窄缝来实现的。这种灭弧方法多用于大容量接触器。

⑤ 磁吹灭弧　磁吹灭弧示意图如图 1-9 所示。在触点电路中串入一个吹弧线圈，吹弧

线圈 1 由扁铜线弯成，中间装有铁芯 3，它们之间由绝缘套管 2 相隔。铁芯两端装有两片导磁夹板 5，夹持在灭弧罩 6 的两边，动触点 7 和静触点 8 位于灭弧罩内，处在两片导磁夹板之间。图 1-9 表示动、静触点分断过程已经形成电弧（在图中用粗黑线表示）。由于吹弧线圈、主触点与电弧形成串联电路，因此流过触点的电流就是流过吹弧线圈的电流。当电流 I 的方向如图中箭头所示时，电弧电流在它的四周形成一个磁场，根据右手螺旋定则可以判定，电弧上方的磁场方向离开纸面，用 "⊙" 表示；电弧下方的磁场方向进入纸面的，用 "⊗" 表示。在电弧周围还有一个由吹弧线圈中的电流所产生的磁场，根据右手螺旋定则可以判定这个磁场的方向是进入纸面的，用 "×" 表示。这两个磁通在电弧下方方向相同（叠加），在电弧上方方向相反（相减）。因此，电弧下方的磁场强于上方的磁场。在下方磁场作用下，电弧受电动力 F（F 的方向如图 1-9 所示）的作用被吹离触点，经引弧角 4 进入灭弧罩，并将热量传递给罩壁，使电弧冷却熄灭。磁吹灭弧利用电弧电流本身灭弧，因而电弧电流越大，吹弧能力也越强。磁吹力的方向与电流方向无关。磁吹灭弧广泛应用于直流接触器中。

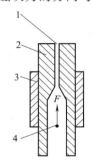

图 1-8 窄缝灭弧示意图
1—纵缝；2—介质；3—磁性夹板；4—电弧

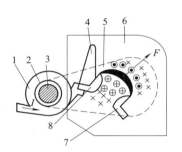

图 1-9 磁吹灭弧示意图
1—吹弧线圈；2—绝缘套管；3—铁芯；4—引弧角；
5—导磁夹板；6—灭弧罩；7—动触点；8—静触点

1.3 接触器

接触器（Contactor）是一种用于频繁地接通或断开交直流主电路及大容量控制电路的自动切换电器。在功能上，接触器除能实现自动切换外，还具有手动开关所不能实现的远距离操作功能和失电压（或欠电压）保护功能。它不同于低压断路器，虽有一定的过载能力，但却不能切断短路电流，也不具备过载保护的功能。由于接触器结构紧凑、价格低廉、工作可靠、维护方便，因而用途十分广泛，是电力拖动自动控制系统中的重要元件之一。在 PLC 控制系统中，接触器常作为输出执行元件，用于控制电动机、电热设备、电焊机、电容器组等负载。

1.3.1 接触器的组成及工作原理

以电磁感应原理工作的接触器其结构组成与电磁式电器相同，一般也由电磁机构、触点系统、灭弧系统、复位弹簧机构或缓冲装置、支架与底座等几部分组成。接触器的电磁机构由电磁线圈、铁芯、衔铁和复位弹簧几部分组成。

接触器的工作原理：当电磁线圈通电后，线圈电流在铁芯中产生磁通，该磁通对衔铁产生克服复位弹簧反力的电磁吸力，使衔铁带动触点动作。触点动作时，常闭触点先断开，常开触点后闭合。当线圈中的电压值降低到某一数值（无论是正常控制还是欠电压、失电压故障，一般降至85%线圈额定电压）时，铁芯中的磁通下降，电磁吸力减小，当减小到不足以克服复位弹簧的反力时，衔铁在复位弹簧的反力作用下复位，使主、辅触点的常开触点断开，常闭触点恢复闭合。这也是接触器的失电压保护功能。

1.3.2 接触器的分类

接触器的种类很多，按驱动方式不同可分为电磁式、永磁式、气动式和液压式，目前以电磁式应用最广泛。本书主要介绍电磁式接触器。

接触器按流过主触点电流性质的不同，可分为交流接触器和直流接触器。它们的电磁线圈电流种类既有与各自主触点电流种类相同的，也有不同的，如对于可靠性要求很高的交流接触器，其线圈可采用直流励磁方式。

(1) 交流接触器

交流接触器用于控制额定电压至660V或1140V、电流至1000A的交流电路，频繁地接通和分断控制交流电动机等电气设备电路，并可与热继电器或电子式保护装置组合成电动机启动器。

交流接触器采用直动式结构，触点灭弧系统位于上部，电磁系统位于下部，触点为双断点且由银合金制成。63A及以上产品有六对辅助触点，三种组合。

① 电磁机构　由电磁线圈、铁芯、衔铁和复位弹簧几部分组成。铁芯一般用硅钢片叠压后铆成，以减少涡流与磁滞损耗，防止过热。电磁线圈绕在骨架上做成扁而厚的形状，与铁芯隔离，这样有利于铁芯和线圈的散热。其铁芯形状有U形和E形两种。E形铁芯的中柱较短，铁芯闭合时上下中柱间形成0.1~0.2mm的气隙，这样可减小剩磁，避免线圈断电后铁芯粘连。交流接触器在铁芯柱端面嵌有短路环。

② 触点系统　交流接触器的触点一般由银钨合金制成，具有良好的导电性和耐高温烧蚀性。触点有主触点和辅助触点之分。主触点用以通断电流较大的主电路，一般由接触面较大的三对（三极）常开触点组成；辅助触点用以通断小电流控制电路，起电气联锁作用，一般由常开、常闭触点成对组成。主触点、辅助触点一般采用双断口桥式触点。电路的通断由主、辅触点共同完成。

③ 灭弧系统　一般10A以下的交流接触器常采用半封闭式陶土灭弧罩或相间隔弧板灭弧；10A以上的接触器的灭弧装置，采用纵缝灭弧罩及栅片灭弧。辅助触点均不设灭弧装置，所以它不能用来分合大电流的主电路。

(2) 直流接触器

直流接触器主要用于远距离接通和分断直流电路以及频繁地启动、停止、反转和反接制动直流电动机，也用于频繁地接通和断开起重电磁铁、电磁阀、离合器的电磁线圈等。其结构和工作原理与交流接触器基本相同。所不同的是，除了触点电流和线圈电压为直流外，其电磁机构多采用绕棱角转动的拍合式结构，其主触点大都采用线接触的指形触点，辅助触点则采用点接触的桥式触点，铁芯用整块铸铁或铸钢制成，通常将线圈绕制成长而薄的圆筒状。由于铁芯中磁通恒定，因此铁芯端面上不需装设短路环。为保证衔铁可靠地释放，常需在铁芯与衔铁之间垫上非磁性垫片，以减小剩磁的影响。直流接触器常采用磁吹式灭弧装置。

接触器的图形符号如图1-10所示，其文字符号为KM。

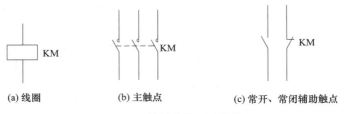

(a) 线圈　　　　　　(b) 主触点　　　　　　(c) 常开、常闭辅助触点

图 1-10　接触器的图形符号

1.4　继电器

继电器（Relay）是一种根据某种输入信号的变化来接通或断开控制电路，实现自动控制和保护的电器。其输入量可以是电压、电流等电气量，也可以是温度、时间、速度、压力等非电气量。

1.4.1　继电器的分类和特性

继电器的种类很多，其分类方法也很多，常用的分类方法如下。

按输入量的物理性质可分为电压继电器、电流继电器、功率继电器、时间继电器、速度继电器、温度继电器等。

按工作原理可分为电磁式继电器、感应式继电器、电动式继电器、热继电器、电子式继电器等。

按输出形式可分为有触点继电器、无触点继电器等。

按用途可分为电力拖动系统用控制继电器和电力系统用保护继电器。本书仅介绍用于电力拖动自动控制系统的控制继电器。

继电器一般由感测机构、中间机构和执行机构三部分组成。感测机构把感测到的电气量和非电气量传递给中间机构，将它与整定值进行比较，当达到整定值（过量或欠量）时，中间机构便使执行机构动作，从而接通或断开电路。无论继电器的输入量是电气量还是非电气量，继电器工作的最终目的都是控制触点的分断或闭合，从而控制电路的通断。从这一点来看，继电器与接触器的作用是相同的，但它与接触器又有区别，主要表现在以下两方面。

① 所控制的电路不同　继电器主要用于小电流（一般在 5A 以下）电路，其触点通常接在控制电路中，反映控制信号，触点容量较小，也无主、辅触点之分，且无灭弧装置；而接触器用于控制电动机等大功率、大电流电路及主电路，一般有灭弧装置。

② 输入信号不同　继电器的输入信号可以是各种物理量，如电压、电流、时间、速度、压力等；而接触器的输入量只有电压。

1.4.2　电磁式继电器

电磁式继电器的结构和工作原理与电磁式接触器基本相同，也由铁芯、衔铁、电磁线圈、复位弹簧和触点等部分组成。由于用在控制电路，接通和分断电流小，一般无需灭弧装置，也没有主、辅触点之分。其典型结构如图 1-11 所示。

常用的电磁式继电器可分为电流继电器、电压继电器和中间继电器。

(1) 电流继电器

电流继电器的输入信号为电流，其线圈与被测电路串联以反映电路中电流的变化而动作。为降低负载效应和对被测量电路参数的影响，其线圈匝数少、导线粗、阻抗小。电流继电器常用于按电流原则控制的场合，如电动机的过载及短路保护、直流电动机失磁保护等。电流继电器有欠电流继电器和过电流继电器两种。

欠电流继电器在正常工作时衔铁吸合，其常开触点闭合、常闭触点断开。当电流降到某一数值（一般为额定电流的 $20\%\sim30\%$）时衔铁释放，触点复位，即常开触点断开、常闭触点闭合，实现欠电流保护或控制作用。过电流继电器在正常工作时不动作，而当电流超过某一整定值时，衔铁吸合，同时带动触点动作，实现过电流保护作用。

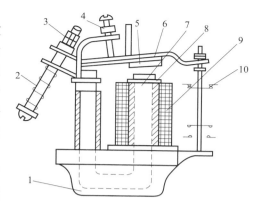

图 1-11 电磁式继电器的典型结构

1—底座；2—反力弹簧；3.4—调节螺钉；
5—非磁性垫片；6—衔铁；7—铁芯；8—极靴；
9—电磁线圈；10—触点系统

(2) 电压继电器

电压继电器的线圈与被测电路并联，其线圈匝数多而导线细。

根据动作电压的不同，电压继电器分为过电压继电器、欠电压继电器和零电压继电器。过电压继电器在线圈电压正常时衔铁不产生吸合动作，而在发生过电压（$1.05U_N\sim1.2U_N$）故障时衔铁吸合；欠电压继电器在线圈电压正常时衔铁吸合，而发生欠电压（$0.4U_N\sim0.7U_N$）时衔铁释放；零电压继电器在线圈电压降到 $0.05U_N\sim0.25U_N$ 时动作。它们分别用作过电压、欠电压和零电压保护。

(3) 中间继电器

中间继电器实质是一种电压继电器。它的特点是触点数量较多，触点容量较大（额定电流为 5～10A），且动作灵敏。其主要用途：当其它继电器的触点数量或触点容量不够时，可借助中间继电器来扩大触点数量或触点容量，起到中间转换的作用。中间继电器也有交流、直流之分，可分别用于交流控制电路和直流控制电路。

(4) 电磁式继电器的图形符号与文字符号

电磁式继电器的图形符号如图 1-12 所示。电流继电器的文字符号为 KI，电压继电器的文字符号为 KV，而中间继电器的文字符号为 KA。

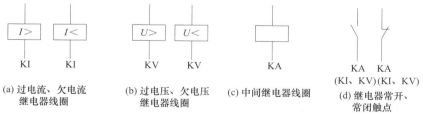

图 1-12 电磁式继电器的图形符号及文字符号

1.4.3 时间继电器

凡在感测元件获得信号后，其执行元件（触点）要经过一个预先设定的延时后才输出信号的继电器称为时间继电器（Time Relay）。这里指的延时，区别于一般电磁式继电器从线圈得电到触点闭合的固有动作时间。

时间继电器常用于按时间原则进行控制的场合。其种类很多，按动作原理可分为直流电磁式、空气阻尼式、电动式和电子式等时间继电器。直流电磁式时间继电器延时时间短（0.3～1.6s），但它的结构比较简单，通常用在断电延时场合。直流电磁式、电动式、空气阻尼式时间继电器在早期的机电控制系统中普遍采用，但定时准确度低、故障率高。随着电子技术的飞速发展，电子式时间继电器以其性能好、功能强得到了广泛应用。

根据延时方式的不同，时间继电器可分为通电延时继电器和断电延时继电器。通电延时继电器接收输入信号后，延迟一定的时间后输出信号才发生变化，而当输入信号消失后，输出信号瞬时复位；断电延时继电器接收输入信号后，瞬时产生输出信号，而当输入信号消失后，延迟一定的时间后输出信号才复位。时间继电器的图形符号如图 1-13 所示，其文字符号为 KT。

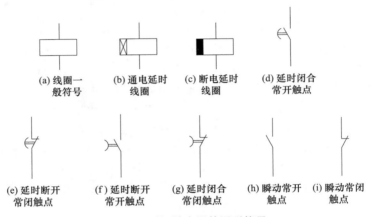

图 1-13　时间继电器的图形符号

1.4.4　热继电器

热继电器（Thermal Relay）利用电流的热效应原理和发热元件的热膨胀原理，在出现电动机不能承受的过载时，断开电动机控制电路，实现电动机的断电停车，主要用于电动机的过载保护、断相保护及电流不平衡运行的保护，热继电器还常和交流接触器配合组成电磁启动器，广泛用于三相异步电动机的长期过载保护。

双金属片式热继电器由于结构简单、体积较小、成本较低，应用广泛。由于热继电器中发热元件具有热惯性，因此它不同于过电流继电器和熔断器，不能用作瞬时过载保护，更不能用作短路保护。

热继电器按拥有热元件的极数分，有两相结构和三相结构两种类型。两相结构的热继电器使用时将两只热元件分别串接在任两相电路中，三相结构的热继电器使用时将三只热元件分别串接在三相电路中。三相结构中有三相带断相保护和不带断相保护两种。

按复位方式分，有自动复位（触点断开后能自动返回到原来位置）和手动复位两种。

按电流调节方式分，有无电流调节和电流调节（借更换热元件来改变整定电流）两种。

按控制触点分，有带常闭触点（触点动作前是闭合的）、带常闭和常开触点两种。

热继电器主要由热元件、双金属片、触点、复位弹簧和电流调节装置等部分组成。图

1-14 为热继电器的工作原理示意图。双金属片是热继电器的感测元件，它由两种不同线胀系数的金属用机械碾压而成。线胀系数大的称为主动层，常用线胀系数高的铜或铜镍铬合金制成；线胀系数小的称为被动层，常用线胀系数低的铁镍合金制成。在加热之前，双金属片长度基本一致，热元件串接在电动机定子绕组电路中，反映电动机定子绕组电流。当电动机正常运行时，热元件产生的热量虽能使双金属片 2 弯曲，但还不足以使热继电器动作；当电动机过载时，流过热元件的电流增大，热元件产生的热量增加，使双金属片弯曲位移增大，经过一定时间后，双金属片弯曲到推动导板 4，并通过补偿双金属片 5 与推杆 14 将触点 9 与 6 分开，切断电动机的控制电路，使主电路停止工作。调节旋钮 11 是一个偏心轮，它与支撑件 12 构成一个杠杆，转动偏心轮，改变它的半径即可改变补偿双金属片 5 与导板 4 的接触距离，达到调节整定动作电流的目的。通过调节复位螺钉 8 可改变常开触点 7 的位置，使热继电器工作在手动复位和自动复位两种工作状态。调试手动复位时，在故障排除后要按下按钮 10 才能使常闭触点恢复到接触位置。

热继电器的图形符号如图 1-15 所示，其文字符号为 FR。

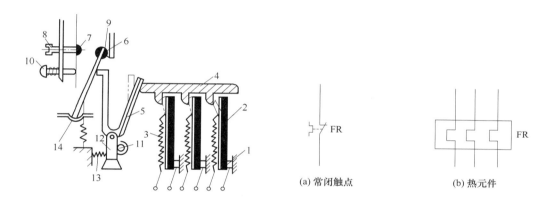

图 1-14　热继电器的工作原理示意图　　　图 1-15　热继电器的图形符号及文字符号

1—接线端子；2—双金属片；3—热元件；4—导板；5—补偿双金属片；6,9—常闭触点；7—常开触点；8—复位螺钉；10—按钮；11—调节旋钮；12—支撑件；13—压簧转动偏心轮；14—推杆

1.4.5　速度继电器

速度继电器利用速度大小为信号与接触器配合，实现三相笼型异步电动机的反接制动控制，因此亦称为反接制动继电器。

感应式速度继电器主要由转子、定子和触点三部分组成，其原理结构如图 1-16 所示。转子是一个圆柱形永久磁铁，其轴与被控制电动机的轴相连接。定子是一个由硅钢片叠成的笼型空心圆环，并装有笼型绕组。定子空套在转子上，能独自偏摆。当电动机转动时，速度继电器的转子随之转动，这样就在速度继电器的转子和定子圆环之间的气隙中产生旋转磁场而感应出电动势，并产生电流，此电流与旋转的转子磁场作用产生转矩，使定子随转子转动方向偏转一定角度。转子转速越高，定子偏转角度越大。当偏转到一定角度时，与定子连接的摆锤推动动触点，使常闭触点分断。当电动机转速进一步升高后，摆锤继续偏摆，使动触点与静触点的常开触点闭合。当电动机转速下降时，摆锤偏转角度随之下降，动触点在簧片作用下复位（常开触点打开、常闭触点闭合）。

　　一般速度继电器的动作速度为 120r/min，触点的复位速度在 100r/min 以下，转速在 3000～3600r/min 能可靠地工作，允许操作频率每小时不超过 30 次。速度继电器主要根据电动机的额定转速来选择。使用时，速度继电器的转轴应与电动机同轴连接，安装接线时，正反向的触点不能接错，否则不能起到反接制动时接通和分断反向电源的作用。一般速度继电器都有两个常开、常闭触点，触点的额定电压为 380V、额定电流为 2A。速度继电器的文字符号为 KS，图形符号如图 1-17 所示。

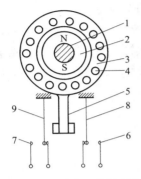

图 1-16　速度继电器的原理结构

1—转轴；2—转子；3—定子；4—绕组；
5—摆锤；6,7—静触点；8,9—簧片

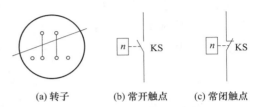

(a) 转子　　(b) 常开触点　　(c) 常闭触点

图 1-17　速度继电器的图形符号及文字符号

1.5　主令电器

　　主令电器（Electric Command Device）是自动控制系统中用于发出指令或信号的电器。主令电器用于控制电路，不能直接分合主电路。

　　主令电器应用广泛、种类繁多。常用的主令电器有控制按钮、行程开关、接近开关、万能转换开关、主令控制器及其它主令电器（如脚踏开关、钮子开关、紧急开关）等。

1.5.1　控制按钮

　　控制按钮（Push Button）是一种结构简单、控制方便、应用广泛的主令电器。在低压控制电路中，按钮用于手动发出控制信号，短时接通和断开小电流的控制电路。在 PLC 控制系统中，按钮也常作为 PLC 的输入信号元件。

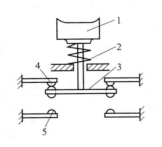

图 1-18　按钮结构

1—按钮帽；2—复位弹簧；3—动触点；
4—常闭静触点；5—常开静触点

　　按钮由按钮帽、复位弹簧、桥式动静触点和外壳等组成，其结构如图 1-18 所示。按钮常做成复合式，即同时具有一对常开触点（动合触点）和常闭触点（动断触点）按下按钮帽时常闭触点先断开，然后常开触点闭合（即先断后合，触点的额定电流一般在 5A 以下）。去掉外力后，在复位弹簧的作用下，常开触点断开，常闭触点复位。

　　控制按钮的结构种类很多，可分为普通揿钮式、蘑菇头式、自锁式、自复位式、旋钮式、带指示灯式及钥匙式等。有单钮、双钮、三钮及不同组合形式，一般是采用积木式结构。旋钮式和钥匙式的按钮也称为选择开关，有双位选择开关和多位选择开关之分。选择开关和一般按钮的区别在于选择开关不能自动复位。

为了标明各个按钮的作用，避免误操作，通常将按钮帽做成红、绿、黑、黄、白等颜色，以示区别。一般红色表示停止按钮，绿色表示启动按钮，红色蘑菇头的表示急停按钮。

按钮的主要技术参数有外观形式及安装孔尺寸、触点数量及触点的电流容量等。

按钮的文字符号为 SB，图形符号如图 1-19 所示。

(a) 常开按钮　　(b) 常闭按钮　　(c) 复合按钮

图 1-19　按钮的图形符号

1.5.2　行程开关

行程开关（Travel Switch）又称限位开关或位置开关，是一种利用生产机械某些运动部件的撞击来发出控制信号的小电流（5A 以下）主令电器。它用来限制生产机械运动的位置或行程，使运动的机械按一定位置或行程自动停止、反向运动、变速运动或自动往返运动等。

行程开关的种类很多，按头部结构分为直动式、滚轮直动式、杠杆式、单轮式、双轮式、滚轮摆杆可调式、弹簧杆式等；按动作方式分为瞬动型和蠕动型。

直动式行程开关的作用与按钮相同，也是用来接通或断开控制电路。只是行程开关触点的动作不是靠手动操作，而是利用生产机械某些运动部件的碰撞使触点动作，从而将机械信号转换为电信号，通过控制其它电器来控制运动部件的行程大小、运动方向或进行限位保护。

行程开关由触点或微动开关、操作机构及外壳等部分组成，当生产机械某些运动部件触动操作机构时，触点动作。为了使触点在生产机械缓慢运动时仍能快速动作，通常将触点设计成跳跃式的瞬动结构，其结构示意图如图 1-20 所示。触点断开与闭合的速度不取决于推杆的行进速度，而由弹簧的刚度和结构所决定。触点的复位由复位弹簧来完成。

滚轮式行程开关通过滚轮和杠杆的结构，来推动类似于微动开关中的瞬动触点机构而动作。当运动的机械部件压动滚轮到一定位置时，使得杠杆平衡点发生转变，从而迅速推动活动触点，实现触点瞬间切换，触点的分合速度不受运动机械移动速度的影响。其它各种结构的行程开关，只是传感部件的机构和工作方式不同，而触点的动作原理都是类似的。

行程开关的文字符号为 SQ，图形符号如图 1-21 所示。

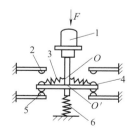

图 1-20　行程开关的触点结构示意图

1—推杆；2—常开静触点；3—触点弹簧

4—动触点；5—常闭静触点；6—复位弹簧

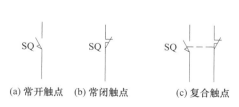

(a) 常开触点　　(b) 常闭触点　　(c) 复合触点

图 1-21　行程开关的图形符号

1.5.3 接近开关

接近开关（Proximity Switch）是一种非接触式的、无触点行程开关。当某一物体接近其信号机构时，它就能发出信号，从而进行相应的操作，而且不论所检测的物体是运动的还是静止的，接近开关都会自动地发出物体接近的动作信号。它不像机械行程开关那样需要施加机械力，而是通过感应头与被测物体间介质能量的变化来获取信号的。

接近开关不仅能代替有触点行程开关来完成行程控制和限位保护，还可用于高频计数、测速、液面检测、检测零件尺寸、检测金属体的存在等。由于它具有无机械磨损、工作稳定可靠、寿命长、重复定位精度高以及能适应恶劣的工作环境等特点，所以在航空航天、工业生产、公共服务（如银行、宾馆的自动门等）等领域得到了广泛应用。

接近开关按其工作原理可分为涡流式、电容式、光电式、热释电式、霍尔效应式和超声波式等。

涡流式接近开关是利用导电物体在接近高频振荡器的线圈磁场（感应头）时，使物体内部产生涡流。这个涡流反作用到接近开关，使振荡电路的电阻增大，损耗增加，直至振荡减弱终止。由此识别出有无导电物体移近，进而控制开关的通、断。这种接近开关所能检测的物体必须是导电体。涡流式接近开关的工作原理框图如图1-22所示。

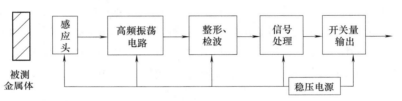

图 1-22　涡流式接近开关的工作原理框图

电容式接近开关是通过物体移向接近开关时，使电容的介电常数发生变化，从而使电容量发生变化来感测的。它的检测对象可以是导体、绝缘的液体或粉状物等。光电式接近开关是利用光电效应做成的开关。将发光器件与光电器件按一定方向装在同一个检测头内，当有反光面（被检测物体）接近时，光电器件接收到反射光后就有输出信号，由此来感测物体的接近。

热释电式接近开关用能感知温度变化的元件做成。将热释电器件安装在开关的检测面上，当有与环境温度不同的物体接近时，热释电器件的输出便发生变化，从而检测出有无物体接近。

霍尔效应式接近开关利用霍尔元件做成。当磁性物件移近霍尔效应式接近开关时，开关检测面上的霍尔元件因产生霍尔效应而使开关内部电路的状态发生变化，由此识别附近有无磁性物体存在，从而控制开关的通或断。霍尔效应式接近开关的检测对象必须是磁性物体。

超声波式接近开关是利用多普勒效应做成的开关。当物体与波源的距离发生改变时，接收到的反射波的频率会发生偏移，这种现象称为多普勒效应。声呐和雷达就是利用这个效应的原理制成的。利用多普勒效应可制成超声波式接近开关、微波式接近开关等。当有物体移近时，接近开关接收到的反射信号会产生多普勒频移，由此可以识别出有无物体接近。

接近开关的主要技术参数有动作距离、重复准确度、操作频率、复位行程等。接近开关比行程开关价格高，一般用于工作频率高、可靠性及精度要求均较高的场合。

在一般的工业生产场所，通常都选用涡流式接近开关和电容式接近开关，因为这两种接近开关对环境的要求条件较低。当被测对象是导电物体或可以固定在一块金属物上时，一般都选用涡流式接近开关，因为它的响应频率高、抗环境干扰性能好、应用范围广、价格较低。若被测对象是非金属（或金属）、液位高度、粉状物高度、塑料、烟草等，则应选用电容式接近开关，因为这种开关的响应频率低，但稳定性好。若被测对象是导磁材料或者为了区别和它在一同运动的物体而把磁钢埋在被测对象内时，应选用霍尔效应式接近开关，因为它的价格最低。

光电式接近开关工作时对被测对象几乎没有任何影响，因此，在要求较高的传真机上、烟草机械上都广泛地使用。在防盗系统中，自动门通常使用热释电式、超声波式、微波式接近开关，有时为了提高识别的可靠性，上述几种接近开关往往被复合使用。接近开关的文字符号为 SP，图形符号如图 1-23 所示。

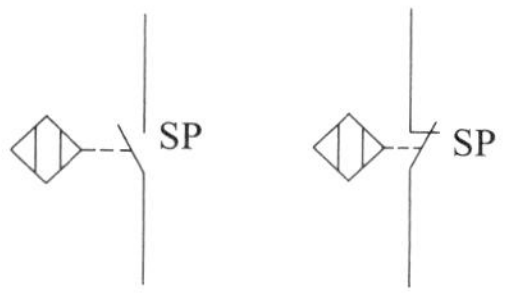

(a) 常开触点　　(b) 常闭触点

图 1-23　接近开关的图形符号

1.6　信号电器

信号电器主要用来对电气控制系统中的某些信号的状态、报警信息等进行指示，主要有信号灯（指示灯）、灯柱、电铃和蜂鸣器等。

指示灯在各类电气设备及电气电路中作电源指示及指挥信号、预告信号、运行信号、故障信号及其它信号的指示。指示灯主要由发光体、壳体及灯罩等组成。指示灯的外形结构多样，发光体主要有白炽灯、氖灯和半导体灯三种。发光颜色有红、黄、绿、蓝、白五种，具体含义见表 1-1。

▫ 表 1-1　指示灯的颜色及其含义

颜色	含义	解释	典型应用
红色	异常情况或报警	对可能出现危险和需要立即处理的情况报警	电源指示;温度超过规定限制;设备重要部分已被保护电器切断
黄色	警告	状态改变或变量接近其极限值	参数偏离正常值
绿色	准备、安全	安全运行条件指示或机械准备启动	冷却系统运转
蓝色	特殊指示	上述几种颜色未包括的任一种功能	选择开关处于指定位置
白色	一般信号	上述几种颜色未包括的各种功能,如某种动作正常	

指示灯的文字符号为 HL，而照明灯的文字符号为 EL。

信号灯柱是一种由几种颜色的环形指示灯叠装在一起的指示灯，可根据不同的控制信号而使不同的灯点亮。灯柱常用于生产线上不同的信号指示。

电铃和蜂鸣器属于声响类指示器件。在警报发生时，不仅需要指示灯指示具体的故障情况，还需要声响报警，以光、声方式告知操作人员。蜂鸣器一般用在控制设备上，而电铃主要用在较大场合的报警系统中。

1.7 开关电器

1.7.1 刀开关

刀开关又称隔离开关，是一种结构最简单、应用最广泛的手控电器。它广泛应用于各种配电设备和供电线路中，用来非频繁地接通和分断没有负载的低压供电线路，常见的一种胶盖瓷底刀开关也可作为电源隔离开关，并可对小容量电动机做不频繁的直接启动。

刀开关一般由手柄、触刀（动触点）、静插座、铰链支座和绝缘底板组成，如图1-24所示。操作手柄时，使触刀绕铰链支座转动，就可将触刀插入静插座内或使触刀脱离静插座，从而完成接通或断开操作。

刀开关主要包括大电流刀开关、负荷开关、熔断器式刀开关三种。刀开关按触刀极数可分为单极式、双极式和三极式；按转换方式可分为单投式和双投式；按操作方式可分为手柄直接操式和杠杆式。

大电流刀开关是一种新型电动操作并带手动的刀开关。它适用于频率为50Hz、交流电压至1000V、直流电压至1200V、额定工作电流为6000A及以下的电力线路中，作为无载操作、隔离电源之用。

负荷开关包括开启式负荷开关和封闭式负荷开关两种。

开启式负荷开关俗称胶盖瓷底开关（或闸刀开关），主要作为电气照明电路、电热电路及小容量电动机的不频繁带负荷操作的控制开关，也可作为分支电路的配电开关。开启式负荷开关由操作手柄、熔丝、触刀、触点座和底座组成，如图1-25所示。该开关装有熔丝，可起到短路保护作用。

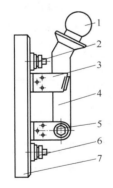

图1-24 手柄操作式单极刀开关的结构

1—手柄；2—进线接线柱；3—静插座；4—触刀；
5—铰链支座；6—出线接线柱；7—绝缘底板

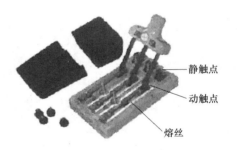

静触点
动触点
熔丝

图1-25 开启式负荷开关的外形和结构

封闭式负荷开关俗称铁壳开关，一般用于电力排灌、电热器及电气照明等设备中，用来不频繁地接通和分断电路及全电压启动小容量异步电动机，并对电路有过载和短路保护作用。封闭式负荷开关还具有外壳门机械闭锁功能，开关在合闸状态时，外壳门不能打开。刀开关的文字符号为QS，图形符号如图1-26所示。

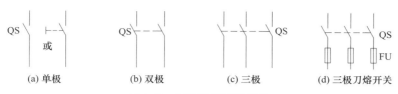

| (a) 单极 | (b) 双极 | (c) 三极 | (d) 三极刀熔开关 |

图 1-26 刀开关的图形符号

1.7.2 低压断路器

低压断路器（Low-Voltage Circuit Breaker）俗称自动开关或自动空气开关，是低压配电网系统、电力拖动系统中非常重要的开关电器和保护电器。它主要在低压配电线路或开关柜（箱）中作为电源开关使用，并对线路、电气设备及电动机等进行保护。它不仅可以用来接通和分断正常负载电流、电动机工作电流和过载电流，而且可以不频繁地接通和分断短路电流。它相当于刀开关、熔断器、热继电器、过电流继电器和欠电压继电器的组合，是一种既有手动开关作用，又能自动进行欠电压、失电压、过载和短路保护的电器。低压断路器与接触器的区别在于：接触器允许频繁地接通或分断电路，但不能分断短路电流；而低压断路器不仅可分断额定电流、一般故障电流，还能分断短路电流，但单位时间内允许的操作次数较少。

由于低压断路器具有操作安全、工作可靠、动作后（如短路故障排除后）不需要更换元件等优点，在低压配电系统、照明系统、电热系统等场合常被用作电源引入开关和保护电器，取代了过去常用的刀开关和熔断器的组合。

低压断路器按用途和结构特点可分为框架式（又称万能式）、塑料外壳式、直流快速式、限流式、漏电保护式等类型；按极数可分为单极式、双极式、三极式和四极式；按操作方式可分为直接手柄操作式、杠杆操作式、电磁铁操作式和电动机操作式。

（1）框架式断路器

框架式断路器具有绝缘衬底的框架结构底座，所有结构元件都装在同一框架或底座上，可有较多结构变化方式和较多类型脱扣器。一般大容量断路器多采用框架式结构，用于配电网络的保护。

（2）塑料外壳式断路器

塑料外壳式断路器具有模压绝缘材料制成的封闭型外壳，可以将所有构件组装在一个塑料外壳内，结构紧凑、体积小。一般小容量断路器多采用塑料外壳式结构，用作配电网络的保护及电动机、照明电路、电热器等的控制开关。

（3）直流快速式断路器

直流快速式断路器具有快速电磁铁和强有力的灭弧装置，最快动作时间可在 0.02s 以内，用于半导体整流器件和整流装置的保护。

（4）限流式断路器

限流式断路器一般具有特殊结构的触点系统，当短路电流通过时，触点在电动力作用下斥开而提前呈现电弧，利用电弧电阻来快速限制短路电流的增长。它比普通断路器有较大的开断能力，并能快速限制短路电流对被保护电路的电动力和热效应的作用，常用于短路电流相当大（高达 70kA）的电路中。

（5）漏电保护式断路器

漏电保护式断路器既有断路器的功能，又有漏电保护的功能。当有人触电或电路泄漏电流超过规定值时，漏电保护断路器能在 0.1s 内自动切断电源，保障人身安全和防止设备因发生泄漏电流造成的事故。漏电保护断路器是目前民用住宅领域中最理想的配电保护开关。

以上介绍的断路器大多利用了热效应或电磁效应原理，通过机械系统的动作来实现开关和保护功能。目前，还出现了多种智能断路器，其特征是采用了以微处理器或单片机为核心的智能控制器。它不仅具有普通断路器的各种保护功能，而且还具有实时显示电路中的电气参数，对电路进行在线监视、测量、自诊断和通信功能；还能够对各种保护功能的动作参数进行显示、设定和修改，并具有进行故障参数的存储等功能。低压断路器的文字符号为 QF，图形符号如图 1-27 所示。

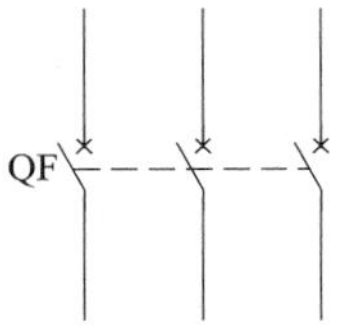

图 1-27　低压断路器的图形符号

1.8　熔断器

熔断器（Fuse）是一种结构简单、使用方便、价格低廉的保护电器。它常用作电路或用电设备的严重过载和短路保护，主要用来作短路保护。

1.8.1　熔断器的结构和工作原理

熔断器主要由熔体（俗称保险丝）、安装熔体的熔座（或熔管）和支座三部分组成。其中熔体是控制熔断特性的关键元件。熔体的材料、尺寸和形状决定了熔断特性。熔体材料分为低熔点和高熔点两类。低熔点材料如铅和铅合金，其熔点低容易熔断，由于其电阻率较大，故制成熔体的截面积尺寸较大，熔断时产生的金属蒸气较多，只适用于低分断能力的熔断器；高熔点材料如铜和银，其熔点高不容易熔断，但由于其电阻率较小，可制成比低熔点熔体较小的截面积尺寸，熔断时产生的金属蒸气少，适用于高分断能力的熔断器。熔体的形状有丝状和带状两种，改变其截面的形状可显著改变熔断器的熔断特性。熔管是装熔体的外壳，由陶瓷、绝缘钢纸或玻璃纤维制成，在熔体熔断时兼有灭弧作用。

熔断器的熔体串联在被保护电路中。当电路正常工作时，熔体允许通过一定大小的电流而长期不熔断；当电路严重过载时，熔体能在较短时间内熔断；当电路发生短路故障时，熔体能在瞬间熔断。熔断器的特性可通过熔体的电流和熔断时间的关系曲线来描述，如图 1-28 所示，它是一反时限特性曲线。因为电流通过熔体时产生的热量与电流的二次方和电流通过的时间成正比，所以电流越大，熔体的熔断时间越短，这一特性又称为熔断器的安秒特性。

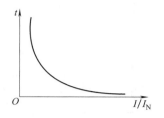

图 1-28　熔断器的安秒特性

1.8.2　熔断器的类型

熔断器的种类很多，按使用电压可分为高压熔断器和低压熔断器；按结构可分为插入式熔断器、螺旋式熔断器、无填料封闭管式熔断器和有填料封闭管式熔断器；按用途可分为一般工业用熔断器、保护半导体器件熔断器及自复式熔断器等。

（1）插入式熔断器

常用的插入式熔断器其结构如图 1-29 所示。由软铝丝或铜丝制成熔体，结构简单，价格低廉，由于其分断能力较低，一般多用于民用和照明电路中。

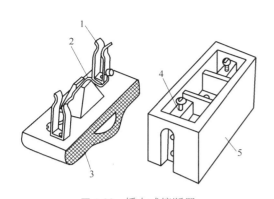

图 1-29 插入式熔断器

1—动触点；2—熔丝；3—瓷盖；4—静触点；5—瓷座图

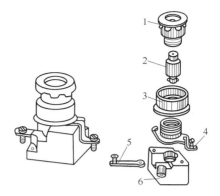

图 1-30 螺旋式熔断器的外形与结构

1—瓷帽；2—熔管；3—瓷套；4—上接线柱；

5—下接线柱；6—底座

（2）螺旋式熔断器

常用的螺旋式熔断器的外形与结构如图 1-30 所示。熔体是一个瓷管，内装石英砂和熔丝，石英砂用于熔断时的灭弧和散热，瓷管头部装有一个染成红色的熔断指示器，一旦熔体熔断，指示器马上弹出脱落，透过瓷帽 1 上的玻璃孔可以看到。该熔断器具有较大的热惯性和较小的安装面积，常用于机床电气控制。

（3）封闭管式熔断器

封闭管式熔断器分为无填料管式、有填料管式和快速熔断器三种。

无填料封闭管式熔断器的外形和结构如图 1-31 所示。熔管采用纤维物制成，熔体采用变截面的锌合金片制成。当发生短路故障时，熔体在最细处熔断，并且多处同时熔断，有助于提高分断能力。熔体熔断时，电弧被限制在封闭管内，不会向外喷出，故使用起来较为安全。另外，在熔断过程中，纤维熔管的部分纤维物因受热而分解，产生高压气体，使电弧很快熄灭，从而提高了熔断器的分断能力。无填料封闭管式熔断器一般与刀开关组成熔断器式刀开关使用，常用于低压电力线路或成套配电设备中，起连续过载和短路保护作用。

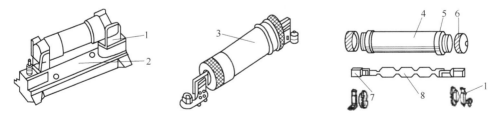

图 1-31 无填料封闭管式熔断器的外形和结构

1—夹座；2—底座；3—熔管；4—钢纸管；5—黄铜套；6—黄铜帽；7—触刀；8—熔体

有填料封闭管式熔断器的结构如图 1-32 所示。熔体一般采用纯铜箔冲制的网状熔片并联而成，瓷质熔管内充满了石英砂填料，起冷却和灭弧的作用。有填料封闭管式熔断器的额定电流为 50～1000A，可以分断较大的电流，故常用于大容量的配电线路中。

（4）自复式熔断器

自复式熔断器采用低熔点金属钠做熔体，当发生短路故障时，短路电流产生的高温使钠

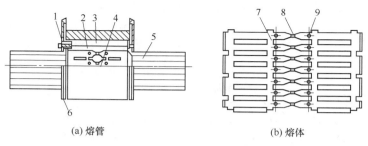

(a) 熔管   (b) 熔体

图 1-32 有填料封闭管式熔断器的结构

1—熔断指示器；2—指示器熔体；3—石英砂；4—工作熔体；5—触刀；6—盖板；7—引弧栅；8—锡桥；9—变截面小孔

图 1-33 熔断器的图形符号

迅速气化，呈现高阻状态，从而限制了短路电流的进一步增加。一旦故障消失，温度下降，金属钠蒸气冷却并凝结，重新恢复原来的导电状态，为下一次动作做好准备。由于自复式熔断器只能限制短路电流，却不能真正切断电路，故常与断路器配合使用。它的优点是不必更换熔体，可重复使用。

熔断器的文字符号为 FU，图形符号如图 1-33 所示。

 思考与练习

1. 电磁式电器主要由哪几部分组成？各部分的作用是什么？

2. 如何区分直流电磁机构和交流电磁机构？如何区分电压线圈和电流线圈？

3. 低压电器中常用的灭弧方式有哪些？各适用于哪些场合？

4. 接触器的作用是什么？根据结构特征如何区分交、直流接触器？

5. 接触器和中间继电器有什么异同？选用接触器时应注意哪些问题？

6. 什么是主令电器？常用的主令电器有哪些？控制按钮和行程开关有何异同？

7. 既然在电动机主电路中装有熔断器，为什么还要装热继电器？两者能否相互代替？

8. 熔断器主要用于短路保护，低压断路器也具有短路保护功能，两者有什么区别？

9. 刀开关的作用是什么？有哪些种类？刀开关在安装和接线时应注意什么？

10. 画出下列低压电器的图形符号，并标注其文字符号。

（1）时间继电器的所有线圈和触点；（2）热继电器的热元件和常闭触点；

（3）行程开关的常开、常闭触点；（4）复合按钮；

（5）熔断器和低压断路器；（6）速度继电器的常开、常闭。

第 2 章

基本电气控制电路

本章主要以电动机或其它执行器件为控制对象，介绍由各种低压电器构成的基本电气控制电路，包括三相笼型异步电动机的启动、运行、制动等基本控制电路及顺序控制、行程控制、多地控制等典型控制电路。尽管这种有触点的断续开环控制方式在灵活性和可靠性方面不及后续介绍的 PLC 控制，但它以其逻辑清楚、结构简单、价格便宜、抗干扰能力强等优点而被广泛使用。本章是分析和设计机械设备电气控制电路的基础，要求大家熟练掌握，这样对后续学习 PLC 控制系统将会有很大的帮助。

2.1 交流电动机的基本控制电路

三相笼型异步电动机由于结构简单、运行可靠、使用维护方便、价格便宜等优点得到了广泛的应用。三相笼型异步电动机的启动、停止、正反转、调速、制动等电气控制电路是最基本的控制电路。本节以三相笼型异步电动机为控制对象，介绍基本电气控制电路。电气控制电路应最大限度地满足生产工艺的要求。

2.1.1 三相笼型异步电动机直接启动控制电路

在电力拖动系统中，启、停控制是最基本的、最主要的一种控制方式。三相笼型异步电动机的启动有直接启动（全电压）和减压启动两种方式。直接启动简单、经济，但启动电流可能达到额定电流的 4～7 倍。过大的启动电流一方面会造成电网电压显著下降，另一方面电动机频繁启动会严重发热，加速绕组的老化。所以直接启动电动机的容量受到一定的限制。

一般容量在 10kW 以下的电动机常采用直接启动方式。下面介绍电动机直接启动控制电路，包括电动机单向运行和双向运行控制电路。

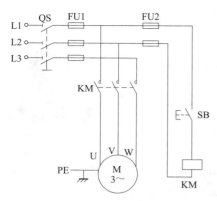

图 2-1 单向点动控制电路

2.1.1.1 电动机单向点动控制电路

图 2-1 为三相笼型异步电动机单向点动控制电路。它是一个最简单的控制电路。由隔离开关 QS、熔断器 FU1、接触器 KM 的主触点与电动机 M 构成主电路。FU1 作电动机 M 的短路保护。

按钮 SB、熔断器 FU2、接触器 KM 的线圈构成控制电路。FU2 作控制电路的短路保护。

电路图中的电器一般不表示出空间位置，同一电器的不同组成部分可不画在一起，但文字符号应标注一致。例如，图 2-1 中接触器 KM 的线圈与主触点不画在一起，但必须用相同的文字符号 KM 来标注。

PE 为电动机 M 的保护接地线。

电路的工作原理：启动时，合上隔离开关 QS，引入三相电源，按下按钮 SB，接触器 KM 的线圈得电吸合，KM 的主触点闭合，电动机 M 因接通电源便启动运转。松开按钮 SB，按钮就在自身弹簧的作用下恢复到原来断开的位置，接触器 KM 的线圈失电释放，KM 的主触点断开，电动机失电停止运转。可见，按钮 SB 兼作停止按钮。

这种"一按（点）就动，一松（放）就停"的电路称为点动控制电路。点动控制电路常用于调整机床、对刀操作等。因短时工作，电路中可不设热继电器。

2.1.1.2 电动机单向自锁控制电路

单向点动控制电路只适用于机床调整、刀具调整。而机械设备工作时，要求电动机做连续运行，即要求按下按钮后，电动机就能启动并连续运行直至加工完毕为止。单向自锁控制电路就是具有这种功能的电路。

图 2-2 为三相笼型异步电动机单向自锁控制电路。由隔离开关 QS、熔断器 FU1、接触器 KM 的主触点、热继电器 FR 的热元件与电动机 M 构成主电路。

启动按钮 SB2、停止按钮 SB1、接触器 KM 的线圈及常开辅助触点、热继电器 FR 的常闭触点和熔断器 FU2 构成控制电路。

（1）电路的工作原理

启动时，合上 QS，引入三相电源，按下启动按钮 SB2，交流接触器 KM 的电磁线圈通电，接触器的主触点闭合，电动机因接通电源直接启动运转。同时，与 SB2 并联的 KM 常开辅助触点闭合，这样

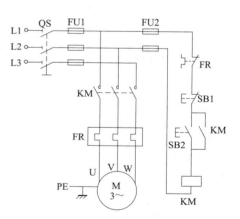

图 2-2 单向自锁控制电路

当手松开，SB2 自动复位时，接触器 KM 的线圈仍可通过接触器 KM 的常开辅助触点使接触器线圈继续通电，从而保持电动机的连续运行。这种依靠接触器自身辅助触点而使其线圈保持通电的现象称为自锁，起自锁作用的辅助触点称为自锁触点。

要使电动机 M 停止运转，只要按下停止按钮 SB1，将控制电路断开即可。这时接触器 KM 的线圈断电释放，KM 的主触点将三相电源切断，电动机 M 停止运转。当手松开按钮后，SB1 的常闭触点在复位弹簧的作用下，虽又恢复到原来的常闭状态，但接触器线圈已不

再能依靠自锁触点通电了，因为原来闭合的自锁触点早已随着接触器线圈的断电而断开了。

（2）**电路的保护环节**

① 短路保护　熔断器 FU1、FU2 用作短路保护，但达不到过载保护的目的。为使电动机在启动时熔体不被熔断，熔断器熔体的规格必须根据电动机启动电流的大小作适当选择。

② 过载保护　热继电器 FR 具有过载保护作用。使用时，将热继电器的热元件接在电动机的主电路中作检测元件，用以检测电动机的工作电流，而将热继电器的常闭触点接在控制电路中。当电动机长期过载或严重过载时，热继电器才动作，其常闭触点断开，切断控制电路，接触器 KM 的线圈断电释放，电动机停止运转，实现过载保护。

③ 欠电压和失电压保护　该电路依靠接触器本身实现欠电压和失电压保护。当电源电压由于某种原因而严重欠电压或失电压时，接触器的衔铁自行释放，电动机停止运转。而当电源电压恢复正常时，接触器的线圈也不能自动通电，只有在操作人员再次按下启动按钮 SB2 后电动机才会启动。

控制电路具备了欠电压和失电压保护功能后，有以下三个方面的优点：

a. 防止电压严重下降时，电动机在低电压下运行；

b. 避免多台电动机同时启动而造成的电压严重下降；

c. 防止电源电压恢复时，电动机突然启动运转造成设备和人身事故。

防止电源电压恢复时电动机自启动的保护也称为零电压保护。

单向自锁控制电路不仅能实现电动机的频繁启动控制，而且可以实现远距离的自动控制，是最常用的简单控制电路。这三种保护也是三相笼型异步电动机最常用的保护，它们对电动机安全运行非常重要。

2.1.1.3　电动机单向点动、自锁混合控制电路

实际生产中，有的生产机械既需要连续运转进行加工生产，又需要在进行调整工作时采用点动控制，这就产生了单向点动、自锁混合控制电路。该电路的主电路同图 2-2，其控制电路可由图 2-3 所示的电路实现。

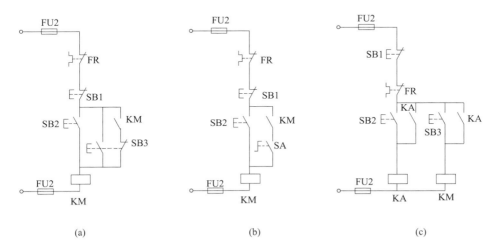

（a）　　　　　　　　　　　　　（b）　　　　　　　　　　　　　（c）

图 2-3　单向点动、自锁混合控制电路

图 2-3（a）中采用一个复合按钮 SB3 来实现点动、自锁混合控制。点动控制时，按下复合按钮 SB3，其常闭触点先断开自锁电路，常开触点后闭合，使接触器 KM 的线圈通电，

主触点闭合，电动机启动运转；当松开 SB3 时，SB3 的常开触点先断开，常闭触点后合上，接触器 KM 的线圈失电，主触点断开，电动机停止运转，从而实现点动控制。若需要电动机连续运转，则按启动按钮 SB2 即可，停机时需按停止按钮 SB1。复合按钮 SB3 的常闭触点作为联锁触点串联在接触器 KM 的自锁触点电路中。

注意：点动时，若接触器 KM 的释放时间大于按钮恢复时间，则点动结束，SB3 的常闭触点复位时，接触器 KM 的常开触点尚未断开，使接触器自保电路继续通电，就无法实现点动了。

图 2-3（b）中采用转换开关 SA 来实现点动、自锁混合控制。需要点动时，将 SA 打开，自锁回路断开，按下 SB2 实现点动控制。需要连续运转时，合上转换开关 SA，将 KM 的自锁触点接入，就可实现连续运转了。

图 2-3（c）中采用中间继电器 KA 来实现点动、自锁混合控制。按下按钮 SB3 时，KM 的线圈通电，主触点闭合，电动机启动运转。当松开 SB3 时，KM 的线圈断电，主触点断开，电动机停止运转。若需要电动机连续运转，则按下启动按钮 SB2 即可，此时中间继电器 KA 的线圈通电吸合并自锁；KA 的另一触点接通 KM 的线圈。当需要停止电动机运转时，按下停止按钮 SB1 即可。

由于使用了中间继电器 KA，使点动与连续运转联锁可靠。

电动机点动和连续运转控制的关键是自锁触点是否接入。若能实现自锁，则电动机连续运转；若断开自锁回路，则电动机实现点动控制。

2.1.1.4　电动机正反转控制电路

生产机械的运动部件做正、反两个方向的运动（如车床主轴的正向、反向运转，龙门刨床工作台的前进、后退，电梯的上升、下降等），均可通过控制电动机的正、反转来实现。由三相交流电动机原理可知，将电动机的三相电源进线中的任意两相对调，其旋转方向就会改变。为此，采用两个接触器分别给电动机接入正转和反转的电源，就能够实现电动机正转、反转的切换。

（1）正—停—反控制电路

图 2-4（a）为电动机正转—停止—反转的控制电路。图中断路器 QF 作为电源引入开关，它具有短路保护、过载保护和失电压保护的功能。由于两个接触器 KM1、KM2 的主触点所接电源的相序不同，从而可改变电动机的转向。接触器 KM1 和 KM2 的触点不可同时闭合，以免发生相间短路故障，为此就需要在各自的控制电路中串接对方的常闭触点，构成互锁。电动机正转时，按下正向启动按钮 SB2，KM1 的线圈得电并自锁，KM1 的常闭触点断开，这时，即使按下反向启动按钮 SB3，KM2 也无法通电。当需要反转时，先按下停止按钮 SB1，令接触器 KM1 的线圈断电释放，KM1 的常闭触点复位闭合，电动机停转；再按下反向启动按钮 SB3，接触器 KM2 的线圈才能得电，电动机反转。由于电动机由正转切换成反转时，需先停下来，再反向启动，故称该电路为正—停—反控制电路。图 2-4（a）中，利用接触器辅助常闭触点互相制约的方法称为互锁，而实现互锁的辅助常闭触点称为互锁触点。

（2）正—反—停控制电路

图 2-4（a）中，要使电动机由正转切换到反转，需先按停止按钮 SB1，这显然在操作上不便，为了解决这个问题，可利用复合按钮进行控制，将启动按钮的常闭触点串联接入到对方接触器线圈的电路中，就可以直接实现正反转的切换控制了，控制电路如图 2-4（b）所示。

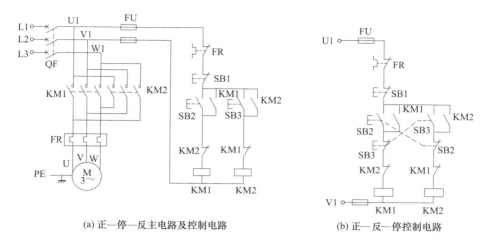

(a) 正—停—反主电路及控制电路　　　　　　　(b) 正—反—停控制电路

图 2-4　三相异步电动机正反转控制电路

正转时，按下正转启动复合按钮 SB2，此时，接触器 KM1 的线圈通电吸合，同时，KM1 的辅助常闭触点断开，辅助常开触点闭合起自锁作用，KM1 的主触点闭合，电动机正转运行。欲切换电动机的转向，只需按下反向启动复合按钮 SB3 即可。按下 SB3 后，其常闭触点先断开接触器 KM1 的线圈回路，接触器 KM1 释放，其主触点断开正转电源，常闭辅助触点复位；复合按钮 SB3 的常开触点后闭合，接通接触器 KM2 的线圈回路，接触器 KM2 的线圈通电吸合且辅助常开触点闭合自锁，接触器 KM2 的主触点闭合，反向电源接入电动机绕组，电动机做反向启动并运转，从而直接实现正、反向切换。要使电动机停止，按下停止按钮 SB1 即可使接触器 KM1 或 KM2 的线圈断电，主触点断开电动机电源而停机。

图 2-4（a）中，由接触器 KM1、KM2 常闭触点实现的互锁称为"电气互锁"；图 2-4（b）中，由复合按钮 SB2、SB3 常闭触点实现的互锁称为"机械互锁"。图 2-4（b）中既有"电气互锁"，又有"机械互锁"，故称为"双重互锁"，该电路进一步保证了 KM1、KM2 不能同时通电，提高了可靠性。

欲使电动机由反向运转直接切换成正向运转，操作过程与上述类似。

2.1.1.5　自动停止控制电路

具有自动停止的正反转控制电路如图 2-5 所示。它以行程开关作为控制元件来控制电动机的自动停止。在正转接触器 KM1 的线圈回路中，串联接入正向行程开关 SQ1 的常闭触点，在反转接触器 KM2 的线圈回路中，串联接入反向行程开关 SQ2 的常闭触点，这就成为具有自动停止的正反转控制电路。这种电路能使生产机械每次启动后自动停止在规定的地方，它也常用于机械设备的行程极限保护。

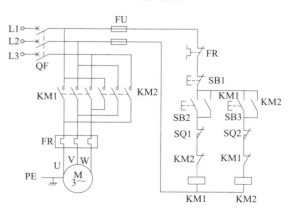

图 2-5　自动停止控制电路

电路的工作原理：当按下正转启动按钮 SB2 后，接触器 KM1 的线圈通电吸合并自锁，电动机正转，拖动运动部件做相应的移动，当位移至规定位（或极限位置）时，安装在运动部件上的挡铁（撞块）便压下行程开关 SQ1，SQ1 的常闭触点断开，切断 KM1 的线圈回路，KM1 断电释放，电动机停止运转。这时即使再按 SB2，KM1 也不会吸合，只有按反转启动按钮 SB3，电动机反转，使运动部件退回，挡铁脱离行程开关 SQ1，SQ1 的常闭触点复位，为下次正向启动做准备。反向自动停止的控制原理与上述相同。

这种选择运动部件的行程作为控制参量的控制方式称为按行程原则的控制方式。

2.1.1.6 自动往返控制电路

生产实践中，有些生产机械的工作台需要自动往返控制，如龙门刨床、导轨磨床等，它们是采用复合行程开关 SQ1、SQ2 实现自动往返控制的。行程开关 SQ1、SQ2 的安装示意图如图 2-6（a）所示。在图 2-5 所示电路的基础上，将右端行程开关 SQ1 的常开触点并联在 SB3 的两端，左端行程开关 SQ2 的常开触点并联在 SB2 的两端，即构成自动往返控制电路。

电路的工作原理：当按下正转启动按钮 SB2 后，接触器 KM1 的线圈通电吸合并自锁，电动机正转，拖动运动部件向右移动，当位移至规定位置（或极限位置）时，安装在运动部件上的挡铁 1 便压下 SQ1，SQ1 的常闭触点断开，切断 KM1 的线圈回路，KM1 的主触点断开，且 KM1 的辅助常闭触点复位，由于 SQ1 的常闭触点断开后其常开触点闭合，这样，KM2 的线圈得电，其主触点接通反向电源，电动机反转，拖动运动部件向左移动，当挡铁 2 压到 SQ2 时，电动机又切换为正转。如此往返，直至按下停止按钮 SB1。

图 2-6（a）中行程开关 SQ3、SQ4 安装在工作台往返运动的极限位置上，以防止行程开关 SQ1、SQ2 失灵，工作台继续运动不停止而造成事故，起到极限保护的作用。

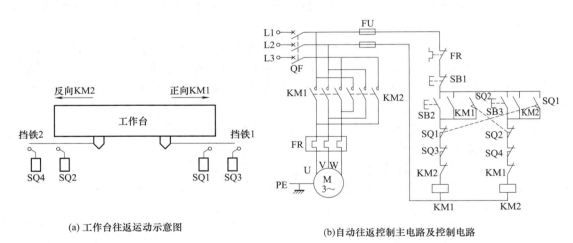

(a) 工作台往返运动示意图   (b) 自动往返控制主电路及控制电路

图 2-6　自动往返控制电路

自动往返控制电路的运动部件每经过一个自动往返循环，电动机要进行两次反接制动，会出现较大的反接制动电流和机械冲击。因此，该电路一般只适用于电动机容量较小、循环周期较长、电动机转轴具有足够刚性的拖动系统中。另外，接触器的容量应比一般情况下选择的容量大一些。自动往返控制的行程开关频繁动作，如采用机械式行程开关容易损坏，可采用接近开关来实现。

2.1.1.7　其它典型控制电路

(1) 多地控制电路

有些机械设备为了操作方便，常在两个或两个以上的地点进行控制。如重型龙门刨床有时在固定的操作台上控制，有时需要站在机床四周，操作悬挂按钮进行控制；又如自动电梯，人在轿厢里时可以控制，人在轿厢外也能控制；再如有些场合为了便于集中管理，由中央控制台进行控制，但每台设备调整、检修时，又需要就地进行控制。为了操作方便，X62W 型万能铣床在工作台的正面和侧面各有一组按钮供操作机床用。

两地控制电路如图 2-7 所示。图中，SB1、SB3 为安装在铣床正面的停止按钮和启动按钮，SB2、SB4 为安装在铣床侧面的停止按钮和启动按钮。操作者无论在铣床正面按下启动按钮 SB3，或是在铣床侧面按下启动按钮 SB4，都可使接触器 KM 的线圈得电，其主触点接通电动机电源而使电动机启动运转。此时若需停车，操作在铣床正面按下 SB1 或在铣床侧面按下 SB2，均可使 KM 的线圈失电，电动机停止运转。

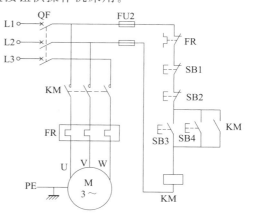

图 2-7　两地控制电路

图 2-7 中，两地的启动按钮 SB3、SB4 常开触点并联起来控制接触器 KM 的线圈，只要其中任一按钮闭合，接触器 KM 的线圈就得电吸合；两地的停止按钮 SB1、SB2 常闭触点串联起来控制接触器 KM 的线圈，只要其中有一个触点断开，接触器 KM 的线圈就断电。推而广之，n 地控制电路只要将 n 地的启动按钮的常开触点并联起来、n 地的停止按钮的常闭触点串联起来控制接触器 KM 的线圈，即可实现 n 地启、停控制。

(2) 顺序启、停控制电路

具有多台电动机拖动的机械设备，在操作时为了保证设备的安全运行和工艺过程的顺利进行，对电动机的启动、停止，必须按一定的顺序来控制，称为电动机的顺序控制。顺序控制在机械设备中很常见，如某机床的油泵电动机要先于主轴电动机启动。

两台电动机顺序启动控制电路如图 2-8 所示。控制要求电动机 M2 必须在 M1 启动后才能启动；M2 可以单独停止，但 M1 停止时，M2 要同时停止。

图 2-8 (a) 所示电路的工作原理：合上断路器 QF，按下启动按钮 SB2，接触器 KM1 的线圈得电吸合且自锁，电动机 M1 启动运转。自锁触点 KM1 闭合，为 KM2 的线圈得电做好准备。这时，按下启动按钮 SB4，接触器 KM2 的线圈得电吸合并自锁，电动机 M2 启动运转。可见，只有使 KM1 的辅助常开触点闭合，电动机 M1 启动后，才为启动 M2 做好准备，从而实现了电动机 M1 先启动、M2 后启动的顺序控制。按下按钮 SB3，电动机 M2 可单独停止；若按下按钮 SB1，则 M1、M2 同时停止。

图 2-8 (b) 为按时间原则实现顺序控制的电路。控制要求电动机 M1 启动 t 秒后，电动机 M2 自动启动。这里利用时间继电器 KT 的延时闭合常开触点来实现顺序控制。

(3) 步进控制电路

在步进控制电路中，程序是依次自动转换的。采用中间继电器组成的步进控制电路如图 2-9 所示，由每一个中间继电器线圈的"得电"和"失电"来表征某一程序的开始和结

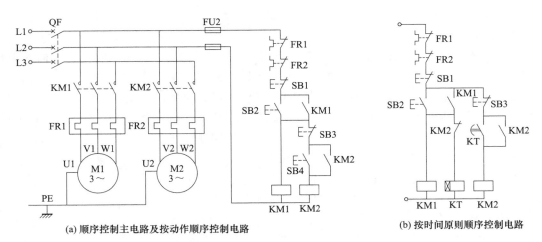

(a) 顺序控制主电路及按动作顺序控制电路　　　　　　　　(b) 按时间原则顺序控制电路

图 2-8　两台电动机顺序启动控制电路

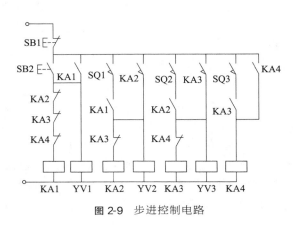

图 2-9　步进控制电路

束。图中，电磁阀 YV1、YV2、YV3 为第一至第三程序步的执行电器；行程开关 SQ1、SQ2、SQ3 用于检测前三个程序步动作的完成。

电路的工作原理：按下启动按钮 SB2，中间继电器 KA1 的线圈得电吸合且自锁，执行电器电磁阀 YV1 的线圈也得电吸合，执行第一程序步。这时，中间继电器 KA1 的另一个常开触点也已闭合，为继电器 KA2 的线圈得电做好准备。当第一程序步执行完毕后，行程开关 SQ1 动作，常开触点闭合，使中间继电器 KA2 的线圈得电吸合且自锁，同时 KA2 的常闭触点断开，切断中间继电器 KA1 和电磁阀 YV1 的线圈通电回路，使 KA1、YV1 的线圈失电，即第一程序步结束。这时，电磁阀 YV2 的线圈得电吸合，使程序转到第二程序步。中间继电器 KA2 的常开触点闭合，为 KA3 的线圈得电做好准备，当第三程序步执行完毕后，行程开关 SQ3 动作，使中间继电器 KA4 的线圈得电吸合且自锁，同时切断 KA3、YV3 的线圈通电回路，第三程序步结束。

在上述控制过程中，每一时刻保证只有一个程序步在工作。每个程序步均包含程序的开始（或程序的转移）、程序的执行、程序的结束三个阶段。这里以上一个程序步动作的完成作为转入下一个程序的转换信号，使程序依次自动地转换执行。

按停止按钮 SB1，中间继电器 KA4 的线圈失电，为下一次步进工作做好准备。

2.1.2　三相笼型异步电动机减压启动控制电路

由于大容量笼型异步电动机的直接启动电流很大，会引起电网电压降低，使电动机转矩减小，甚至启动困难，而且还会影响同一供电网络中其它设备的正常工作，所以容量大（大于 10kW）的笼型异步电动机的启动电流应限制在一定的范围内，不允许直接启动，因而采用减压启动的方法，即启动时降低加在电动机定子绕组上的电压，启动后再将电压恢复到额定值正常运行。由于电枢电流与外加电压成正比，所以，降低电压可达到限制启动电流的目的。但由于电动机转矩与电压的二次方成正比，故减压启动将导致电动机启动转矩大为降低。因此，减压启动适用于空载或轻载下启动。

笼型异步电动机常用的减压启动方法有：定子绕组串电阻减压启动、星-三角减压启动、自耦变压器减压启动、延边三角形减压启动和使用软启动器启动等。

2.1.2.1　电动机定子绕组串电阻减压启动控制电路

电动机定子绕组串电阻减压启动控制电路如图 2-10 所示。电动机启动时，在三相定子电路中串接电阻 R，使电动机定子绕组电压降低；待电动机转速接近额定转速时，再将串接电阻短接，使电动机在额定电压下正常运行。按下 SB2 后，KM1 首先得电并自锁，同时使时间继电器 KT 得电并开始计时，延时时间到，KM2 得电并自锁，电动机定子绕组串接电阻被短接，电动机做正常全电压运行。

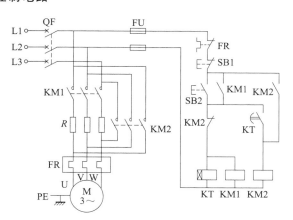

图 2-10　电动机定子绕组串电阻减压启动控制电路

这种启动方式不受电动机连接方式的限制，设备简单。在机床控制中，作点动调整控制的电动机，常用串接电阻减压启动方式来限制启动电流。启动电阻一般采用由电阻丝绕制的板式电阻或铸铁电阻，电阻功率大，限流能力强，但由于启动过程中能量消耗较大，也常将电阻改用电抗，但电抗价格高，成本大。

2.1.2.2　星-三角减压启动控制电路

对于正常运行时定子绕组为三角形连接的笼型异步电动机，可采用星-三角减压启动方法来限制启动电流。启动时，定子绕组先接成星形，待转速上升到接近额定转速时，将定子绕组的连接方式由星形改接成三角形，使电动机进入全电压正常运行状态。图 2-11（a）为星-三角转换绕组连接示意图。

图 2-11（b）为星-三角减压启动主电路及控制电路。该主电路由三只接触器进行控制，其中，KM3 的主触点闭合，将电动机绕组连接成星形；KM2 的主触点闭合，将电动机组连接成三角形；KM1 的主触点则用来控制电源的通断。KM2、KM3 不能同时吸合，否则将出现三相电源短路事故。

控制电路中，采用时间继电器来实现电动机绕组由星形连接向三角形连接的自动转换。

电路的工作原理：按下启动按钮 SB2，时间继电器 KT、接触器 KM3 的线圈得电，接触器 KM3 的主触点闭合，将电动机绕组接成星形。随着 KM3 得电吸合，KM1 的线圈得电并自锁，电动机绕组在星形连接下启动。待电动机转速接近额定转速时，KT 延时完毕，其常闭延时触点动作，接触器 KM3 失电，其常闭触点复位，KM2 得电吸合，将电动机绕组接成三角形，电动机进入全电压运行状态。该控制电路的特点如下：

① 接触器 KM3 先吸合，KM1 后吸合。这样，KM3 的主触点是在无负载的条件下进行接触，可以延长 KM3 主触点的使用寿命。

② 互锁保护措施。KM3 的常闭触点在电动机启动过程中锁住 KM2 的线圈回路，只有在电动机启动完毕，并且 KM3 的线圈失电后，KM2 才可能得电吸合；KM2 的常闭触点与

SB2 串联，在电动机正常运行时，如果有人误按启动按钮 SB2，KM2 的常闭触点能防止接触器 KM3 得电动作而造成电源短路，使电路工作更为可靠，同时也可防止接触器 KM2 的主触点由于熔焊住或机械故障而没有断开时，可能出现的电源短路事故。

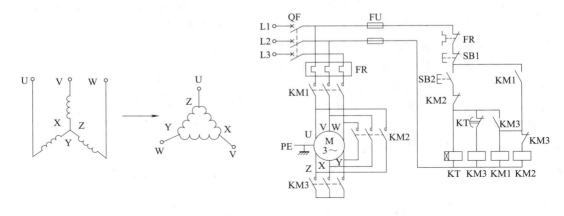

(a) 星-三角转换绕组连接示意图   (b) 星-三角减压启动主电路及控制电路

图 2-11 星-三角减压启动控制电路

③ 电动机绕组由星形连接向三角形连接自动转换后，随着 KM3 失电，KT 失电复位。这样，节约了电能，延长了电器的使用寿命，同时 KT 常闭触点的复位为第二次启动做好准备。

与其它减压启动方法比，星-三角减压启动电路简单、操作方便、价格低，在机床电动机控制中得到了普遍应用。星-三角减压启动时，加到定子绕组上的启动电压降至额定电压的 $1/\sqrt{3}$，启动电流降为三角形连接直接启动时的 $1/\sqrt{3}$，从而限制了启动电流，但由于启动转矩也降低到了原来的 $1/\sqrt{3}$，所以该启动方法仅适用于轻载或空载启动的场合。

2.1.2.3 自耦变压器减压启动控制电路

在自耦变压器减压启动的控制电路中，电动机启动电流的限制是依靠自耦变压器的降压作用来实现的。电动机启动时，定子绕组得到的电压是自耦变压器的二次电压，一旦启动完毕，自耦变压器便被短接，自耦变压器的一次电压（即额定电压）直接加于定子绕组，电动机进入全电压正常运行状态。

采用时间继电器完成的自耦变压器减压启动控制电路如图 2-12 所示。启动时，合上电源开关 QF，按下启动按钮 SB2，接触器 KM1、KM3 的线圈和时间继电器 KT 的线圈得电，KT 的瞬时动作常开触点闭合，接触器 KM1、KM3 的主触点闭合将电动机定子绕组经自耦变压器接至电源，开始减压启动。时间继电器经过一定时间延时后，其延时常闭触点打开，使接触器 KM1、KM3 的线圈失电，KM1、KM3 的主触点断开，从而将自耦变压器切除。同时，KT 的延时闭合常开触点闭合，使 KM2 的线圈得电，KM2 的常开辅助触点闭合自锁，电动机在全电压下运行，完成整个启动过程。

自耦变压器减压启动时对电网的电流冲击小，功率损耗小，主要适用于启动较大容量的星形或三角形连接的电动机，启动转矩可以通过改变抽头的连接位置而改变。它的缺点是自耦变压器结构相对复杂，价格较高，而且不允许频繁启动。

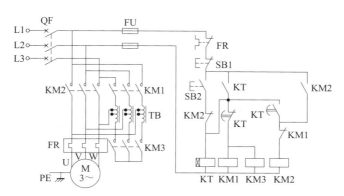

图 2-12 自耦变压器减压启动控制电路

2.1.3 三相绕线转子异步电动机启动控制电路

绕线转子异步电动机可以通过集电环在转子绕组中串接外加电阻来达到减小启动电流、提高转子电路的功率因数和增加启动转矩的目的。

串接在三相转子绕组中的外加启动电阻，一般都接成星形。在启动前，外加启动电阻全部接入转子绕组。随着启动过程的结束，外接启动电阻被逐段短接。

图 2-13 所示的主电路中，串接了两级启动电阻 R_1、R_2，启动过程中逐步短接启动电阻 R_1、R_2。串接启动电阻的级数越多，启动越平稳。接触器 KM2、KM3 为加速接触器。

控制过程中选择电流作为控制参量进行控制的方式称为电流原则。图 2-13 所示电路是按电流原则控制绕线转子异步电动机启动的。它采用电流继电器，并依据电动机转子电流的变化，来自动逐段切除转子绕组中所串接的启动电阻。

图 2-13 中，KI1 和 KI2 为电流继电器，其线圈串接在转子绕组电路中。这两个电流继电器的吸合电流大小相同，但释放电流不一样，KI1 的释放电流大，KI2 的释放电流小。刚启动时，转子绕组中启动电流很大，电流继电器 KI1 和 KI2 的线圈都吸合，它们接在控制电路中的常闭触点都断开，外接启动电阻全部接入转子绕组电路中；待电动机的转速升高后，转子绕组中的电流减小，使电流继电器 KI1 先释放，KI1 的常闭触点复位闭合，使接触器 KM2 的线圈得电吸合，转子绕组电路中 KM2 的主触点闭合，切除电阻。当 R_1 被切除后，转子绕组中的电流重新增大使转速平稳，随着转速继续上升，转子绕组中的电流又会减小，使电流继电器 KI2 释放，其常闭触点复位，接触器 KM3 的线圈得电吸合，转子绕组电路中 KM3 的主触点闭合，把第二级电阻 R_2 又短接切除，至此电动机启动过程结束。

图 2-13 中，中间继电器 KA 起转换作用，保证启动时全部启动电阻接入转子绕组电路。只有在中间继电器 KA 的线圈得电，KA 的常开触点闭合后，接触器 KM2 和 KM3 的线圈才有可能得电吸合，然后才能逐级切除电阻，这样就保证了电动机在串入全部启动电阻的情况下进行启动。

2.1.4 三相笼型异步电动机制动控制电路

三相笼型异步电动机从切除电源到完全停止旋转，由于惯性的关系，总要经过一段时间，这往往不能适应某些生产机械工艺的要求，如万能铣床、卧式床、电梯等，为提高生产

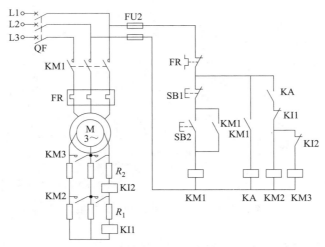

图 2-13 绕线转子异步电动机控制电路

效率及准确停位，要求电动机能迅速停车，因此要求对电动机进行制动控制。

制动方法一般有两大类：机械制动和电气制动。

机械制动是采用机械装置强迫电动机断开电源后迅速停转的制动方法，主要采用电磁抱闸、电磁离合器等制动，两者都是利用电磁线圈通电后产生磁场，使静铁芯产生足够大的吸力吸合衔铁或动铁芯（电磁离合器的动铁芯被吸合，动、静摩擦片分开），克服弹簧的拉力而满足现场的工作要求。电磁抱闸是靠闸瓦的摩擦制动闸，电磁离合器是利用动、静摩擦片之间足够大的摩擦力使电动机断电后立即停车的。

电气制动是电动机在切断电源的同时给电动机一个和实际转向相反的电磁转矩（制动转矩）迫使电动机迅速停车的制动方法。常用的电气制动方法有反接制动、能耗制动。

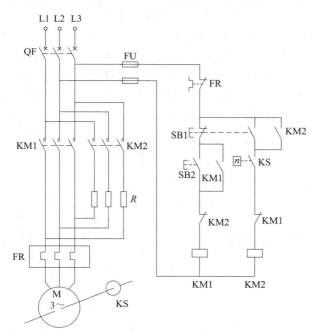

图 2-14 单向运行反接制动控制电路

2.1.4.1 反接制动控制电路

反接制动是利用改变电动机电源相序，使定子绕组产生的旋转磁场与转子惯性旋转方向相反，因而产生制动作用的一种制动方法。

（1）单向运行反接制动控制电路

图 2-14 为单向运行反接制动控制电路。主电路中，接触器 KM1 的主触点用来提供电动机的工作电源，接触器 KM2 的主触点用来提供电动机停车时的制动电源。

电路的工作原理：启动时，合上电源开关 QF，按下启动按钮 SB2，接触器 KM1 的线圈得电吸合且自锁，KM1 的主触点闭合，电动机启动运转；当电动机转速升高到一定数值时，速度继电器 KS 的常开触点闭合，为反接制动做好准备。停车时，按停止按钮 SB1，接触器 KM1 的线圈失电释放，KM1 的主触点断开电动机的工作电源；而接触器 KM2 的线圈得电吸合，KM2 的主触点闭合，串入电阻 R 进行反接制动，电动机产生一个反向电磁转矩（即制动转矩），迫使电动机转速迅速下降，当转速降至 100r/min 以下时，速度继电器 KS 的常开触点复位打开，使接触器 KM2 的线圈失电释放，及时切断电动机的电源，防止电动机反向再启动。

（2）可逆运行反接制动控制电路

图 2-15 为可逆运行反接制动控制电路。图中，KM1、KM2 为正、反转接触器，KM3 为短接电阻接触器；KA1～KA3 为中间继电器；KS 为速度继电器，其中 KS1 为正转动作触点，KS2 为反转动作触点。

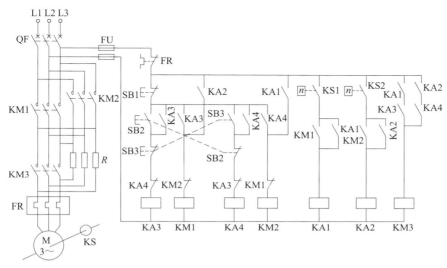

图 2-15　可逆运行反接制动控制电路

由于反接制动时转子与定子旋转磁场的相对速度接近于 2 倍的同步转速，所以定子绕组中流过的反接制动电流相当于全电压直接启动时电流的 2 倍。因此，反接制动的特点是制动迅速、效果好，但冲击力大，通常仅用于 10kW 以下的小容量电动机要求制动迅速及系统惯性大、不经常启动与制动的设备，如铣床、镗床等主轴的制动控制。为了减小冲击电流，通常要求在主电路中串接一定的电阻以限制反接制动电流，这个电阻称为反接制动电阻。

2.1.4.2　能耗制动控制电路

能耗制动是在电动机脱离三相交流电源后，立即使其两相定子绕组加上一个直流电源，即通入直流电流，利用转子感应电流与静止磁场的相互作用来达到制动目的的一种制动方法。该制动方法将电动机旋转的动能转换为电能，消耗在制动电阻上，故称为能耗制动。能耗制动可按时间原则由时间继电器来控制，也可按速度原则由速度继电器来控制。

（1）单向运行能耗制动控制电路

图 2-16 为单向运行能耗制动控制电路。图中，KM1 为单向运行接触器，KM2 为能耗制动接触器，TR 为整流变压器，VC 为桥式整流电路，R 为能耗制动电阻。

图 2-16（b）为按时间原则控制的单向运行能耗制动控制电路。电动机启动时，合上电源开 QF，按下启动按钮 SB2，接触器 KM1 的线圈得电吸合，KM1 的主触点闭合，电动机启动运转。停车时，按下停止按钮 SB1，接触器 KM1 的线圈失电释放，接触器 KM2 和时

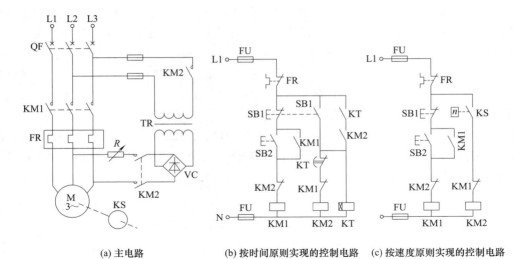

(a) 主电路　　　　　　(b) 按时间原则实现的控制电路　　(c) 按速度原则实现的控制电路

图 2-16 单向运行能耗制动控制电路

间继电器 KT 的线圈得电吸合，KM2 的主触点闭合，电动机定子绕组通入全波整流脉动直流电进入能耗制动状态。当转子的惯性转速接近于零时，KT 的常闭触点延时断开，接触器 KM2 的线圈失电释放，KM2 的主触点断开全波整流脉动直流电源，电动机能耗制动结束。图中 KT 的瞬时常开触点的作用是为了防止发生时间继电器线圈断线或机械卡住故障时，电动机在按下停止按钮 SB1 后仍能迅速制动，两相的定子绕组不至于长期接入能耗制动的直流电流。所以，在 KT 发生故障后，该电路具有手动控制能耗制动的能力，即只要停止按钮处于按下的状态，电动机就能够实现能耗制动。

　　图 2-16（c）为按速度原则控制的单向运行能耗制动控制电路，其能耗制动过程请读者自行分析。

（2）可逆运行能耗制动控制电路

　　图 2-17 为采用速度原则控制的可逆运行能耗制动控制电路。图中，KM1、KM2 为正、反转接触器，KM3 为能耗制动接触器；KS 为速度继电器，KS1 为正转动作触点，KS2 为反转动作触点。

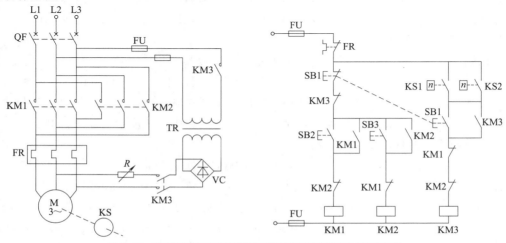

图 2-17 采用速度原则控制的可逆运行能耗制动控制电路

可逆运行能耗制动也可按时间原则进行控制，用时间继电器取代速度继电器进行控制。能耗制动的优点是制动准确、平稳且能量消耗较小，缺点是需要附加直流电源装置，制动效果不及反接制动明显。所以能耗制动一般用于电动机容量较大，启动、制动频繁的场合，如磨床、立式铣床等控制电路中。

2.1.5 电气控制电路中的保护环节

电气控制系统除了应满足生产工艺要求外，还应保证设备长期、安全、可靠、无故障地运行，在发生故障和不正常工作状态下，应能保证操作人员、电气设备和生产机械的安全，并能有效防止事故的扩大。因此，保护环节是所有电气控制系统不可缺少的组成部分。常用的保护环节有短路保护、过电流保护、过载保护、零电压保护、欠电压保护、弱磁保护等，还有保护接地、工作接地等。

（1）短路保护

电动机、电器以及导线的绝缘损坏或线路发生故障时，都可能造成短路事故。短路的瞬时故障电流可达到额定电流的几倍到几十倍，很大的短路电流和电动力可能使电气设备损坏。因此，一旦发生短路故障时，要求控制电路能迅速切除电源。常用的短路保护元件有熔断器和低压断路器。

如图 2-2 所示电路中的 FU1，在对主电路采用三相四线制或对变压器采用中性点接地的三相三线制的供电线路中，必须采用三相短路保护；FU2 是当主电动机容量较大时在控制电路中单独设置短路保护的熔断器。如果电动机容量较小，则控制电路不需要另外设置熔断器，主电路中的熔断器可作为控制电路中的短路保护。

短路保护也可采用断路器，如图 2-4 等所示的电路。此时，断路器除了作为电源引入开关外，还有短路保护和过载保护的功能。其中的过电流线圈具有反时限特性，用作短路保护，热元件用作过载保护。

（2）过电流保护

过电流保护是区别于短路保护的另一种电流型保护，一般采用过电流继电器，其动作电流比短路保护的电流值小，一般动作值为启动电流的 1.2 倍。过电流保护也要求有瞬动保护特性，即只要过电流值达到整定值，保护电器应立即切断电源。

过电流往往是由于不正确的启动和过大的负载引起的，一般比短路电流要小，在电动机运行中产生过电流比发生短路的可能性更大，尤其是在频繁正、反转启动的重复短时工作制电动机中更是如此。过电流保护广泛用于直流电动机或绕线转子异步电动机，对于三相笼型异步电动机，由于其短时过电流不会产生严重后果，故可不设置过电流保护。

（3）过载保护

电动机长期超载运行，绕组温升将超过其允许值，造成绝缘材料变脆、寿命降低，严重时会使电动机损坏，过载电流越大，达到允许温升的时间就越短。常用的过载保护元件是热继电器。过载保护要求保护电器具有反时限特性，即根据电流过载倍数的不同，其动作时间是不同的，它随着电流的增加而减小。

由于热惯性的原因，热继电器不会受电动机短时过载冲击电流或短路电流的影响而瞬时动作，所以在使用热继电器作过载保护的同时，还必须设有短路保护，并且选作短路保护的熔断器熔体的额定电流不应超过 4 倍热继电器发热元件的额定电流。

必须强调指出，短路、过电流、过载保护虽然都是电流保护，但由于故障电流、动作值以及保护特性、保护要求及使用元件的不同，它们之间是不能相互取代的。

（4）零电压保护和欠电压保护

在电动机正常运行中，如果电源电压因某种原因消失而使电动机停转，那么在电源电压恢复时，如果电动机自行启动，就可能造成生产设备损坏，甚至造成人身事故；对于供电电网，同时有许多电动机及其它用电设备自行启动也会引起不允许的过电流及瞬间网络电压下降。为了防止电源消失后恢复供电时电动机自行启动或电气元件的自行投入工作而设置的保护，称为零电压保护。

在单向自锁控制等电路中，启动按钮的自动复位功能和接触器的自锁触点，就使电路本身具有零电压保护的功能。若不采用按钮，而是用不能自动复位的手动开关、行程开关等控制接触器，则必须采用专门的零电压继电器。

当电动机正常运行时，电源电压过分地降低将引起一些电器释放，造成控制电路工作不正常，甚至产生事故；电网电压过低，如果电动机负载不变，则会造成电动机电流增大，引起电动机发热，严重时甚至烧坏电动机。此外，电源电压过低还会引起电动机转速下降，甚至停转。因此，在电源电压降到允许值以下时，需要采用保护措施，及时切断电源，这就是欠电压保护，通常采用欠电压继电器来实现。

2.2 电气控制电路的一般设计法

电气控制电路设计是电气控制系统设计的重要内容之一。电气控制电路的设计方法有两种：一般设计法（或称经验设计法）和逻辑设计法。在熟练掌握电气控制电路基本环节并能对一般生产机械电气控制电路进行分析的基础上，可以对简单的控制电路进行设计。对于简单的电气控制系统，由于成本问题，目前还在使用继电器-接触器控制系统，而稍微复杂的电气控制系统，目前大多采用 PLC 控制，所以本节仅简单介绍电气控制电路的一般设计法。

2.2.1 一般设计法的主要原则

一般设计法从满足生产工艺要求出发，利用各种典型控制电路环节，直接设计出控制电路，这种设计方法比较简单，但要求设计人员必须熟悉大量的控制电路，掌握多种典型电路的设计资料，同时具有丰富的设计经验。该方法由于依靠经验进行设计，因而灵活性很大。对于比较复杂的电路，可能要经过多次反复修改、试验，才能得到符合要求的控制电路。另外，设计的电路可能有多种，这就要加以分析，反复修改简化。即使这样，设计出来的电路可能不是最简单的，所用电器及触点不一定最少，设计方案也不一定是最佳方案。

设计电气控制电路时必须遵循以下几个原则：

① 最大限度地实现生产机械和工艺对电气控制电路的要求。

② 在满足生产要求的前提下，控制电路力求简单、经济、安全可靠。尽量选用标准的、常用的或经过实际考验过的电路和环节。

③ 电路图中的图形符号及文字符号一律按国家标准绘制。

2.2.2 一般设计法中应注意的问题

① 尽量缩小连接导线的数量和长度。设计控制电路时，应合理安排各电气元件的实际

接线。如图 2-18 中，启动按钮 SB1 和停止按钮 SB2 装在操作台上，接触器 KM 装在电气柜内。图 2-18（a）所示的接线不合理，若按照该图接线就需要由电气柜引出四根导线到操作台的按钮上。改为图 2-18（b）所示的接线后，将启动按钮和停止按钮直接连接，两个按钮之间的距离最小、所需连接导线最短，且只要从电气柜内引出三根导线到操作台上，减少了一根引出线。

② 正确连接触点，并尽量减少不必要的触点以简化电路。在控制电路中，尽量将所有的触点接在线圈的左端或上端，线圈的右端或下端直接接到电源的另一根母线上（左右端和上下端是针对控制电路水平绘制或垂直绘制而言的），这样可以减少电路内产生虚假回路的可能性，还可以简化电气柜的出线。

③ 正确连接电器的线圈。交流电器的线圈不能串联使用，即使两个线圈额定电压之和等于外加电压，也不允许串联使用。图 2-19（a）为错误的接法，因为每个线圈上所分配到的电压与线圈阻抗成正比，两个电器动作总是有先有后，不可能同时吸合。当其中一个接触器先动作后，该接触器的阻抗要比未吸合的接触器的阻抗大。因此，未吸合的接触器可能会因线圈电压达不到其额定电压而不吸合，同时电路电流将增加，引起线圈烧毁。因此，若需要两个电器同时动作，其线圈应该并联连接，如图 2-19（b）所示。

④ 在控制电路中采用小容量继电器的触点来断开或接通大容量接触器的线圈时，要注意计算继电器触点断开或接通容量是否足够，不够时必须加小容量的接触器或中间继电器，否则工作不可靠。

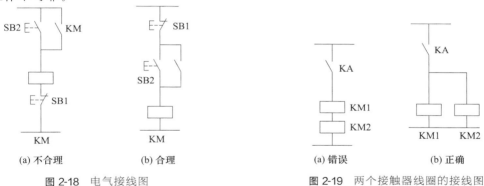

(a) 不合理　　　　(b) 合理　　　　　　　　　(a) 错误　　　　(b) 正确

图 2-18　电气接线图　　　　　　　图 2-19　两个接触器线圈的接线图

2.2.3　一般设计法控制电路举例

控制要求：现有三台小容量交流异步电动机 M1、M2、M3，试设计一个控制电路，要求电动机 M1 启动 10s 后，电动机 M2 自动启动，运行 5s 后，M2 停止，并同时使电动机 M3 自动启动，再运行 15s 后，电动机全部停止。遇到紧急情况，三台电动机全部停止。三台电动机均只要求单向运转，控制电路应有必要的保护措施。

设计电路及分析：根据控制要求，采用一般设计法，逐步完善。该系统采用三只交流接触器 KM1、KM2、KM3 来控制三台电动机的启、停。有一个总启动按钮 SB2 和一个总停止按钮 SB1。另外，采用三只时间继电器 KT1、KT2、KT3 实现延时，KT1 定时值设为10s，KT2 定时值设为 5s，KT3 定时值设为 15s。

设计的控制电路如图 2-20 所示。图中的 FR1、FR2、FR3 分别为三台电动机的过载保护用热继电器，如果工作时间很短，如 M2 只有 5s，则 FR2 可以省掉。设计时应根据控制要求考虑。

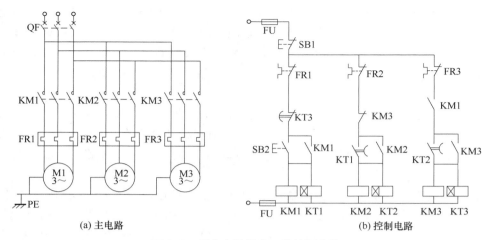

(a) 主电路   (b) 控制电路

图 2-20 三台电动机启、停控制电路

 思考与练习

1. 电气图中，SB、SQ、FU、KM、KA、KT 分别是什么电气元件的文字符号？

2. 说明"自锁"控制电路与"点动"控制电路的区别，"自锁"控制电路与"互锁"控制电路的区别。

3. 什么叫减压启动？常用的减压启动方法有哪几种？

4. 电动机在什么情况下应采用减压启动？定子绕组为星形连接的三相异步电动机能否用减压启动？为什么？

5. 什么是反接制动？什么是能耗制动？各有什么特点及适应什么场合？

6. 试设计一个具有点动和连续运转功能的混合控制电路，要求有合适的保护措施。

7. 某三相笼型异步电动机可自动切换正反运转，试设计主电路和控制电路，并要求有必要的保护。

8. 试设计一个机床刀架进给电动机的控制电路，并满足如下要求：按下启动按钮后，电动机正转，带动刀架进给；进给到一定位置时，刀架停止，进行无进刀切削；经一段时间后，刀架自动返回，回到原位又自动停止。

9. 一台三级带式运输机，分别由 M1、M2、M3 三台电动机拖动，其动作顺序如下：启动时，按下启动按钮后，要求按 M1—M2—M3 顺序启动；每台电动机顺序启动的时间间隔为 30s；停车时按下停止按钮后，M3 立即停车，再按 M3—M2—M1 顺序停车，每台电动机逆序停止的时间间隔为 10s。试设计其控制电路。

10. 电动机控制的保护环节有哪些？

11. 为两台异步电动机设计主电路和控制电路，其要求：①两台电动机互不影响地独立操作启动与停止；②能同时控制两台电动机的停止；③当其中任一台电动机发生过载时，两台电动机均停止。

第3章

可编程序控制器（PLC）基础

可编程序控制器（PLC）技术是在继电器-接触器控制技术、计算机技术和现代通信技术的基础上逐步发展起来的一项先进的控制技术。在现代工业发展中 PLC 技术、CAD/CAM 技术和机器人技术称为现代工业自动化的三大支柱。PLC 主要以微处理器为核心，用编写的程序进行逻辑控制、定时、计数和算术运算等，并通过数字量和模拟量的输入/输出（I/O）来控制各种生产过程。通过本章的学习，要求了解 PLC 的产生历程，掌握 PLC 的定义、了解 PLC 的特点，熟练掌握 PLC 的工作原理与工作方式。

3.1 PLC 的产生及定义

3.1.1 PLC 的产生

在 PLC 问世之前，工业控制领域中继电器控制占主导地位。继电器控制系统有着十分明显的缺点：体积大、耗电多、可靠性差、寿命短、运行速度慢、适应性差，尤其当生产工艺发生变化时，就必须重新设计、重新安装，造成时间和资金的严重浪费。为了改变这一状况，1968 年美国最大的汽车制造商通用汽车公司（GM），为了适应汽车型号不断更新的需求，以在激烈竞争的汽车工业中占有优势，提出要研制一种新型的工业控制装置以取代继电器控制装置，并提出了著名的十项招标指标，即著名的"GM 十条"：

① 编程简单，可在现场修改程序。

② 系统维护方便，采用插件式结构。

③ 体积小于继电器控制柜。

④ 可靠性高于继电器控制柜。

⑤ 成本较低，在市场上可以与继电器控制柜竞争。

⑥ 可将数据直接送入计算机。

⑦ 可直接用交流 115V 输入（注：美国电网电压是 110V）。

⑧ 输出采用交流 115V，可以直接驱动电磁阀、交流接触器等。

⑨ 通用性强，扩展方便。

⑩ 程序可以存储，存储器容量可以扩展到 4KB。

如果说电子技术和电气控制技术是 PLC 出现的物质基础，那么"GM 十条"就是 PLC 出现的技术要求基础，也是当今 PLC 最基本的功能。

1969 年，美国数字设备公司（DEC）根据美国通用汽车公司的这种要求，研制成功了世界上第一台 PLC，并在通用汽车公司的自动装配线上试用，取得了很好的效果。PLC 具有体积小、灵活性强、可靠性高、使用寿命长、操作简单以及维护方便等优点，在美国各行业得到迅速推广。从此这项技术迅速发展起来。

3.1.2 PLC 的定义

早期的 PLC 仅有逻辑运算、定时、计数等顺序控制功能，只是用来取代传统的继电器控制，通常称为可编程序逻辑控制器（Programmable Logic Compiler），简称为 PLC。随着微电子技术和计算机技术的发展，20 世纪 70 年代中后期，微处理器技术应用到 PLC 中，作为其中央处理单元，使 PLC 不仅具有逻辑控制功能，还增加了算术运算、数据传送和数据处理等功能，可以用于定位、过程控制、PID 控制等控制领域。美国电气制造协会将可编程序逻辑控制器正式命名为可编程序控制器（Programmable Controller），简称为 PC。但由于 PC 容易与个人计算机（Personal Computer，PC）混淆，人们仍习惯将 PLC 作为可编程序控制器的简称。

20 世纪 80 年代以后，随着大规模、超大规模集成电路等微电子技术的迅速发展，16 位和 32 位微处理器应用于 PLC 中，使 PLC 得到迅速发展。PLC 不仅控制功能增强，同时可靠性提高，功耗、体积减小，成本降低，编程和故障检测更加灵活方便，而且具有通信和联网、数据处理和图像显示等功能，使 PLC 真正成为具有逻辑控制、过程控制、运动控制、数据处理、联网通信等功能的名副其实的多功能控制器。

1987 年 2 月，国际电工委员会（IEC）在可编程序控制器标准草案第三稿中对 PLC 做了如下定义：PLC 是一种数字运算操作的电子系统，专为在工业环境下的应用而设计。它采用一类可编程序的存储器，具有用于其内部存储程序、执行逻辑运算、顺序控制、定时、计数和算术操作等面向用户的指令，并通过数字式和模拟式的输入和输出，控制各种类型的机械或生产过程。PLC 及其有关外部设备，都应按易于与工业系统连成一个整体，易于扩充其功能的原则设计。

美国电气制造协会（NEMA）1987 年对 PLC 的定义为：它是一种带有指令存储器、数字或模拟 I/O 接口，以位运算为主，能完成逻辑、顺序、定时、计数和算术运算功能，用于控制机器或生产过程的自动控制装置。

由以上定义可知，PLC 是一种通过事先存储的程序来确定控制功能的工控类计算机，强调了 PLC 应直接应用于工业环境，对其通信和可扩展功能做了明确的要求。它必须具有很强的抗干扰能力、广泛的适应能力和应用范围。这是区别于一般微机控制系统的一个重要特征。

3.2 PLC 的特点

PLC 技术之所以高速发展，除了工业自动化的客观需要外，主要是因为它具有许多独特的优点，较好地解决了工业领域中普遍关心的可靠、安全、灵活、方便、经济等问题。PLC 主要有以下特点。

(1) 可靠性高、抗干扰能力强

可靠性高、抗干扰能力强是 PLC 最重要的特点之一。PLC 的平均无故障时间可达几十万小时，之所以有这么高的可靠性，是由于它采用了一系列的硬件和软件的抗干扰措施。

硬件方面：对所有的 I/O 接口电路均采用光电隔离，有效地抑制了外部干扰源对 PLC 的影响；对供电电源及线路采用多种形式的滤波，从而消除或抑制了高频干扰；对 CPU 等重要部件采用良好的导电、导磁材料进行屏蔽，以减少空间电磁干扰；对有些模块设置了联锁保护、自诊断电路等。

软件方面：PLC 采用扫描工作方式，减少了由于外界环境干扰引起的故障；在 PLC 系统程序中设有故障检测和自诊断程序，能对系统硬件电路等故障实现检测和判断；当由外界干扰引起故障时，能立即将当前重要信息加以封存，禁止任何不稳定的读/写操作，一旦外界环境正常后，便可恢复到故障发生前的状态，继续原来的工作。

对于大型 PLC 系统，还可以采用由双 CPU 构成冗余系统或由三 CPU 构成表决系统，使系统的可靠性更进一步提高。

(2) 控制系统结构简单、通用性强

为了适应各种工业控制的需要，除了单元式的小型 PLC 以外，绝大多数 PLC 均采用模块化结构。PLC 的各个部件，包括 CPU、电源、I/O 等均采用模块化设计，由机架及电缆将各模块连接起来，系统的规模和功能可根据用户的需要自行组合。用户在硬件设计方面，只是确定 PLC 的硬件配置和 I/O 通道的外部接线。在 PLC 构成的控制系统中，只需在 PLC 的端子上接入相应的输入、输出信号即可，不需要诸如继电器之类的物理电子器件和大量繁杂的硬件接线线路。PLC 的输入/输出可直接与交流 220V、直流 24V 等负载相连，并具有较强的带负载能力。

(3) 丰富的 I/O 接口模块

PLC 针对不同的工业现场信号，如交流或直流、开关量或模拟量、电压或电流、脉冲或电位、强电或弱电等，都能选择到相应的 I/O 模块与之匹配。对于工业现场的元器件或设备，如按钮、行程开关、接近开关、传感器及变送器、电磁线圈、控制阀等，都能选择到相应的 I/O 模块与之相连接。

另外，为了提高操作性能，它还有多种人-机对话的接口模块；为了组成工业局部网络，它还有多种通信联网的接口模块等。

(4) 编程简单、使用方便

目前，大多数 PLC 采用的编程语言是梯形图语言，它是一种面向生产、面向用户的编程语言。梯形图与电气控制电路图相似，形象、直观，很容易让广大工程技术人员掌握。当生产流程需要改变时，可以现场改变程序，使用方便、灵活。同时，PLC 编程软件的操作和使用也很简单，这也是 PLC 获得普及和推广的主要原因之一。许多 PLC 还针对具体问题，设计了各种专用编程指令及编程方法，进一步简化了编程。

(5) 设计安装简单、维修方便

由于 PLC 用软件代替了传统电气控制系统的硬件，控制柜的设计、安装接线工作量大为减少。PLC 的用户程序大部分可在实验室进行模拟调试，缩短了应用设计和调试周期。在维修方面，PLC 的故障率极低，维修工作量很小；而且 PLC 具有很强的自诊断功能，如果出现故障，可根据 PLC 上指示或编程器上提供的故障信息，迅速查明原因，维修方便。

(6) 体积小、重量轻、能耗低

由于 PLC 采用了半导体集成电路，其结构紧凑、体积小、能耗低，而且设计结构紧凑，易于装入机械设备内部。对于复杂的控制系统，使用 PLC 后，可以减少大量的中间继电器和时间继电器，小型 PLC 的体积仅相当于几个继电器的大小，因此可将开关柜的体积缩小到原来的 $1/2 \sim 1/10$，因而是实现机电一体化的理想控制设备。

(7) 功能完善、适应面广、性价比高

PLC 有丰富的指令系统、I/O 接口、通信接口和可靠的自身监控系统，不仅能完成逻辑运算、计数、定时和算术运算功能，配合特殊功能模块还可实现定位控制、过程控制和数字控制等功能。PLC 既可以控制一台单机、一条生产线，也可以控制多个机群、多条生产线；可以现场控制，也可以远距离控制。在大系统控制中，PLC 可以作为下位机与上位机或同级的 PLC 之间进行通信，完成数据处理和信息交换，实现对整个生产过程的信息控制和管理。与相同功能的继电器-接触器控制系统相比，具有很高的性价比。

总之，PLC 是专为工业环境应用而设计制造的控制器，具有丰富的输入、输出接口，并且具有较强的驱动能力。但 PLC 产品并不针对某一具体工业应用，在实际应用时，其硬件需根据实际需要进行选用配置，其软件需根据控制要求进行设计编程。

3.3 PLC 的硬件结构

PLC 是微机技术和继电器常规控制概念相结合的产物。从广义上讲，PLC 也是一种计算机系统，只不过它比一般计算机具有更强的、与工业过程相连接的 I/O 接口，具有更适用于控制要求的编程语言，具有更适应于工业环境的抗干扰性能。因此，PLC 是一种工业控制用的专用计算机，它的实际组成与一般微型计算机系统基本相同，由硬件系统和软件系统两大部分组成。

PLC 的类型种类繁多，功能和指令系统也不尽相同，但其结构和工作方式大同小异。硬件系统由主机、I/O 接口、电源、编程器、I/O 扩展接口和外部设备接口等主要部分构成，如图 3-1 所示。

如果将 PLC 看作一个系统，外部的各种开关信号或模拟信号均为输入变量，它们经输入接口输入并寄存到 PLC 内部的数据寄存器中，而后按用户程序要求进行逻辑运算或数据处理，最后以输出变量形式送到输出接口，从而控制输出设备。

(1) 主机

主机部分包括中央处理器（CPU）、系统程序存储器和用户程序及数据存储器。

CPU 是 PLC 的核心，起着总指挥的作用，它主要用来运行用户程序、监控输入/输出接口状态、做出逻辑判断和进行数据处理，即读入输入变量，完成用户指令规定的各种操

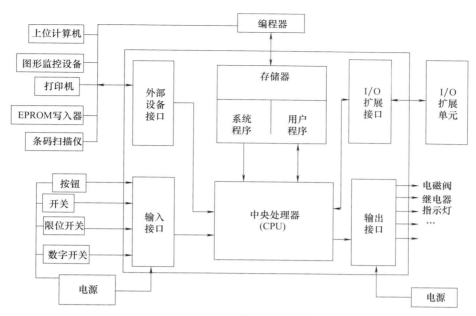

图 3-1　PLC 系统的基本结构

作，将结果送到输出端，并响应外部设备（如打印机、条码扫描仪等）的请求以及进行各种内部诊断等。

PLC 的内部存储器有两类：一类是系统程序存储器，主要存放系统管理、监控程序和对用户程序做编译处理的程序，系统程序已由厂家固定，用户不能更改；另一类是用户程序及数据存储器，主要存放用户编制的应用程序及各种暂存数据和中间结果。

（2）输入/输出（I/O）接口

I/O 接口是系统的眼、耳、手、脚，是 PLC 与输入/输出设备连接的部件。输入接口用来接收和采集输入信号，开关量输入模块用来接收从按钮、选择开关、数字拨码开关、限位开关、接近开关、光电开关、压力继电器等传来的开关量输入信号；模拟量输入模块用来接收电位器、测速发电机、各种变送器提供的连续变化的模拟量电流、电压信号。开关量输出模块用来控制接触器、电磁阀、电磁铁、指示灯、数字显示装置和报警装置等输出设备；模拟量输出模块用来控制调节阀、变频器等执行装置。

主机的工作电压一般是 5V，而 PLC 外部的输入/输出电路的电源电压较高，如 DC 24V和 AC 220V。从外部引入的尖峰电压和干扰噪声可能损坏主机中的元器件，或使 PLC 不能正常工作。在 I/O 接口模块中，用光耦合器、光敏晶闸管、小型继电器等器件来隔离 PLC内部电路和外部的 I/O 电路。I/O 接口除了传递信号外，还有电平转换与隔离的作用。

（3）电源

PLC 的电源是指为 CPU、存储器、I/O 接口等内部电子电路工作所配备的直流开关稳压电源，PLC 通常使用 AC 220V 或 DC 24V 工作电源。它的电源模块为其它各功能模块提供 DC 5V、DC 12V、DC 24V 等各种内部直流工作电源。一般情况下，许多 PLC 可以为输入电路和外部的传感器提供 DC 24V 的工作电源，但是驱动 PLC 负载的直流电源或交流电源一般由用户提供。

（4）编程器

编程器是编制、调试 PLC 用户程序的外部设备，是人机交互的窗口。通过编程器可以把用户程序输入到 RAM 中，或者对 RAM 中已有程序进行编辑；通过编程器还可以对 PLC 的工作状态进行监视和跟踪，对调试和试运行用户程序非常有用。

除手持编程器外，目前使用较多的是利用通信电缆将 PLC 和计算机连接，利用专用的工具软件进行编程或监控。

(5) 输入/输出 (I/O) 扩展接口

I/O 扩展接口是 PLC 主机为了扩展输入/输出点数和类型的部件，输入/输出扩展单元、远程输入/输出扩展单元、智能输入/输出单元等都通过它与主机相连。I/O 扩展接口有并行接口、串行接口等多种形式。

(6) 外设 I/O 接口

外设 I/O 接口是 PLC 主机实现人机对话、机机对话的通道。通过它，PLC 可以和编程器、彩色图形显示器、打印机等外部设备相连，也可以与其它 PLC 或上位机连接。外设 I/O 接口一般是 RS232C、RS422A、USB 等串行通信接口，该接口能够进行串行/并行数据转换、通信格式识别、数据传输出错检验、信号电平转换等。对于一些小型 PLC，外设 I/O 接口中还有与专用编程器连接的并行数据接口。

3.4 PLC 的工作原理与编程语言

3.4.1 PLC 的工作方式

最初研制生产的 PLC 主要用于代替传统的由继电器、接触器构成的控制装置，但这两者的运行方式是不相同的：

① 继电器控制装置采用硬逻辑并行运行的方式，即如果这个继电器的线圈通电或断电，该继电器所有的触点（包括其常开或常闭触点）无论在继电器控制电路的哪个位置上都会立即同时动作。

② PLC 的 CPU 则采用顺序逻辑扫描用户程序的运行方式，即如果一个输出线圈或逻辑线圈被接通或断开，该线圈的所有触点（包括其常开或常闭触点）不会立即动作，必须等扫描到该触点时才会动作。

为了消除二者之间由于运行方式不同而造成的差异，考虑到继电器控制装置各类触点的动作时间一般在 100ms 以上，而 PLC 扫描用户程序的时间一般均小于 100ms，因此，PLC 采用了一种不同于一般微型计算机的运行方式——扫描技术。这样在对于 I/O 响应要求不高的场合，PLC 与继电器控制装置在处理结果上就没有什么区别了。

PLC 控制任务的完成建立在硬件支持下，通过执行反映控制要求的用户程序来实现，其工作原理与计算机控制系统基本相同。

PLC 采用"顺序扫描，不断循环"的方式进行工作。运行时，CPU 根据用户按控制要求编制好并存于用户存储器中的程序，按指令步序号（或地址号）做周期性循环扫描，如无跳转指令，则从第一条指令开始逐条顺序执行用户程序，直至程序结束，然后重新返回第一条指令，开始新一轮扫描。在每次扫描过程中，还要完成对输入信号的采样和对输出状态的刷新等工作。

3.4.2 PLC 的扫描工作过程

当 PLC 投入运行后，其工作过程一般分为三个阶段，即输入采样、程序执行和输出刷新三个阶段。完成上述三个阶段称为一个扫描周期。在整个运行期间，PLC 的 CPU 以一定的扫描速度重复执行上述三个阶段，如图 3-2 所示。

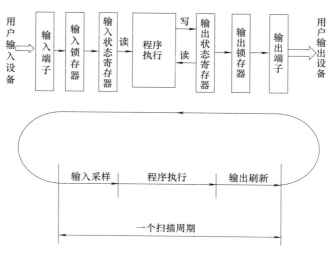

图 3-2 PLC 的扫描工作过程

① 输入采样阶段　首先以扫描方式按顺序读入所有暂存在输入锁存器中的输入端子的通断状态或输入数据，并将其存入（写入）各对应的输入状态寄存器中，即刷新输入。随即关闭输入端口，进入程序执行阶段。在程序执行阶段，即使输入状态有变化，输入状态寄存器也不会改变，只能等下一个扫描周期的输入采样阶段被读入。

② 程序执行阶段　按用户程序指令存放的先后顺序扫描执行每条指令，所需的执行条件可从输入状态寄存器和当前输出状态寄存器中读入，经相应的运算和处理后，其结果再写入输出状态寄存器中，输出状态寄存器中所有的内容随着程序的执行而改变。

在程序执行阶段，除输入映像寄存器外，各个元件映像寄存器的内容是随着程序的执行而不断变化的。

③ 输出刷新阶段　当所有指令执行完毕后，输出状态寄存器的通断状态在输出刷新阶段送至输出锁存器中，并通过一定的方式（继电器、晶体管或晶闸管）输出，驱动相应输出设备工作。

在输出刷新阶段结束后，CPU 进入下一个扫描周期，重新执行输入采样，周而复始。

3.4.3 PLC 的编程语言

PLC 编程时通常不直接采用微机的编程语言，而常常采用面向控制过程、面向问题的"自然语言"。

PLC 各厂家的编程语言、指令的条数和表达方式有较大区别。为电子技术制定全球性标准的世界性组织 IEC（国际电工委员会）于 1994 年 5 月公布了 PLC 标准（IEC 61131），其第 3 部分是 PLC 的编程语言标准。目前已有越来越多的 PLC 厂家提供符合 IEC 61131-3

标准的产品。IEC 61131-3 标准中定义了 5 种 PLC 编程语言的表达方式：

① 梯形图 LAD（Ladder Diagram）；

② 语句表 STL（Statement List）；

③ 功能块图 FBD（Functional Block Diagram）；

④ 顺序功能图 SFC（Sequential Function Chart）；

⑤ 结构文本 ST（Structured Text）。

其中，梯形图和功能块图为图形语言，语句表和结构文本为文字语言，顺序功能图是一种结构块控制程序流程图。

（1）梯形图

梯形图是使用最多的编程语言，它是在传统的继电器控制系统原理图的基础上演变而来的，与其基本思想是一致的，只是在使用的符号和表达方式上有一定区别，直观易懂，特别适用于数字量逻辑控制。

梯形图由触点、线圈和用方框表示的功能块组成。触点代表逻辑输入条件，如外部开关、按钮和内部条件等；线圈代表逻辑输出结果，用来控制外部的负载或内部的输出条件；功能块用来表示计数器、定时器或数学运算等功能指令。

图 3-3 为某继电器控制电路原理图与 PLC 梯形图的比较实例。

图 3-3 继电器控制电路原理图与 PLC 梯形图比较

梯形图的特点如下：

① 梯形图按自上而下、从左到右的顺序排列。每一个继电器线圈为一个逻辑行，称为一个网络。每一个逻辑行起始于左母线，然后是触点的各种连接，最后是线圈与右母线相连，整个图形呈阶梯形。

② 梯形图中的继电器不是继电器控制电路中的物理继电器，它实质上是变量存储器中的位触发器，因此称为"软继电器"。相应某位触发器为"1"状态时，表示该继电器线圈通电，其常开触点闭合、常闭触点打开。

梯形图中继电器的线圈是广义的，除输出继电器、内部继电器线圈外还包括定时器、计数器、移位寄存器及各种比较运算的结果。

③ 梯形图中，一般情况下（除有跳转指令和步进指令的程序段外）某个编号的继电器线圈只能出现一次，而继电器触点可无限次使用，既可为常开触点也可为常闭触点。

④ 梯形图是 PLC 形象化的编程方式，其左右两侧母线并不接任何电源，因而图中各支路也没有真实的电流流过。为了方便，常用"有电流""得电"等术语来形象地描述用户程序运算中满足输出线圈的动作条件。所以，仅仅是概念上的"电流"，或称为"能流"，而且认为它只能由左向右流动，层次的改变也只能先上下后。

⑤ 输入继电器的触点表示相应的外部输入信号的状态。输入继电器用于接收 PLC 的外部输入信号，而不能由内部其它继电器的触点驱动。因此，梯形图中只出现输入继电器的触点而不出现输入继电器的线圈。

⑥ 输出继电器供 PLC 作输出控制用，但它只是输出状态寄存表的相应位，不能直接驱动现场执行部件，必须通过开关量输出模块的相应功率开关去驱动。当梯形图中的输出继电器得电接通时，则相应模块上的功率开关闭合。

⑦ PLC 的内部继电器不能作输出控制用，它们只是一些逻辑运算用的中间存储单元的状态，其触点可供 PLC 内部使用。

⑧ PLC 在解算用户逻辑时就是按照梯形图自上而下、从左向右的先后顺序逐行运行处理，即按扫描方式顺序执行程序。因此，不存在几条并列支路的同时动作，这在设计梯形图时可以减少许多有约束关系的联锁电路，从而使电路设计大大简化。

（2）语句表

PLC 的指令又称为语句，是一种与微机的汇编语言指令相似的助记符表达式。若干条指令组成的程序称为语句表程序。每条语句表示给 CPU 发出一条指令，规定 CPU 如何操作。

与图 3-3 所示电路相对应的语句表如下：

LD   I0.0
O   Q0.0
AN   I0.1
=   Q0.0

可以看出，指令由操作码和操作数两部分组成。操作码表明 CPU 要完成的操作功能，操作数包括为执行某种操作所必需的信息。语句表比较适合熟悉 PLC 和程序设计经验丰富的程序员使用，实现某些不能用梯形图或功能块图实现的功能。

（3）功能块图

功能块图是类似于数字逻辑门电路的编程语言，有数字电路基础的人很容易掌握。该语言用类似"与门""或门"的方框来表示逻辑运算关系，方框的左侧为逻辑运算的输入变量，右侧为输出变量，输入、输出端的小圆圈表示"非"运算，方框由"导线"连接在一起，信号从左向右流动。

图 3-4　功能块图

图 3-4 中的控制逻辑与图 3-3 所示功能相同。

（4）顺序功能图

顺序功能图也称为状态转移图，它是描述控制系统的控制过程、功能和特性的一种图形，用来编制顺序控制程序。顺序功能图提供了一种组织程序的图形方法，主要由步、转换条件和动作组成。

（5）结构文本

结构文本是为 IEC 61131-3 标准创建的一种专用的高级编程语言，能实现复杂的数学运算，编写的程序非常简洁和紧凑。

当前，梯形图和语句表仍是 PLC 的最主要编程语言。梯形图程序中输入、输出信号关系清楚，易于理解。梯形图一定能也较易于转化为语句表，建议在设计以开关量控制为主的控制程序时使用梯形图。语句表程序较难阅读，其逻辑关系难以一眼看出，可处理一些梯形图不易处理的问题，且输入快捷，可加注释，建议在设计通信、数学运算等高级应用程序时使用语句表程序。

3.5 可编程序控制器的发展及应用

3.5.1 PLC 的应用领域

目前，PLC 在国内外已广泛应用于钢铁、石油、化工、电力、建材、机械制造、轻纺、交通运输、环保及文化娱乐等各个行业，使用情况大致可归纳为以下几类。

(1) 中小型单机电气控制系统

中小型单机电气控制系统是 PLC 应用最广泛的领域，如注塑机、印刷机、订书机械、组合机床、磨床、包装生产线、电镀流水线及电梯控制等。这些设备对控制系统的要求大都属于逻辑顺序控制，所以也是最适合 PLC 使用的领域。在这里 PLC 用来取代传统的继电器顺序控制，应用于单机控制、多机群控等。

(2) 制造业自动化

制造业是典型的工业类型之一，在该领域主要对物体进行品质处理、形状加工、组装，以位置、形状、力、速度等机械量和逻辑控制为主。其电气自动控制系统中的开关量占绝大多数，有些场合，数十台、上百台单机控制设备组合在一起形成大规模的生产流水线，如汽车制造和装配生产线等。由于 PLC 性能的提高和通信功能的增强，使得它在制造业领域的大中型控制系统中也占绝对主导的地位。

(3) 运动控制

PLC 可用于圆周运动或直线运动的控制。从控制机构配置来说，早期直接用开关量 I/O 模块连接位置传感器和执行机构，现在一般使用专用的运动控制模块，如可驱动步进电动机或伺服电动机的单轴或多轴位置控制模块。世界上各主要 PLC 厂家的产品几乎都有运动控制功能，PLC 的运动控制功能可用于精密金属切削机床、机械手、机器人等设备的控制。PLC 具有逻辑运算、函数运算、矩阵运算等数学运算，数据传输、转换、排序、检索和移位以及数制转换、位操作、编码、译码等功能，能完成数据采集、分析和处理，可应用于大中型控制系统，如数控机床、柔性制造系统、机器人控制系统。总之，PLC 运动控制技术的应用领域非常广泛，遍及国民经济的各个行业。例如：

① 冶金行业中的电弧炉控制、轧机轧辊控制、产品定尺控制等。

② 机械行业中的机床定位控制和加工轨迹控制等。

③ 制造业中各种生产线和机械手的控制。

④ 信息产业中的绘图机、打印机的控制，磁盘驱动器的磁头定位控制等。

⑤ 军事领域中的雷达天线和各种火炮的控制等。

⑥ 其它各种行业中的智能立体仓库和立体车库的控制等。

(4) 过程控制

过程控制是指对温度、压力、流量等模拟量的闭环控制，从而实现这些参数的自动调节。作为工业控制计算机，PLC 能编制各种各样的控制算法程序，完成闭环控制。从 20 世纪 90 年代以后，PLC 具有了控制大量过程参数的能力，对多路参数进行 PID 调节也变得非常容易和方便。因为大、中型 PLC 都有 PID 模块，目前许多小型 PLC 也具有此功能模块。PID 处理一般是运行专用的 PID 子程序。另外，和传统的集散控制系统相比，其价格方面也具有较大优势，再加上在人机界面和联网通信性能方面的完善和提高，PLC 控制系统在过程控制领域也占据了相当大的市场份额。

目前，世界上有 200 多个厂家生产 300 多种 PLC 产品，主要应用在汽车、粮食加工、化学/制药、金属/矿山、纸浆/造纸等行业。在我国应用的 PLC 几乎涵盖了世界所有的品牌，但从行业上分，有各自的适用范围。大中型集控系统采用欧美 PLC 居多，小型控制系统、机床、设备单体自动化及 OEM 产品采用日本的 PLC 居多。欧美 PLC 在网络和软件方面具有优势，而日本 PLC 在灵活性和价位方面占有优势。

(5) 数据处理

现代 PLC 控制器具有数学运算（含矩阵运算、函数运算、逻辑运算）、数据传送、数据转换、排序、查表、位操作等功能，可以完成数据的采集、分析及处理。这些数据可以与存储在存储器中的参考值比较，完成一定的控制操作，也可以利用通信功能传送到别的智能装置，或将它们打印制表。数据处理一般用于大型控制系统，如无人控制的柔性制造系统；也可用于过程控制系统，如造纸、冶金、食品工业中的一些过程控制系统。

3.5.2　PLC 的发展方向

随着 PLC 技术的推广、应用，PLC 将向两方面发展，即向着大型化和小型化发展。PLC 向大型化方向发展，主要表现在大中型 PLC 向着大功能、大容量、智能化、网络化的方向发展，使之能与计算机组成集成控制系统，对大规模、复杂系统进行综合的自动控制。PLC 向小型化方向发展，主要表现在下列几个方面：为了减小体积、降低成本，向高性能的整体型发展，在提高系统可靠性的基础上，产品的体积越来越小，功能越来越强，应用的专业性使得控制质量大大提高。

另外，PLC 在软件方面也将有较大的发展，系统的开放使第三方的软件能方便地在符合开放系统标准的 PLC 上得到移植。

总之，大功能、高速度、高集成度、容量大、体积小、成本低、通信联网功能强是 PLC 总的发展趋势。

 思考与练习

1. PLC 的定义是什么？
2. 简述 PLC 的发展概况和发展趋势。
3. PLC 有哪些主要功能？
4. PLC 有哪些基本组成部分？
5. 简述 PLC 输入接口、输出接口电路的作用。
6. PLC 开关量输出接口按输出开关器件的种类不同，有哪几种形式？
7. PLC 控制系统与传统的继电器控制系统有何区别？
8. 梯形图与继电器控制电路图存在哪些差异？
9. PLC 的工作原理是什么？简述 PLC 的扫描工作过程。

第 4 章

STEP 7-Micro/WIN SMART编程软件功能与使用

STEP 7-Micro/WIN SMART 是西门子公司专门为 S7-200 SMART 系列 PLC 设计开发的编程软件。该软件功能强大，界面友好，并有非常方便的联机帮助功能。用户可利用该软件开发 PLC 应用程序，同时也可实时监控用户程序的执行状态。本章主要介绍 STEP 7-Micro/WIN SMART V2.2 的中文版，包括软件的基本功能，以及如何用编程软件进行编程、调试和运行监控等内容。通过本章了解编程软件的安装与硬件连接与使用方法。

4.1 软件安装及硬件连接

4.1.1 软件安装

STEP 7-Micro/WIN SMART V2.2 编程软件可以从西门子公司网站下载，也可用光盘安装，建议在 32 位或 64 位 Windows 7 操作系统下运行，双击 STEP 7-Micro/WIN SMART V2.2 的安装程序 setup.exe，根据在线提示，完成安装。安装时，首先选择软件的语言状态（选择中文环境），使编程环境成为中文状态，然后选择接受许可证协定并选择安装的目的文件夹，最后等待安装完成即可。

建议在安装软件之前关闭所有的应用程序，特别是可能产生干扰的 360 卫士之类的杀毒软件，防止此类软件误删或禁止部分文件，导致软件安装出错。

4.1.2 基本功能

STEP 7-Micro/WIN SMART 的基本功能是协助用户完成应用软件的开发任务，例如，创建用户程序、修改和编辑原有的用户程序。利用该软件可设置 PLC 的工作方式和参数，上传和下载用户程序，进行程序的运行监控。它还具有简单语法的检查、对用户程序的文档管理和加密等功能，并提供在线帮助。

上传和下载用户程序指的是用 STEP 7-Micro/WIN SMART V2.2 编程软件进行编程时，PLC 主机和计算机之间的程序、数据和参数的传送。

上传用户程序是将 PLC 中的程序和数据通过以太网上传到计算机中进行程序的检查和修改；下载用户程序是将编辑好的程序、数据和 CPU 组态参数通过以太网下载到 PLC 中以进行运行调试。

程序编辑中的语法检查功能可以避免一些语法和数据类型方面的错误。梯形图错误检查结果如图 4-1 所示。梯形图编辑时会在错误处下方自动加上红色曲线。

软件功能的实现可以在联机工作方式（在线方式）下进行，部分功能的实现也可以在离线工作方式下进行。

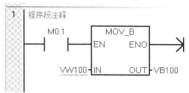

图 4-1　梯形图错误检查结果

联机方式是指带编程软件的计算机与 PLC 直接连接，此时可实现该软件的大部分基本功能；离线方式是指带编程软件的计算机与 PLC 断开连接，此时只能实现部分功能，如编辑、编译及系统组态等。

STEP 7-Micro/WIN SMART V2.2 提供软件工具帮助调试和测试程序。这些功能包括监视正在执行的用户程序状态、为 S7-200 SMART 指定运行程序的扫描次数、强制变量值等。软件提供指令向导功能：PID 控制向导、PLC 内置脉宽调制（PWM）指令向导、数据记录向导、运动向导、GET/PUT 向导等，而且还支持 TD 400C 文本显示界面向导。

4.1.3　主界面功能介绍

STEP 7-Micro/WIN SMART V2.2 的工作界面如图 4-2 所示，界面一般可分以下几个区：菜单栏（包含 7 个主菜单项）、工具栏（快捷按钮）、快速访问工具栏、导航栏（快捷操

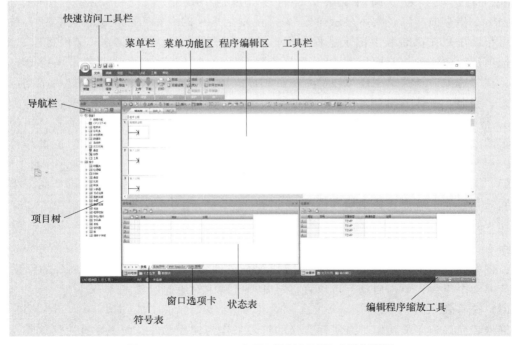

图 4-2　STEP 7-Micro/WIN SMART V2.2 工作界面

作窗口)、项目树(快捷操作窗口)、输出窗口、状态表、程序编辑区和局部变量表等(可同时或分别打开5个用户窗口)。除菜单条外,用户可根据需要决定其它窗口的取舍和样式设置。

(1) 菜单栏

STEP 7-Micro/WIN SMART采用带状式菜单,菜单栏中的每一个选项都对应着一个菜单功能区,各主菜单项的功能如下。

① 文件选项 文件功能区中包含新建、打开、关闭、保存、导入和导出、上传和下载、库操作、设置项目密码以及打印操作。

② 编辑选项 编辑功能区中包含程序块或数据块的选择、复制、剪切、粘贴,以及插入图表、子程序、中断、符号表等功能,同时提供查找、替换、插入、删除、撤销、快速光标功能。

③ 视图选项 在视图功能区中,选择不同语言的编程器(包括LAD、STL、FBD三种);通过子菜单"组件"可执行引导条窗口的任何项;同时还可以选择符号的显示类型(仅显示绝对地址、仅显示符号以及符号和绝对地址都显示);此外该功能区中还包括程序的注释和书签的功能。

④ PLC选项 可建立与PLC联机时的相关操作,如改变PLC的工作方式(RUN、STOP)、在线编译、上传和下载、查看PLC的信息、上电复位、清除PLC存储卡中的程序和数据、设置时钟、存储器卡操作、程序比较、PLC类型选择及通信设置等,还可提供离线编译的功能。

⑤ 调试选项 主要用于联机调试。在离线方式下,可进行扫描操作,但该菜单的下拉菜单多数呈现灰色,表示此下拉菜单不具备执行条件。在与PLC连接的情况下,可以进行程序状态监控与调试。

⑥ 工具选项 可以调用复杂指令向导(包括PID指令、PWM指令、HSC指令、GET/PUT指令向导以及文本显示向导等),使复杂指令的编程工作大大简化;还有数据日志,可帮助用户在存储卡中记录进程数据;此数据记录可作为Windows文件提取;此外,工具选项还包含运动控制面板和PID调节控制面板,使用自动或手动调节来优化PID回路参数;在"选项"子菜单中还可以设置三种程序编辑器以及变量表、符号表等的风格,如语言模式、颜色、字体、指令盒的大小等。

⑦ 帮助选项 通过帮助菜单上的目录和索引项,可以查阅几乎所有相关的使用帮助信息,帮助菜单还提供网上查询功能。而且在软件操作过程中的任何步或任何位置都可以按<F1>键来显示在线帮助,大大方便了用户的使用。单击"帮助"菜单功能区的"Web"区域的"支持按钮",将打开西门子的全球技术支持网站,可以在该网站中按产品分类阅读常见问题,并能下载大量的手册和软件。

(2) 导航栏

导航栏 提供按钮控制的快速窗口切换功能,导航栏中包括符号表、状态图表、数据块、系统块、交叉引用和通信共六个组件。一个完整的项目(Project)文件通常包括前六个组件。单击启动,可以直接打开项目树中对应的对象。

(3) 符号表

符号表允许程序员使用带有实际含义的符号来作为编程元件,而不是直接用软元件的直接地址。例如,编程时用start作为编程元件符号,而不用I0.0。符号表用来建立自定义符号与直接地址之间的对应关系，并附加注释，使程序结构清晰、易读、便于理解。程序编译后下载到 PLC 中时，所有的符号地址被转换为绝对地址，符号表中的信息不下载到 PLC 中。

（4）状态表

状态表用在联机调试时监视和观察程序执行时各变量的值和状态。状态表不下载到 PLC 中，它仅是监控用户程序执行情况的一种工具。

（5）交叉引用表

交叉引用表列举出程序中使用的各操作数在哪一个程序块的什么位置出现，以及使用它们指令的助记符。还可以查看哪些内存区域已经被使用，作为位使用还是字节使用。在运行方式下编辑程序时，可以查看程序当前正在使用的跳变信号的地址。交叉引用表不下载到 PLC 中，只有在程序编辑成功后才能看到交叉引用表的内容。在交叉引用表中双击某操作数，可以显示出包含该操作数的那一部分程序。交叉索引使编程使用的 PLC 资源一目了然。

（6）项目树

项目树用于组织项目，右键单击项目树的空白区域，可以用快捷菜单中的"单击打开项目"命令，设置用单击或双击打开树中的对象。单击项目树文件夹左边带加号或减号的按键，可以打开或关闭该文件夹。也可以双击文件夹打开它们。右键单击项目树中的某个文件夹，可以用快捷菜单中的命令做打开、插入等操作，允许的操作与具体的文件夹有关。右击文件夹中的某个对象，可以做打开、剪切、复制、粘贴、插入、删除、重命名、设置属性等操作，允许的操作与具体对象有关。

项目树中主要包括两个部分：项目和指令。

项目中包含了一个项目所需的所有内容，包括程序块、符号表、状态图表、数据块、系统块、交叉引用、通信和工具八个组件，与导航栏相比多了两个组件，程序块由可执行的代码和注释组成，可执行的代码由主程序（OB1）、可选的子程序（SBR_0）和中断程序（INT_0）组成，程序代码经编译后可下载到 PLC 中，而程序注释被忽略。而工具则是包含了运动控制面板与 PID 整定控制面板等。

指令部分则包含了梯形图编程时所需的所有指令，直观易懂，使用方便。当然，这些指令也可以在工具栏中找到。

4.2 编程软件的使用

4.2.1 创建项目

项目（Project）文件的来源有三个：新建项目、打开已有项目和从 PLC 上上传已有项目。

（1）新建项目

在为 PLC 控制系统编程时，首先应创建一个项目文件，单击菜单"文件"中的"新建"项或工具条中的"新建"按钮，在主窗口将显示新建的项目文件主程序区。图 4-3 所示为一个新建项目文件的指令树，系统默认初始设置如下：

新建的项目文件以"项目 1"命名，一个项目文件包含七个相关的块。其中程序块中包含一个主程序（OB1）、一个可选的子程序 SBR_0 和一个可选的中断程序 INT_0。

一般小型开关量控制系统只有主程序，当系统规模较大、功能较复杂时，除了主程序外，可能还有一个或多个子程序、中断程序和数据块。

主程序在每个扫描周期被顺序执行一次。子程序的指令存放在独立的程序块中，仅在被别的程序调用时才执行。中断程序的指令也存放在独立的程序块中，用来处理预先规定的中断事件。中断程序不由主程序调用，在中断事件发生时由操作系统调用。

用户可以根据实际编程需要进行以下操作：

① 确定 PLC 的 CPU 型号 右键单击"项目 1"下的"CPU ST40"图标，在弹出的对话框中选择所用的 PLC 型号，也可在"导航栏"的"系统块"中选择 CPU 的类型。

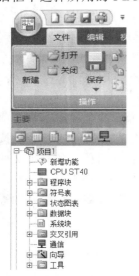

② 项目文件更名 如果新建了一个项目文件，单击菜单"文件"中"另存为"项，然后在弹出的对话框中输入希望的名称。项目文件以 .smart 为扩展名。

对子程序和中断程序也可更名，方法是在指令树窗口中，右键单击要更名的子程序或中断程序名称，在弹出的选择按钮中单击"重命名"，然后输入希望的名称。主程序的默认名称为 MAIN，任何项目文件的主程序都只有一个。

③ 添加一个子程序 添加一个子程序的方法有两种；可单击"编辑"→"对象"→"子程序"项实现；或用鼠标右键单击指令树上的"程序块"图标，在弹出菜单中选择"插入"→"子程序"。新生成的子程序根据已有子程序的数目，默认名称为 SBR _ n，用户可以自行更名。

④ 添加一个中断程序 添加一个中断程序的方法同添加一个子程序的方法相似，有两种方法：在"编辑"菜单中选择"插入"→"中断程序"；或用鼠标右键单击指令树上的"程序块"图标，在弹

图 4-3 新建项目结构

出菜单中选择"插入"→"中断程序"，程序编辑器将自动生成并打开新的中断程序，在程序编辑器底部出现标有新的中断程序的标签。用鼠标右键单击指令树中断程序的图标，在弹出的窗口中选择"重命名"，可以修改它们的名称。新生成的中断程序根据已有中断程序的数目，默认名称为 INT_n，用户可以更名。

(2) 打开已有项目文件

打开磁盘中已有的项目文件，可单击菜单"文件"→"打开"项，在弹出的对话框中选择已有的项目文件打开；也可用工具条中的"打开"按钮来完成。

(3) 从 PLC 上上传项目文件

在已经与 PLC 建立通信的前提下，如果要上传一个 PLC 存储器的项目文件（包括程序块、系统块、数据块），可用"文件"菜单中的"上传"项，也可单击工具条中的"上传"按钮来完成。上传时，S7-200 SMART 从 RAM 中上传系统块，从 EEPROM 中上传程序块和数据块。

4.2.2 系统组态

系统组态的任务就是用系统块生成一个与实际的硬件系统相同的系统，组态的模块和信号板与实际的硬件安装的位置和型号最好完全一致。组态硬件时，还需要设置各模块和信号板的参数，即给参数赋值。

下载项目时，如果项目中组态的 CPU 型号或固件版本号与实际的 CPU 型号或固件版

本号不匹配，STEP 7-Micro/WIN SMART 将会发出警告信息。可以继续下载，但是如果连接的 CPU 不支持项目需要的资源和功能，将会出现下载错误。单击导航栏上的"系统块"图标（或双击项目树中的系统块图标），打开系统块（见图4-4）。假如默认的 CPU 型号版本与实际的不一致，单击 CPU 所在行的"模块"列单元最右边隐藏的▼，选择实际使用的 CPU 型号。同样，单击 SB 所在行的"模块"，选择对应的信号板型号。如果没有使用信号板，则不设置，此行为空。接下来用同样的方法在 EM0～EM5 所在行设置实际使用的扩展模块的型号。扩展模块必须连续排列，中间不能有空行。

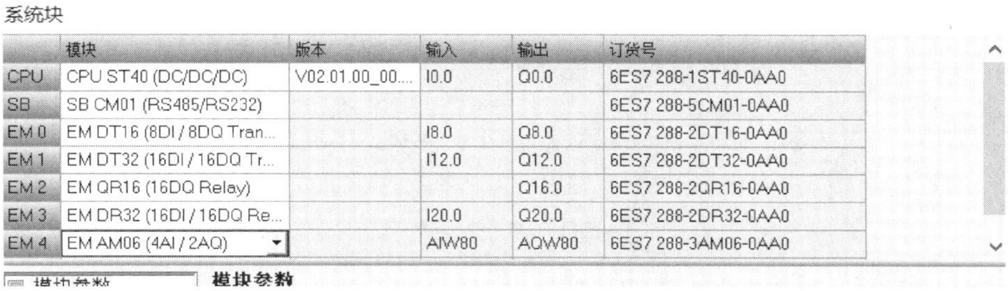

图 4-4　系统组态所需的模块

硬件组态完成后，根据项目需求，需对每一个模块的参数进行设置，具体设置步骤如下。

（1）设置 PLC 断电后的数据保存方式

选中系统块上面的模块列表中的 CPU，可以设置 CPU 的属性。单击窗口中的"保持范围"，可以用右边窗口设置 6 个电源掉电时需要保持的存储区的范围，可以设置保存全部 V、M、C 区（见图4-5），只能保持 TONR（保持型定时器）和计数器的当前值，不能保持定时器位和计数器位，上电时它们被置为 OFF。可以组态最多 10KB 的保持范围。默认的设置是 CPU 未定义保持区域。

图 4-5　设置断电数据保持的地址范围

断电时 CPU 将指定的保持性存储器的值保存到永久存储器上。上电时 CPU 首先将 V、M、C 和 T 存储器清零，将数据块中的初始值复制到 V 存储器，然后将保存的保持值从永久存储器复制到 RAM。

（2）组态系统安全设置

单击左边窗口的"安全"项，可以组态 CPU 的密码和安全设置，如图4-6所示。

CPU 提供 4 级密码保护，"完全权限"（1 级）提供无限制访问，"不允许上传"（4 级）提供最受限制的访问。S7-200 SMART CPU 要求输入密码级别是"完全极限"（1 级）。

提供最受限制的访问。S7-200 SMART CPU 的默认密码级别是"完全权限"（1 级）。

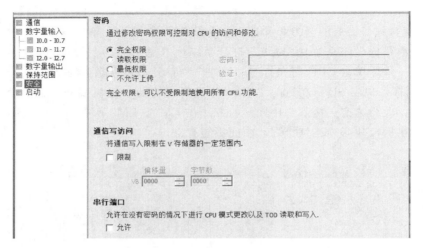

图 4-6　安全设置

CPU 密码授权访问 CPU 功能和存储器。未下载 CPU 密码［"完全权限"（1 级）］情况下，S7-200 SMART CPU 允许无限制访问。如果以组态比"完全权限"（1 级）级别更高的访问权限并下载 CPU 密码，则 S7-200 SMART CPU 要求输入密码以访问定义的 CPU 操作。

即使密码已知，"不允许上传"（4 级）密码限制也对用户程序（知识产权）进行保护。4 级权限无法实现上传，只有在 CPU 没有用户程序时才能更改权限级别。因此，即使有人发现密码，用户也始终能够保护用户程序。保护级别为 2～4 级时，应输入并核实密码，密码为字母、数字和符号的任意组合，切记区分大小写。

选中图 4-6 中的"限制"复选框，除了禁止通过通信改写 I、Q、AQ 和 M 存储区外，还禁止通过通信改写用"偏移量"和"字节数"设置的特定范围的 V 存储区。可限制改写整个 V 存 I 储区。如果限制了对 V 存储器特定范围的写访问，应确保文本显示器或 HMI 能在 V 存储器的可写范围内写入。如果使用 PID 向导、PID 控制面板、运动控制向导或运动控制面板，应确保这些向导或面板使用的 V 存储器在设置的可写范围内。

此外，如果选中"允许"复选框，无需密码，通过串行端口，可以更改 CPU 的工作模式和读写实时时钟。在同一时刻，只允许一位授权用户通过网络访问 S7-200 SMART CPU。

如果忘记密码，只有一种选择：使用"复位为出厂默认存储卡"（Reset-to-factory-defaults memory card）。

（3）设置启动模式

S7-200 SMART 的 CPU 没有 S7-200 那样的模式选择开关，只能用编程软件工具栏的按钮来切换 CPU 的 RUN/STOP 模式。单击图 4-7 中的"启动"项，可选择上电后的启动模式为 RUN、STOP 或 LAST，以及设置在这几种特定的条件下是否允许启动。LAST 模式用于程序开发或调试，系统正式投入运行后应选 RUN 模式。

图 4-7　启动模式设置

（4）组态数字量输入、输出设置

在数字量输入设置中，主要是数字量输入的滤波器时间设置和脉冲捕捉功能设置，而输出设置则是设置在 RUN 模式变为 STOP 模式后，各输出点的状态。如图 4-8 所示，单击"数字量输入"项，然后进行滤波器时间设置和脉冲捕捉功能设置。

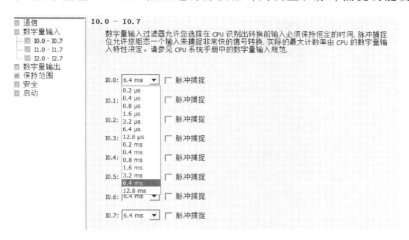

图 4-8　数字量输入设置

输入滤波器用来滤除输入时的干扰噪声，例如触点闭合或断开时产生的抖动。输入状态改变时，输入必须在设置的时间内保持新的状态，才能被认为有效。可以选择的时间见图 4-8 中的下拉列表，默认的滤波时间为 6.4ms。为了消除触点抖动的影响，可以选择 12.8ms。为了防止高速计数器的高速输入脉冲被过滤掉，应按脉冲的频率和高速计数器指令的在线帮助中的表格设置输入滤波时间。

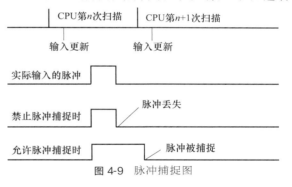

图 4-9　脉冲捕捉图

因为在每一个扫描周期开始时读取数字量输入，CPU 可能发现不了宽度小于一个扫描周期的脉冲（见图 4-9）。脉冲捕捉功能用来捕捉持续时间很短的高电平脉冲或低电平脉冲。某个输入点启动了脉冲捕捉功能后（复选框内打勾），输入状态的变化被锁存并保存到下一次输入更新（见图 4-10）。

图 4-10　数字量输入电路

可用图 4-8 中的"脉冲捕捉"复选框逐点设置 CPU 的前 14 个数字量输入点，还可以设置信号板 SB DT04 的数字量输入点是否有脉冲捕捉功能。默认的设置是禁止所有的输入点捕捉脉冲。脉冲捕捉功能在输入滤波器之后（见图 4-10），使用脉冲捕捉功能时，必须同时调节滤波时间，使窄脉冲不会被输入滤波器过滤掉。

当一个扫描周期内有多个输入脉冲时，只能检测出第一个脉冲。如果希望在一个扫描周期内检测出多个脉冲，应使用上升沿/下降沿中断事件。

在数字量输出设置中，选中"将输出冻结在最后一个状态"复选框，从 RUN 模式变为 STOP 模式后，所有数字量输出点将保持 RUN 模式最后的状态不变（见图 4-11）。

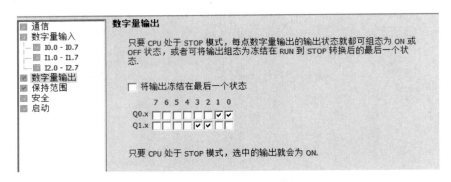

图 4-11　数字量输出冻结状态设置

如果未选冻结模式，从 RUN 模式变为 STOP 模式时各输出点的状态用输出表来设置。希望进入 STOP 模式之后某一输出点为 ON，则单击该位对应的小方框，使之出现√。输出表默认的设置是未选冻结模式，从 RUN 模式变为 STOP 模式时，所有的输出点被复位为 OFF。应确保系统安全的原则来组态数字量输出。

（5）模拟量输入、输出设置

S7-200 的模拟量模块用 DIP 开关切换信号类型和量程，用增益和偏移量电位器调节测量范围。而 S7-200 SMART 的模拟量模块取消了 DIP 开关和电位器，用系统块设置信号类型和量程。

选中系统块上有模拟量输入的模块，如图 4-12 所示，单击"模块参数"节点，可以设置是否启用用户电源报警。选中某个模拟量输入通道，可以设置模拟量信号的类型（电压或电流）、测量范围、干扰抑制频率和是否启用超上限、超下限报警。干扰抑制频率用来抑制设置的频率的交流信号对模拟量输入信号的干扰，一般设为 50Hz。

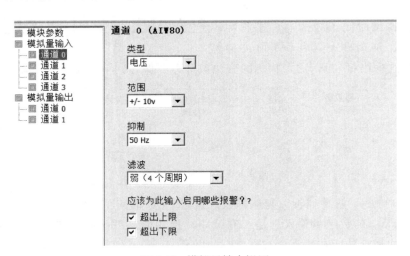

图 4-12　模拟量输入设置

为偶数通道选择的"类型"同时适用于其后的奇数通道，例如为通道 2 选择的类型也适用于通道 3。为通道设置的干扰抑制频率同时适用于其它所有的通道。模拟量输入采用平均值来滤波，有"无、弱、中、强"四种平滑算法可供选择。滤波后的值是所选的采样次数（分别为 1、4、16、32 次）的各次模拟量输入的平均值采样次数多，将使滤波后的值稳定，但是响应慢；采样次数少，滤波效果差，但是响应快。

模拟量输出设置与输入相比少了滤波，如图 4-13 所示，多了从 RUN 模式变为 STOP 模式后模拟量输出的替代值设置，替代值范围为－32512～32511，默认的替代值为 0。

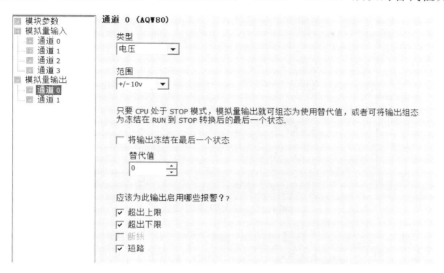

图 4-13　模拟量输出设置

4.2.3　通信连接

将 STEP 7-Micro/WIN SMART 连接到基于 TCP/IP 通信标准的工业以太网，可以自动检测全双工或半双工通信。以太网用于 S7-200 SMART 与编程计算机、人机界面和其它 S7 PLC 的通信，通过交换机可以与多台以太网设备进行通信，实现数据的快速传递。

在进行通信设置时，有以下三种方法进行通信设置。

(1) 系统块中设置

双击"系统块"，打开系统块对话框，选中左边的"通信"项（见图 4-14），在右边设置 CPU 的以太网端口和 RS485 端口的参数。图 4-14 中是默认的以太网端口参数，也可以修改这些参数。

如果选中复选框"IP 地址数据固定为下面的值，不能通过其它方式更改"，输入的是静止 IP 信息。只能在"系统块"对话框中更改 IP 信息，并将它下载到 CPU。如果未选中上述复选框，则此时的 IP 信息为动态信息。可以在"通信"对话框中更改 IP 信息，或使用用户程序中的 SIP_ADDR 指令更改 IP 信息。静态和动态 IP 信息均存储在永久性存储器中。

子网掩码的值通常为 255.255.255.0，CPU 与编程设备的 IP 地址中的子网地址和子网掩码应完全相同。同一个子网中各设备的子网内的地址不能重叠。如果在同一个网络中有多台 CPU，除了一台 CPU 可以保留出厂时默认的 IP 地址 192.168.2.1，必须将其它 CPU 默认的 IP 地址更改为网络中唯一的其它 IP 地址。如果连接到互联网，编程设备、网络设备和 IP 路由器可以与全球通信，但是必须分配唯一的 IP 地址，以避免与其它网络用户冲突。

"通信"设置中的"背景时间"是用于处理通信请求的时间占扫描周期的百分比。增加

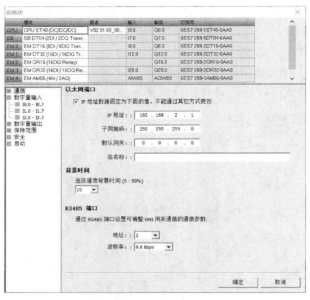

图 4-14 以太网端口设置

背景时间将会增加扫描时间，从而减慢控制过程的运行速度，一般采用默认的 10%。设置完成后，单击"确定"按钮，确定设置的参数，同时自动关闭系统块。需要通过系统块将新的设置下载到 PLC，参数被存储在 CPU 模块的存储器中。

（2）用通信功能设置 CPU 的 IP 地址

双击项目树中的"通信"项，打开"通信"窗口，在"网络接口卡"下拉列表中选中使用的以太网卡，单击"查找 CPU"按钮将会显示网络上所有可访问的设备的 IP 地址（见图 4-15）。如果网络上有多个 CPU，则选中需要与计算机通信的 CPU。单击"确定"按钮，便可以建立起与对应 CPU 的连接，可以下载程序到该 CPU 并监控该 CPU。如果需要确认哪个是选中的 CPU，则单击"闪烁指示灯"。被选中的 CPU 的 RUN、STOP 和 ERROR 灯将会同时闪烁，直到下一次单击该按钮。单击"编辑"按钮可以更改 IP 地址和子网掩码等，同时"编辑"变为"设置"，单击"设置"，修改后的值将会被下载到 CPU。如果系统块中组态了"IP 地址数据固定为下面的值，不能通过其它方式更改"，并且将系统块下载到了 CPU，将会出现错误信息，不能更改 IP 地址。

如果 S7-200 SMART 不能与计算机建立连接（单击"查找 CPU"后没有出现 CPU 的 IP 地址），先检查以太网卡是否选择正确，其次看 360 之类的保护软件是否禁用了 pni-omgr.exe（西门子软件的关联启动程序），如果禁用，则启动该项。

打开 STEP 7-Micro/WIN SMART 的项目，不会自动选择 IP 地址和建立与 CPU 的连接。每次创建新项目或打开现有的 STEP 7-Micro/WIN SMART 的项目，在做在线操作（例如下载或改变工作模式）时将会自动打开"通信"窗口，显示上一次连接的 CPU 的 IP 地址，可以采用上一次连接的 CPU，或选择其它显示出 IP 地址的可访问的 CPU，最后单击"确定"按钮。

（3）在用户程序中设置 CPU 的 IP 信息

SIP_ADDR（设置 IP 地址）指令用参数 ADDR、MASK 和 GATE 分别设置 CPU 的 IP 地址、子网掩码和网关。设置的 IP 地址信息存储在 CPU 的永久存储器中。

图 4-15　通信连接

4.2.4　程序的编辑与下载

利用 STEP 7-Micro/WIN SAMRT 编程软件编写和修改控制程序是编程人员要做的最基本的工作，本节只以梯形图编辑器为例介绍一些基本编程操作。其语句表和功能块图编辑器的操作可类似进行。下面通过一个简单的例子来介绍如何用编程软件来编写、下载和调试梯形图程序。

(1) 编写用户程序

生成新项目后，自动打开主程序 MAIN（OB1），在程序编辑区输入编程元件。梯形图的编程元件主要有触点、线圈、功能指令、标号及连接线。输入方法主要有两种：

一是用工具条上的一组编程按钮，如图 4-16（a）所示。单击触点、线圈或指令盒按钮，从弹出的窗口下拉菜单所列出的指令中选择要输入指令，单击即可。

二是用指令树窗口中所列的一系列指令，双击要输入的指令，就可在矩形光标处放置一个编程元件，如图 4-16（b）所示。

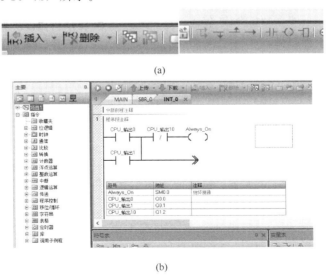

(a)

(b)

图 4-16　指令输入介绍

此外可以在程序编辑区双击，直接选择所需的触点。还可以利用快捷键来选择编程元件。

单击程序段 1 最左边的箭头处的一个矩形光标。单击程序编辑器工具栏上的触点按钮，然后单击出现的对话框中的常开触点，在矩形光标所在的位置出现一个常开触点（见图 4-17）。触点上面红色的问号??? 表示地址没有赋值，选中它以后输入触点的地址 I0.0。用同样的方法生成 I0.1 的常闭触点。单击程序编辑器工具栏上的线圈按钮，然后选择输出线圈，设置线圈的地址为 M0.0。

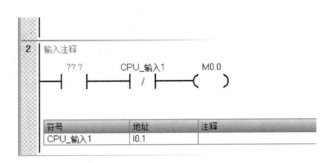

图 4-17　顺序输入元件

在一个程序段中，如果只有编程元件的串联连接，输入和输出都无分叉，则视作顺序输入。输入时只需从程序段的开始依次输入各编程元件即可，每输入一个元件，矩形光标自动移动到下一列，如 4-17 所示。

在图 4-17 中，已经连续在一行上输入了两个触点和一个线圈，若想再输入一个线圈，可以在程序段 2 的第二行，放置一个常开触点 M0.0，然后利用上行线与上一行连接，形成自锁。图中的方框为大光标，编程元件就是在矩形光标处被输入的。

（2）任意添加输入

若在任意位置添加一个编程元件，只需单击这一位置，将光标移到此处，然后输入编程元件即可。

用工具条中的指令按钮可编辑复杂结构的梯形图。单击程序段 1 中第一行下方的编程区域，则在开始处显示小图标，然后输入触点新生成一行。若要合并触点，将光标移到要合并的触点处，单击上行线按钮即可。

如果要在一行的某个元件后向下分支，方法是将光标移到该元件，单击下行线按钮，然后输入元件。

（3）插入和删除

编辑中经常用到插入和删除一行、一列、一个梯级（网络）、一个子程序或中断程序等，方法有两种：在编辑区右键单击要进行操作的位置，弹出 4-18 所示的下拉菜单，选择"插入"或"删除"选项，弹出子菜单，单击要插入或删除的项，然后进行编辑。也可用"编辑"菜单中相应的"插入"或"删除"项完成相同的操作。

图 4-18 是编辑区还没有程序段的情况下右键单击时的结果，此时"剪切"和"复制"项处于无效状态，不可以对元件进行剪切或复制。

（4）符号表

符号是可为存储器地址或常量指定的符号名称。用户可为下列存储器类型创建符号名：

I、Q、M、SM、AI、AQ、V、S、C、T、HCO 在符号表中定义的符号适用于全局。已定义的符号可在程序的所有程序组织单元（POU）中使用。如果在变量表中指定变量名称，则该变量适用于局部范围。它仅适用于定义时所在的 POU。此类符号被称为"局部变量"，与适用于全局范围的符号有区别。符号可在创建程序逻辑之前或之后进行定义。

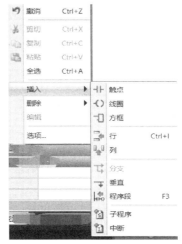

图 4-18 插入或删除网络

使用符号表可将梯形图中的直接地址编号用具有实际含义的符号代替，使程序更直观、易懂。使用符号表有两种方法：

① 在编程时使用直接地址（如 I0.0），然后打开符号表，编写与直接地址对应的符号（如与 I0.0 对应的符号为启动），编译后由软件自动转换名称。

② 在编程时直接使用符号名称，然后打开符号表，编写与符号对应的直接地址，编译后得到相同的结果。

要进入符号表，可单击导航栏菜单中的"符号表"项或项目树中的"符号表"按钮，符号表窗口如图 4-19 所示。单击单元格可进行符号名、对应直接地址的录入，也可加注释说明。右键单击单元格，可进行修改、插入、删除等操作。图 4-19 中的直接地址编号在填写了符号表后，经编译后形成如图 4-20 所示的结果。

图 4-19 符号表窗口

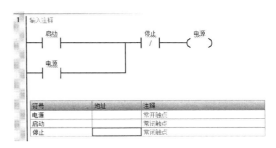

图 4-20 用符号表编程

定义符号时应遵守以下语法规则：

① 符号名可包含字母数字字符、下划线以及从 ASCII 128 到 ASCII 255 的扩充字符。第一个字符不能为数字。

② 使用双引号将指定给符号名的 ASCII 常量字符串括起来。

③ 使用单引号将字节、字或双字存储器中的 ASCII 字符常量括起来。

④ 不要使用关键字作为符号名。

⑤ 符号名的最大长度为 23 个字符。

(5) 局部变量表

通过变量表，可定义对特定 POU 局部有效的变量。在以下情况下使用局部变量：

a. 要创建不引用绝对地址或全局符号的可移值子程序。

b. 要使用临时变量（声明为 TEMP 的局部变量）进行计算，以便释放 PLC 存储器。

c. 要为子程序定义输入和输出。

如果以上描述对具体情况不适用，则无需使用局部变量；可在符号表中定义符号值，从而将其全部设置为全局变量。

① 局部变量的含义　程序中的每个 POU 都有自身的变量表，并占 L 存储器的 64B（如果在 LAD 或 FBD 中编程，则占 60B）。借助局部变量表，可对特定范围内的变量进行定义：局部变量仅在创建时所处的 POU 内部有效。相反，在每个 POU 中均有效的全局符号只能在符号表中定义。当为全局符号和局部变量使用相同的符号名时（例如 INPUT1），在定义局部变量的 POU 中局部定义优先，在其它 POU 中使用全局定义。

在局部变量表中进行分配时，指定声明类型（TEMP、IN、IN_OUT 或 OUT）和数据类型，但不要指定存储器地址；程序编辑器自动在 L 存储器中为所有局部变量分配存储器位置。变量表符号地址分配将符号名称与存储相关数据值的 L 存储器地址进行关联。局部变量表不支持对符号名称直接赋值的符号常数（这在符号/全局变量表中是允许的）。

② 局部变量的设置

将光标移到编辑器的程序编辑区的上边缘，向下拖动上边缘，则自动出现局部变量表，此时可为子程序和中断服务程序设置局部变量。一个子程序调用指令和它的局部变量表，在表中可设置局部变量的参数名称（符号）、变量类型、数据类型及注释，局部变量的地址由程序编辑器自动在 L 存储区中分配，不必人为指定。在子程序中对局部变量表赋值时，变量类型有输入（IN）子程序参数、输出（OUT）子程序参数、输入-输出（IN_OUT）及暂时（TEMP）变量四种，根据不同的参数类型可选择相应的数据类型（如 BOOL、BYTE、INT、WORD 等）。

局部变量作为参数向子程序传送时，在子程序的局部变量表中指定的数据类型必须与调用 POU 中的数据类型值相匹配。

要加入一个参数到局部变量表中，可右键单击变量类型区，得到一个选择菜单，选择"插入"，再选择"行"或"下方的行"即可。当在局部变量表中加入一个参数时，系统自动给各参数分配局部变量存储空间。

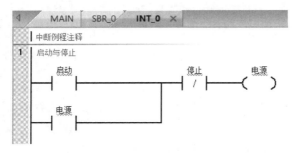

图 4-21　网络注释

(6) 注释

梯形图编辑器中的 Network n 表示每个网络或梯级，可为每个网络或梯级加标题或必要的注释说明，使程序清晰易读。

在"网络 n"下方的灰色方框中单击，输入网络注释（见图 4-21）。用户可以输入识别该逻辑网络的注释，并输入有关网络内容的说明。用户可以单击"视图"菜单功能区的"POU 注释"与"程序段注释"，进行"打开"（可视）和"关闭"（隐藏）之间切换。网络注释中可允许使用的最大字符数为 4096。

(7) 语言转换

STEP 7-Micro/WIN SMART 软件可实现语句表、梯形图和功能块图三种编程语言（编辑器）之间的任意切换。具体方法是选择菜单"视图"项，然后单击 STL、LAD 或 FBD 便可进入对应的编程环境。当采用 LAD 编辑器编程时，经编译没有错误后，可查看相应的 STL 程序和 FBD 程序。当编译有错误时，则无法改变程序模式。

（8）编译用户程序

程序编辑完成后，可用菜单"PLC"中的"编译"项进行离线编译。编译结束后在输出窗口显示程序中的语法错误的数量、各条错误的原因和错误在程序中的位置。双击输出窗口中的某一条错误，程序编辑器中的矩形光标将会移到程序中该错误所在的位置。必须改正程序中的所有错误，编译成功后才能下载程序。

（9）程序的下载和清除

在计算机与 PLC 建立起通信连接且用户程序编译成功后，可以将程序下载到 PLC 中去。

下载之前，PLC 应处于 STOP 模式。单击工具条中的"停止"按钮，或选择"PLC"菜单命令中的"停止"项，可以进入 STOP 模式。如果不在 STOP 模式，可将 CPU 模块上的方式开关扳到 STOP 位置。

单击工具条中的下载按钮，或选择"文件"菜单下的"下载"项，将会出现下载对话框。用户可以分别选择是否下载程序块、数据块、系统块、配方和数据记录配置。单击"下载"按钮，开始下载信息。下载成功后，确认框显示"下载成功"。如果 STEP 7-Micro/WIN SMART 中设置的 CPU 型号与实际的型号不符，将出现警告信息，应修改 CPU 的型号后再下载。

下载程序时，程序存储在 RAM 中，S7-200 SMART 会自动将程序块、数据块和系统块复制到 EEPROM 中永久保存。

为了使下载的程序能正确执行，可以在下载前将 PLC 存储器中的原程序清除。清除的方法：单击菜单"PLC"中的"清除"项，出现清除对话框，选择"清除全部"即可。

4.2.5 程序的预览与打印输出

欲在纸张上实际打印之前预览项目打印页面，可选择"文件"→"打印预览"菜单命令；或单击工具条打印预览按钮，或单击"打印"对话框中的"预览"按钮（见图 4-22）。

使用以下三种方法，可打印程序和项目文档的复制件：单击工具栏打印按钮；选择"文件"→"打印"菜单命令；按<Ctrl>+<P>快捷组合键。三种方法都会出现"打印"对话框，如图 4-22 所示。主要提供下列选项：选择打印机；打印内容和顺序；程序编辑器中主程序、子程序和中断程序是否都打印等。此外，左下角还可选择是否"打印属性"是否"打印变量表"和"尽量不要拆分程序段"。

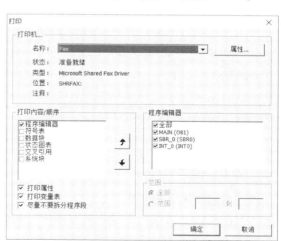

4.2.6 程序的监控与调试

4.2.6.1 程序状态监控

图 4-22 程序预览与打印

STEP 7-Micro/WIN SMART 编程软件提供了一系列程序调试与监控工具（见图 4-23），使用户可直接在软件环境下调试并监视用户程序的执行。当用户成功地在运行 STEP 7-Micro/WIN SMART 的编程设备和 PLC 之间建立通信并将程序下载至 PLC 程序后，就可以利用"调试"工具栏的状态监控功能进行监控程序状态。

图 4-23　程序状态监控

(1) 梯形图程序状态监控

在程序编辑器中打开要监控的 POU，单击工具栏上的程序状态按钮，开始启用程序状态监控。

PLC 必须处于 RUN 模式才能查看连续的状态更新。不能显示未执行的程序区（例如未调用的子程序、中断程序或被 JMP 指令跳过的区域）的程序状态。在 RUN 模式启动程序状态功能后，将用颜色显示出梯形图中各元件的状态，左边的垂直"电源线"和与它相连的水平"导线"变为蓝色。如果触点和线圈处于接通状态，它们中间将出现深蓝色的方块，有"能流"流过的"导线"也变为深蓝色。如果有"能流"流入方框指令的 EN（使能）输入端，且该指令被成功执行时，方框指令的方框也变为深蓝色。定时器和计数器的方框为绿色时表示它们包含有效数据。红色方框表示执行指令时出现了错误，灰色表示无"能流"，指令被跳过、未调用或 PLC 处于 STOP 模式。

单击调试功能区的"暂停状态"按钮，便可以暂停程序状态的监控。当再次单击程序编辑器工具栏上的"程序状态"按钮时，便可以关闭程序状态监控。

(2) 语句表程序状态监控

语句表程序的状态监控与梯形图类似，只不过程序是以语句表的形式呈现。单击"视图"菜单功能区的"编辑器"区域的"STL"按钮，将梯形图切换到语句表编辑器。单击"程序状态"按钮，启动语句表的程序状态监控功能。如果 CPU 中的程序和打开项目的程序不同，或者在切换使用的编程语言后启用监控功能，可能会出现"时间戳不匹配"窗口。单击"比较"按钮，如果经检查确认 PLC 中的程序和打开的项目中的程序相同，对话框中将显示"已通过"。单击"继续"按钮，开始监控。如果 CPU 处于 STOP 模式，将出现对话框询问是否切换到 RUN 模式。如果检查出问题，应重新下载程序。

状态信息从位于编辑窗口顶端的第一条 STL 语句开始显示。向下滚动编辑器窗口时，将从 CPU 获取新的信息。

单击"工具"菜单功能区的"选项"对话框，选中左边窗口"STL"下面的"状态"项，可以设置语句表程序状态监控的内容，每条指令最多可以监控 17 个操作数、逻辑堆栈中 4 个当前值和 11 个指令状态位。

(3) 用状态表监控程序

如果需要同时监控的变量不能在程序编辑器中同时显示，可以使用状态图表监控功能。

① 打开和编辑状态图表　在程序运行时，可以用状态图表来读、写、强制和监控 PLC 中的变量。双击项目树的"状态图表"文件夹中的"图表 1"，或者单击导航栏上的"状态图表"按钮，均可以打开状态图表，并对它进行编辑。如果项目中有多个状态图表，可以用状态图表编辑器底部的标签进行切换。

② 编辑监控地址　使用状态图表监控功能时，在状态图表的"地址"列输入需要进行

监控的变量的绝对地址或符号地址，可以采用默认的显示格式，或用"格式"列的隐藏列表改变显示的格式。

定时器和计数器可以分别按位或按字监控，如果按位监控，则显示的是它们输出位的 ON/OFF 状态；如果按字监控，则显示的是它们的当前值。当用二进制格式监控字节、字或双字，可以在一行中同时监控 8 点、16 点和 32 点位变量。

选中符号表中的符号单元或地址单元，并将其复制到状态图表的"地址"列表中，可以快速创建要监控的变量。单击状态图表某个"地址"列的单元格（例如 VW10）后按<Enter>键，可以在下一行插入或添加一个具有顺序地址和相同格式的地址。此外，按住<Ctrl>键，可以将程序编辑器中的操作数拖放到状态图表中，还可以从 Excel 表格复制和粘贴数据到状态图表中。

③ 创建新的状态图表　当有几个任务需要监控时，可以创建几个状态图表进行监控。右键单击项目树中的"状态图表"，选择"插入"→"图表"命令，或单击状态图表工具栏上的"插入图表"按钮，均可以创建新的状态图表。

④ 启动和关闭状态图表的监控功能　与 PLC 成功建立通信后，打开状态图表，单击调试功能区的图表状态按钮，便启动了状态图表的监控功能，此时图表状态的背景色变为黄色。编程软件从 PLC 收集状态信息，在图表状态的"当前值"列将显示从 PLC 中读取的连续更新的动态数据。

启动监控后，用接在端子上的小开关来模拟启动按钮和停止按钮信号，可以看到各个位地址的 ON/OFF 状态和定时器当前值变化的情况。

当再次单击状态图表工具栏上的"图表状态"按钮时，图表状态监控关闭，当前值数据消失。

⑤ 单次读取状态信息　状态图表的监控功能关闭时，或将 PLC 切换到 STOP 模式，单击状态图表工具栏上的读取按钮，可以获得打开的图表中数值的单次"快照"（更新一次状态图表中所有的值），并在状态图表的"当前值"显示出来。

⑥ RUN 模式与 STOP 模式监控的区别　RUN 模式可以使用状态图表和程序状态功能，连续采集变化的 PLC 数据值。在 STOP 模式下不能执行上述操作。

只有在 RUN 模式下，程序编辑器才会用彩色显示状态值和元素，STOP 模式下则用灰色显示，只有在 RUN 模式并且已启动程序状态时，程序编程器才显示强制值锁定符号，才能使用写入、强制和取消强制功能。在 RUN 模式暂停程序状态后，也可以启用写入、强制和取消强制功能。

⑦ 趋势视图　趋势视图用随时间变化的曲线跟踪 PLC 的状态数据。单击状态图表工具栏上的"趋势视图"按钮，可以在表格视图与趋势视图之间切换。也可以右键单击状态图表内部，然后执行弹出的菜单中的命令"趋势形式的视图"进行趋势监控。

右键单击趋势视图，执行弹出的菜单中的命令，可以在趋势视图运行时删除被单击的变量行、插入新的行和修改趋势视图的时间基准（时间轴刻度）。如果更改了时间菜单中的"属性"命令，在弹出的窗口中，可以修改被单击的行变量的地址和显示格式，以及显示的上限和下限。

启动趋势视图后，单击工具栏上的"暂停图表"按钮，可以"冻结"趋势视图。再次单击该按钮，结束暂停继续监控。

实时趋势功能不支持历史趋势，即不会保留超出趋势视图窗口的时间范围和趋势数据。

4.2.6.2 在 RUN 模式下编辑程序

在 RUN 模式下，可对用户程序做少量的修改，修改后的程序在下载时，将立即影响系统的控制运行，所以使用时应特别注意。具体操作时可选择"调试"菜单中的"运行中编辑"项进行。编辑前应退出程序状态监视，修改程序后，需将改动的程序下载到 PLC。但下载之前需认真考虑可能产生的后果。在 RUN 模式下，只能下载项目文件中的程序块，PLC 需要一定的时间对修改的程序进行背景编译。

在 RUN 模式下，编辑程序并下载后应退出此模式，可再次单击"调试"菜单中的"运行中编辑"，然后单击"确认"选项。

4.2.6.3 写入与强制操作

(1) 写入数据

写入功能用于将数据值写入 PLC 的变量。将变量新的值输入状态图表的"新值"列后，单击状态图表工具栏上的"写入"按钮，将"新值"列所有的值传送到 PLC。在 RUN 模式下，因为用户程序的执行，修改的数值可能很快被程序改写成新的数值，不能用写入功能改写物理输入点（I 或 AI 地址）的状态。

(2) 强制功能

强制功能通过强制 V 和 M 来模拟逻辑条件，通过强制 I/O 点来模拟物理条件，例如可以通过对输入点的强制代替输入端外接的小开关来调试程序。

可以强制所有的 I/O 点，此外还可以同时强制最多 16 个 V、M、AI 或 AQ 地址。强制功能可用于 I、Q、V、M 的字节、字和双字，只能从偶数字节开始以字为单位强制 AI 和 AQ，不能强制 I 和 Q 之外的位地址。强制的数据用 CPU 的 EEPROM 永久性存储。

在读取输入阶段，强制值被当作输入读入；在程序执行阶段，强制数据用于立即读和立即写指令指定的 I/O 点；在通信处理阶段，强制值用于通信的读/写请求；在修改输出阶段，强制数据被当作输出写入到输出电路。进入 STOP 模式时，输出将变为强制值，而不是系统块中设置的值。虽然在一次扫描过程中，程序可以修改被强制的数据，但是重新扫描时，会重新应用强制值。

在写入或强制输出时，如果 S7-200 SMART 与其它设备相连，可能导致系统出现无法预料的情况，从而引起损失，因此，请慎用此操作。

(3) 强制的操作方法

可以用"调试"菜单功能区的"强制"区域中的按钮或状态图表工具栏中按钮进行操作：强制、取消对单个操作数的强制、取消全部强制和读取全部强制。

① 强制　启动了状态图表监控功能后，右键单击触点，执行快捷菜单中的"强制"命令，将它强制为 ON。强制后不能用外接的开关来改变触点的状态。

将要强制的新值输入到状态图表中的"新值"列，单击"强制"按钮，当前值就会被强制为新值。一旦使用了强制功能，每次扫描都会将强制的数值用于该操作数，直到取消对它的强制。即使关闭 STEP 7-Micro/WIN SMART 或者断开 PLC 的电源，都不能取消强制。

② 取消对单个操作数的强制　选择一个被强制的操作数，然后单击状态图表上的"取消强制"按钮，被选择的地址的强制图标将会消失。也可以右键单击程序状态或状态图表中被强制的地址，用快捷菜单中的命令取消对它的强制。

③ 取消全部强制　单击状态图表上的"取消全部强制"按钮，便可以取消所有的强制，使用该功能不需要选中某个地址。

④ 读取全部强制　关闭状态图表监控，单击状态图表工具栏上的"读取全部强制"按钮，状态图表中的当前值列将会显示出已被显式强制、隐式强制和部分隐式强制的所有地址相应的强制图标。

（4）STOP 模式下强制

在 STOP 模式下，可以用状态图表查看操作数的当前值、写入值、强制值或解除强制。如果在写入或强制输出点时 S7-200 SMART PLC 已连接到设备，则这些更改将会传送到该设备。这可能导致设备出现异常，从而造成损失。作为一项安全防范措施，必须首先启用"STOP 模式下强制"功能。单击"调试"中"设置"区域中的"STOP 下强制"按钮，再单击出现的窗口的"是"，便可以启动该功能。

4.2.6.4　扫描次数的选择

用户可以指定 PLC 对程序执行有限次数扫描（从 1 次扫描到 65535 次扫描）。通过选择 PLC 运行的扫描次数，用户可以在程序改变过程变量时对其进行监控。

设置多次扫描时，应使 PLC 置于 STOP 模式，使用菜单"调试"中的"执行多次"来指定执行的扫描次数，然后单击"确认"按钮。初次扫描时，则将 PLC 置于 STOP 模式，然后使用"调试"菜单命令中的"执行单次"进行。第一次扫描时，SM0.1 数值为 1。

4.2.6.5　S7-200 SMART 的出错处理

单击菜单"PLC"→"信息"项，可查看程序的错误信息。错误的代码及含义见手册或帮助文件。S7-200 SMART 的出错主要有以下两类：致命错误和非致命错误。

（1）致命错误

致命错误导致 PLC 停止执行程序。根据错误严重程度的不同，致命错误可能会导致 PLC 无法执行任一或全部功能。处理致命错误的目的是使 PLC 进入安全状态，这样 PLC 才能对现有错误条件的询问做出响应。检测到致命错误时，PLC 执行下列任务：

① 切换到 STOP 模式。

② 接通系统故障 LED 和 STOP LED。

③ 关闭输出。

STEP 7-Micro/WIN SMART 在"PLC 信息"对话框中显示 PLC 生成的错误代码和简要说明。要访问 PLC 信息，可在 PLC 菜单功能区的"信息"区域单击 PLC 按钮。在纠正了导致致命错误的条件后，对 PLC 循环上电或执行暖启动。要执行暖启动，在 PLC 菜单功能区的"修改"区域单击"暖启动"按钮。重新启动 PLC 会清除致命错误条件，并启动上电诊断测试。如果出现另一个致命错误条件，则 PLC 会再次接通系统故障 LED；否则，PLC 开始正常操作。

有几种可能的错误条件会导致 PLC 无法通信，在这种情况下，无法查看 PLC 错误代码。此类错误表明硬件发生故障，需要修理 PLC 模块；更改程序或清空 PLC 存储器解决不了的问题。

（2）非致命错误

非致命错误会影响 CPU 的某些性能，但不会使用户程序无法执行。有以下几类非致命错误：

① 运行时间编程错误是在程序执行过程中由用户或用户程序造成的非致命错误条件。例如，编译程序期间间接地址指针有效，程序执行时被修改为指向超出范围的地址。访问 PLC 菜单功能区的"PLC 信息"可确定发生的错误类型。

只有修改用户程序，才能纠正运行时间编程错误。下一次从 STOP 模式切换到 RUN 模式时，运行时间编程错误会清除。

② PLC 编译器错误（或程序编译错误）将阻止用户将程序下载到 PLC 中。当用户编译或下载程序时，STEP 7-Micro/WIN SMART 将检测编译错误并在输出窗口显示检测到的错误。如果发生了编译错误，PLC 会保留驻留在 PLC 中的当前程序。

在 RUN 模式下发现的非致命错误会反映在特殊存储器 SM 上，用户程序可以监视这些位。上电时 CPU 读取 I/O 配置，并存储在 SM 中。如果 CPU 发现 I/O 变化，就会在模块错误字节中设置改变位。当 I/O 模块与系统数据存储器中的 I/O 配置相符时，CPU 会对该位复位。而在被复位之前，不会更新 I/O 模块。例如，可以用 SM5.5（I/O 错误）的常开触点控制 STOP 指令，在出现 I/O 错误时使 CPU 切换到 STOP 模式。

第 5 章

西门子 S7-200 SMART PLC的编程基础及 程序设计

随着 PLC 的不断发展，用户可以利用梯形图、语句表、功能块图和高级语言等编程语言。但是梯形图和语句表一直是最基本、最常用的编程语言。本章详细地介绍了 S7-200 SMART 的基本指令系统，要求熟练掌握各类指令的使用方法与注意事项，掌握不同类型的定时器、计数器的工作原理与应用方法，了解 PLC 的寻址方式。

5.1 西门子 S7-200 SMART 系列 PLC

本书以西门子公司的 S7-200 SMART 系列微型 PLC 为主要讲授对象。S7-200 SMART 是 S7-200 的升级换代产品，它继承了 S7-200 的诸多优点，指令、程序结构和通信功能与 S7-200 基本上相同。CPU 分为标准型和紧凑型，CPU 内置的单体 I/O 点数最多可达 60 点。标准型增加了以太网端口和信号板，保留了 RS485 端口。编程软件 STEP 7-Micro/WIN SMART 的界面友好，更为人性化。

5.1.1 PLC 的基本结构

S7-200 SMART 主要由 CPU 模块、扩展模块、信号板和编程软件组成（见图 5-1）。

（1）CPU 模块

CPU 模块简称为 CPU，主要由微处理器、电源和集成的输入电路、输出电路组成。在 PLC 控制系统中，微处理器相当于人的大脑和心脏，它不断地采集输入信号，执行用户程序，刷新系统的输出；存储器用来存储程序和数据。

（2）扩展模块和信号板

扩展模块、信号板和通信模块与标准型 CPU 配合使用，可以增加 PLC 的功能。扩展模块包括输入（Input）模块和输出（Output）模块，它们简称为 I/O 模块。扩展模块和 CPU

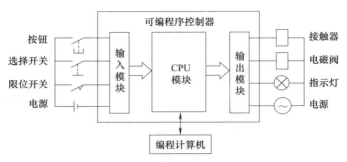

图 5-1　PLC 控制系统示意图

的输入电路、输出电路是系统的眼、耳、手、脚，是联系外部现场设备和 CPU 的桥梁。

　　输入模块和 CPU 的输入电路用来接收和采集输入信号，数字量输入用来接收从按钮、选择拨码开关、数字拨码开关、限位开关、接近开关、光电开关和压力继电器等提供的数字量输入信号；模拟量输入用来接收各种变送器提供的连续变化的模拟量信号。数字量输出用来控制接触器、电磁阀、电磁铁、指示灯、数字显示装置和报警装置等输出设备，模拟量输出用来控制调节阀、变频器等执行装置。

　　CPU 模块的工作电压一般是 DC 5V，而 PLC 外部的输入/输出电路的电源电压较高，例如 DC 24V 和 AC 220V。从外部引入的尖峰电压和干扰噪声可能会损坏 CPU 模块中的元器件，或者使 PLC 不能正常工作。在输入/输出电路中，用光耦合器、光电晶闸管或小型继电器等器件来隔离 PLC 的内部电路和外部电路，I/O 模块除了传递信号外，还有电平转换与隔离的作用。

　　（3）编程软件

　　使用编程软件可以直接生成和编辑梯形图或指令表程序，以实现不同编程语言之间的相互转换。程序被编译后下载到 PLC，可以将 PLC 中的程序上传到计算机，还可以用编程软件监控 PLC。标准型 CPU 有集成的以太网端口，下载和监控时只需要一根普通的网线，下载的速度极快。

　　（4）电源

　　S7-200 SMART 使用 AC 220V 电源或 DC 24V 电源。CPU 可以为输入电路和外部的电子传感器（例如接近开关）提供 DC 24V 电源，驱动 PLC 负载的直流电源一般由用户提供。

5.1.2　S7-200 SMART 的特点

　　SIMATIC S7-200 SMART 是西门子公司经过大量的市场调研，为中国客户量身定制的一款高性价比的微型 PLC 产品。

　　（1）S7-200 SMART 的亮点

　　① S7-200 SMART（见图 5-2）有 12 种 CPU 模块，分为标准型和紧凑型。CPU 模块集成的最大 I/O 点数由 S7-200 的 40 点增大到 60 点，标准型 CPU 最多可以配置 6 个扩展模块和一块安装在 CPU 内的信号板，产品配置更加灵活。因为配备了西门子的专用高速处理器芯片，基本指令执行时间为 $0.15\mu s$。

　　② 标准型 CPU 集成了以太网端口（见图 5-3）和强大的以太网通信功能。用普通的网线就可以实现程序的下载和监控。通过以太网端口还可与其它西门子 PLC、触摸屏和计算机通信。

③ 场效应晶体管输出的标准型 CPU 可以输出 2 路或 3 路（与型号有关）100kHz 的高速脉冲，支持 PWM/PTO 输出方式以及多种运动模式，可以自由设置运动曲线，相当于集成了 S7-200 的位置控制模块的功能。有方便易用的运动控制向导，可以快速实现调速、定位等功能。

④ 标准型 CPU 有 6 个最高频率为单相 200kHz 或 30kHz 的高速计数器。紧凑型 CPU 有 4 个高速计数器，最高频率是标准型的一半。

⑤ CPU 集成了 Micro SD 卡插槽，使用通用的价格便宜的 Micro SD 卡（即手机存储卡），就可以实现程序的更新和 CPU 固件的升级。

图 5-2 S7-200 SMART 的模块

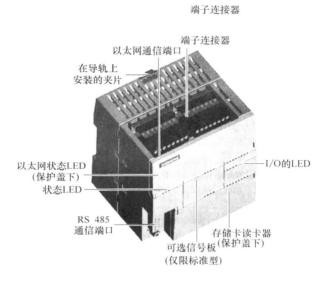

图 5-3 CPU 模块

⑥ 编程软件 STEP 7-Micro/WIN SMART 的界面友好，编程高效，融入了更多的人性化设计，例如新颖的带状式菜单、全移动式界面窗口、方便的程序注释功能以及强大的密码保护等。可以用 3 种编程语言监控程序的执行情况，用状态图表监视、修改和强制变量。用系统块设置参数方便直观。具有强大的中文帮助功能，在线帮助、右键快捷菜单、指令和子程序的拖放功能等使编程软件的使用非常方便。

⑦ S7-200 SMART PLC、SMART LINE IE 触摸屏、V20 变频器和 V90 伺服驱动系统完美整合，无缝集成，为 OEM（原始设备制造商）客户带来高性价比的小型自动化解决方案，可以满足客户对人机交互、控制和驱动等功能的全方位需求。

（2）先进的程序结构

S7-200 SMART 的程序结构简单清晰，在编程软件中，主程序、子程序和中断程序分页存放。使用各程序块的局部变量，易于将程序块移植到别的项目。子程序用输入、输出参数作软件接口，便于实现结构化编程。

（3）灵活方便的存储器结构

S7-200 SMART 的输入（I）、输出（Q）、位存储器（M）、顺序控制继电器（S）、变量存储器（V）和局部变量（L）均可以按位（bit）、字节（B）、字（W）和双字（DW）读写。

（4）简化复杂编程任务的向导功能

高速计数器、运动控制、PID 控制、高速输出、文本显示器、GET/PUT 以太网通信和数据记录等编程和应用是 PLC 程序设计中的难点，用普通的方法对它们编程既繁琐又容易出错。S7-200 SMART 的编程软件为此提供了各种编程向导，只需在向导的对话框中输入一些参数，就可以自动生成包括中断程序在内的用户程序。

（5）强大的通信功能

S7-200 SMART 的标准型 CPU 集成了一个以太网端口和一个 RS485 端口。以太网端口可以与编程计算机和最多 8 台 HMI（人机界面）通信，支持使用 PUT/GET 指令的 S7 通信、使用 TCP、ISO-on-TCP、UDP 协议的开放式用户通信，通过 OPC 软件 PC Access SMART，可以与上位计算机监控软件通信。

标准型 CPU 通过 SB CM01 信号板，可以扩展一个 RS232/RS485 端口。紧凑型 CPU 只有一个 RS485 端口。标准型和紧凑型 CPU 的上述串口可以与编程计算机、变频器、触摸屏通信，支持 PPI、Modbus RTU、USS 协议和自由端口模式通信。

标准型 CPU 通过扩展一块 EM DP01 模块，可以用作 DP 从站或 MPI 从站。

（6）支持多种人机界面

S7-200 SMART 支持用向导组态的文本显示器 TD 400C 和精彩系列面板 SMART LINE IE，还支持精智（Comfort）系列面板和精简（Basic）系列面板。

（7）运动控制功能

场效应晶体管输出型的 CPU ST20 可用 Q0.0 和 Q0.1 输出 2 路脉冲，CPU ST30/ST40/ST60 可用 Q0.0、Q0.1 和 Q0.3 输出 3 路脉冲，最高频率为 100kHz。

S7-200 SMART CPU 提供了三种开环运动控制方法：脉冲串输出（PTO）、脉宽调制（PWM）和运动轴。后者内置于 CPU 中，用于速度和位置控制。提供带有集成方向控制和禁用输出的单脉冲串输出，包括可编程输入，提供包括自动参考点搜索等多种操作模式。PWM 方式输出的脉冲宽度（或占空比）可用程序调节。

STEP 7-Micro/WIN SMART 提供的 PWM 向导可以帮助用户快速完成脉宽调制的组态。可以用 PWM 向导生成的子程序来指定 PWM 的脉冲周期和脉冲宽度。

运动控制向导最多提供 3 轴脉冲输出的设置，脉冲输出速度从 20Hz～2100kHz 可调。可以用该向导生成的位控指令对速度和位置进行动态控制。

运动控制既可以使用工程单位（如英寸或厘米），也可以使用脉冲数。提供可组态的螺距误差补偿，支持绝对、相对和手动位控模式，支持连续操作。提供多达 32 组运动曲线，每组曲线最多可以设置 16 种速度。提供 4 种不同的参考点寻找模式，每种模式都可以对起始的寻找方向和最终的接近方向进行选择。

为了帮助用户开发运动控制方案，STEP7-Micro/WIN SMART 提供了运动控制面板，使用户在开发过程的启动和测试阶段就能轻松监控运动控制功能的操作。使用运动控制面板可以验证运动控制功能的接线是否正确，可以调整组态数据并测试每个移动曲线，显示位控操作的当前速度、当前位置和当前方向，还可以看到输入和输出 LED（脉冲 LED 除外）的状态。可以查看和修改存储在 CPU 模块中的位控操作的组态设置。

5.1.3 CPU 模块

(1) CPU 的共同特性

各种型号的 CPU 的过程映像输入（I）、过程映像输出（Q）、位存储器（M）和顺序控制器（S）分别为 256 点，主程序、每个子程序和中断程序的临时局部存储器分别为 64B。CPU 均有两个分辨率为 1ms 的循环中断、4 个上升沿中断和 4 个下降沿中断，可使用 8 个 PID 回路。布尔运算指令执行时间为 $0.15\mu s$，实数数学运算指令执行时间为 $3.6\mu s$。子程序和中断程序最多各有 128 个。有 4 个 32 位的累加器、256 个定时器和 256 个计数器。传感器电源的可用电流为 300mA。

CPU 和扩展模块各数字量 I/O 点的通/断状态用发光二极管（LED）显示，PLC 与外部接线的连接采用可以拆卸的插座型端子板，不需断开端子板上的外部连线，就可以迅速地更换模块。

(2) 紧凑型 CPU

2017 年 7 月发布的 S7-200 SMART V2.3 新增了继电器输出的紧凑型串行 CPU（见表 5-1）。其主要特点是仅有一个 RS485 串行端口，没有扩展功能，但是价格便宜。

⊡ **表 5-1　紧凑型 CPU 简要技术规范**

特性	CPU CR20s	CPU CR30s	CPU CR40s	CPU CR60s
本机字量 I/O 点数	12DI/8DQ 继电器	18DI/12DQ 继电器	24DI/16DQ 继电器	36DI/24DQ 继电器
尺寸 /mm×mm×mm	90×100×81	110×100×81	125×100×81	175×100×81

紧凑型 CPU 没有以太网端口，用 RS485 端口和 USB-PPI 电缆编程。与标准型 CPU 相比，紧凑型 CPU 仅支持 4 个有 PROFIBUS/RS485 功能的 HMI，不能扩展信号板和扩展模块，不支持数据记录。没有高速脉冲输出、实时时钟和 microSD 读卡器。没有基于以太网端口的 S7 通信和开放式用户通信功能，没有实时时钟和运动控制功能，输入点没有脉冲捕捉功能。CPU 最多 4 个高速计数器，单相 100kHz 的 4 个，A/B 相 50kHz 的两个。

紧凑型 CPU 有 12KB 程序存储器和 8KB 用户数据存储器，保持性存储器为 2KB。

S7-200 SMART 的老产品还有两款带以太网端口和 RS485 端口的经济型 CPU（CPU CR40/60）。它们没有高速脉冲输出和硬件扩展功能。

(3) 标准型 CPU

标准型 CPU 的简要技术规范见表 5-2。型号中有 SR 的是继电器输出型，有 ST 的是 MOSFET（场效应晶体管）输出型。它们有 56 个字的模拟量输入（AI）和 56 个字的模拟量输出（AQ）。100kHz 脉冲输出仅适用于场效应晶体管输出的 CPU。保持性存储器为 10KB，可扩展一块信号板和最多 6 块扩展模块。使用免维护超级电容的实时时钟精度为 ±120s/月，保持时间通常为 7 天，25℃时最少 6 天。CPU 和可选的信号板最多可使用 6 个上升沿中断和 6 个下降沿中断。

⊡ **表 5-2　标准型 CPU 简要技术规范**

特性	CPU SR20,CPU ST20	CPU SR30,CPU ST30	CPU SR40,CPU ST40	CPU SR60,CPU ST60
板载数字量 I/O 点数	12DI/8DQ	18DI/12DQ	24DI/16DQ	36DI/24DQ
用户程序存储器	12KB	18KB	24KB	30KB

特性		CPU SR20,CPU ST20	CPU SR30,CPU ST30	CPU SR40,CPU ST40	CPU SR60,CPU ST60
用户数据存储器		8KB	12KB	16KB	20KB
尺寸/mm×mm×mm		90×100×81	110×100×81	125×100×81	175×100×81
高速计数器共6个	单相	4个200kHz,2个30kHz	5个200kHz,1个30kHz	4个200kHz,2个30kHz	4个200kHz,2个30kHz
	A/B相	2个100kHz,2个20kHz	3个100kHz,1个20kHz	2个100kHz,2个20kHz	2个100kHz,2个20kHz
100kHz脉冲输出		2个(仅CPUST20)	3个(仅CPU ST30)	3个(仅CPUST40)	3个(仅CPU ST60)
脉冲捕捉输入		12个	12个	14个	14个

标准型 CPU 有一个以太网端口，一个 RS485 端口，可以用可选的 RS232/485 信号板扩展一个串行端口。

以太网端口的传输速率为 10M/100Mbit/s，采用变压器隔离。提供一个编程设备连接和 8 个 HMI 连接，支持使用 PUT/GET 指令的 S7 通信（8 个客户端连接和 8 个服务器连接）和开放式用户通信（8 个主动连接和 8 个被动连接）。每个串行端口提供一个编程设备连接和 4 个 HMI 连接。

通过 PC Access SMART，操作人员可以通过上位机读写 S7-200 SMART 的数据，从而实现设备监控或者进行数据存档管理。

(4) CPU 模块中的存储器

PLC 的程序分为操作系统和用户程序。操作系统使 PLC 具有基本的智能，能够完成 PLC 设计者规定的各种工作；操作系统由 PLC 生产厂家设计并固化在 ROM（只读存储器）中，用户不能读取。用户程序由用户设计，它使 PLC 能完成用户要求的特定功能；用户程序存储器的容量以字节为单位。

PLC 使用以下几种物理存储器：

① 随机存取存储器（RAM）　用户程序和编程软件可以读出 RAM 中的数据，也可以改写 RAM 中的数据。RAM 是易失性的存储器，RAM 芯片的电源中断后，存储的信息将会丢失。

RAM 的工作速度高、价格便宜、改写方便。在关断 PLC 的外部电源后，可以用锂电池保存 RAM 中的用户程序和某些数据。锂电池可以用 1～3 年，需要更换锂电池时，由 PLC 发出信号，通知用户。S7-200 SMART 不使用锂电池。

② 只读存储器（ROM）　ROM 的内容只能读出，不能写入。它是非易失性的，它的电源消失后，仍能保存存储的内容。ROM 用来存放 PLC 的操作系统程序。

③ 可以电擦除可编程的只读存储器（EEPROM）　EEPROM 是非易失性的存储器，掉电后它保存的数据不会丢失。PLC 可以读写它，兼有 ROM 的非易失性和 RAM 的随机存取的优点，但是写入数据所需的时间比 RAM 长得多，改写的次数有限制。S7-200 SMART 用 EEPROM 来存储用户程序和需要长期保存的重要数据。

5.1.4　数字量扩展模块与信号板

(1) 数字量输入电路

图 5-4 是 S7-200 SMART CPU 的直流输入点的内

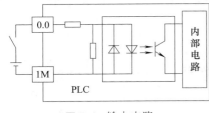

图 5-4　输入电路

部电路和外部接线图，图中只画出了一路输入电路，输入电流为 4mA，1M 是输入点各内部输入电路的公共点。S7-200 SMART 可以用 CPU 模块提供的 DC 24V 传感器电源作输入回路的电源，该电源还可以用于接近开关、光电开关之类的传感器。CPU 和数字量扩展模块的输入点的输入延迟时间可以用编程软件的系统块设置。数字量扩展模块见表 5-3。

⊡ 表 5-3　数字量扩展模块

仅输入/仅输出	输入/输出组合
8 点数字量输入	8 点数字量输入/8 点晶体管型输出
16 点数字量输入	8 点数字量输入/8 点继电器型输出
8 点晶体管型输出	16 点数字量输入/16 点晶体管型输出
8 点继电器型输出	16 点数字量输入/16 点继电器型输出
16 点晶体管型输出	—
16 点继电器型输出	—

当图 5-4 中的外部触点接通时，光耦合器中两个反并联的发光二极管中的一个亮，光敏晶体管饱和导通；外部触点断开时，光耦合器中的发光二极管熄灭，光敏晶体管截止，信号经内部电路传送给 CPU 模块。

图 5-4 中电流从输入端流入，称为漏型输入；将图中的电源反接，电流从输入端流出，称为源型输入。

CPU 模块的数字量输入和数字量输出的技术指标见表 5-4 和表 5-5。

⊡ 表 5-4　CPU 数字量输入技术指标

项目	技术指标
输入类型	漏型/源型 IEC 类型 1（CPU ST20/ST30/ST40/ST60 的 I0.0～I0.3、I0.6 和 I0.7 除外）
输入电压电流额定值	DC 24V，4mA，允许最大 DC 30V 的连续电压
输入电压浪涌值	35V，持续 0.5s
逻辑 1 信号（最小）	仅 CPU ST20/ST30/ST40/ST60 的 I0.0～I0.3、I0.6 和 I0.7 为 DC 4V，8mA；其余的为 DC 15V，2.5mA
逻辑 0 信号（最大）	仅 CPU ST20/ST30/ST40/ST60 的 I0.0～I0.3、I0.6 和 I0.7 为 DC 1V，1mA，其余的为 DC 5V，1mA
输入滤波时间	从 I0.0 开始的 14 点输入 0.2～12ms，0.2～12.8ms 共 14 档，其余各点为 0ms、6.4ms 和 12.8ms
光电隔离	AC 500V，1min
电缆长度	非屏蔽电缆 300m，屏蔽电缆 500m，CPU ST20/ST30/ST40/ST60 的 I0.0～I0.3 用于高速计数为 50m

⊡ 表 5-5　CPU 数字量输出技术指标

技术数据	DC 24V 输出	继电器输出
类型	MOSFET 场效应晶体管源型	继电器干触点
输出电压额定值	DC 24V	DC 24V 或 AC 250V
输出电压允许范围	DC 20.4～28.8V	DC 5～30V，AC 5～250V
最大电流时逻辑 1 输出电压	最小 DC 20V	—
10kΩ 负载时逻辑 0 输出电压	最大 DC 0.1V	
每点的额定电流（最大）	0.5A	2A

技术数据	DC 24V 输出	继电器输出
每个公共端的额定电流(最大)	6A	10A
逻辑 0 最大漏电流	10μA	—
灯负载	5W	DC 30W/AC 200W
接通状态电阻	最大 0.6Ω	新设备最大 0.2Ω
感性钳位电压	L+减 DC 48V,1W 功耗	—
从断开到接通最大延时	Qa.0～Qa.3 最长 1μs,其它输出点最长 50μs	最长 10ms
从接通到断开最大延时	Qa.0～Qa.3 最长 3μs,其它输出点最长 200μs	最长 10ms

(2) 数字量输出电路

S7-200 SMART 的数字量输出电路的功率元件有驱动直流负载的 MOSFET (场效应晶体管),以及既可以驱动交流负载又可以驱动直流负载的继电器,负载电源由外部提供。

输出电路一般分为若干组,对每一组的总电流也有限制。

图 5-5 是继电器输出电路,继电器同时起隔离和功率放大作用,每一路只给用户提供一对常开触点。

图 5-6 是场效应晶体管输出电路,输出信号送给内部电路中的输出锁存器,再经光耦合器送给场效应晶体管,后者的饱和导通状态和截止状态相当于触点的接通和断开。图中的稳压管用来抑制关断过电压和外部的浪涌电压,以保护场效应晶体管,场效应晶体管输出电路的工作频率可达 100kHz。图中电流从输出端流出,称为源型输出。

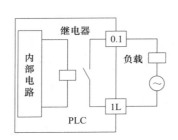

图 5-5 继电器输出电路

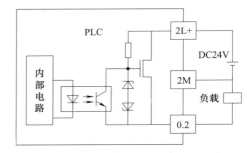

图 5-6 场效应晶体管输出电路

继电器输出电路的可用电压范围广、导通压降小,承受瞬时过电压和瞬时过电流的能力较强,但是动作速度较慢。如果系统输出量的变化不是很频繁,建议优先选用继电器输出型的 CPU 或输出模块。继电器输出的开关延时最大 10ms,无负载时触点的机械寿命10000000 次,额定负载时触点寿命 100000 次。屏蔽电缆最大长度为 500m,非屏蔽电缆最大长度为 150m。

场效应晶体管输出电路用于直流负载,它的反应速度快、寿命长,过载能力稍差。普通的白炽灯的工作温度在千度以上,冷态电阻比工作时的电阻小得多,其浪涌电流是工作电流的十多倍。可以驱动 AC 220V、2A 电阻负载的继电器输出点只能驱动 200W 的白炽灯。频繁切换的灯负载应使用浪涌抑制器。

(3) 信号板与通信模块

S7-200 SMART 有 5 种信号板。SB DT04 为 2 点 DC 24V 数字量直流输入/2 点数字量场效应晶体管直流输出信号板。

1 点模拟量输入信号板 SB AE01 的输出量程为±10V、±5V、+2.5V 或 0～20mA。电压模式分辨率为 11 位＋符号位，电流模式分辨率为 11 位。满量程范围对应的数据字为 $-27648 \sim 27648$。

1 点模拟量输出信号板 SB AQ01 的输出量程为 $\pm 10V$ 和 $0 \sim 20mA$。分辨率和满量程范围对应的数据字与模拟量输入信号板的相同。

SB CM01 为 RS485/RS232 信号板，可以组态为 RS485 或 RS232 通信端口。

电池信号板 SB BA01 使用 CR1025 纽扣电池，能保持实时时钟运行大约一年。

EM DP01 是 PROFIBUS-DP 通信模块，可以作 DP 从站和 MPI 从站。

5.1.5 模拟量扩展模块

(1) PLC 对模拟量的处理

在工业控制中，某些输入量（例如压力、温度、流量、转速等）是模拟量，某些执行机构（例如电动调节阀和变频器等）要求 PLC 输出模拟量信号，而 PLC 的 CPU 只能处理数字量。模拟量首先被传感器和变送器转换为标准量程的电流或电压，例如 $4 \sim 20mA$、$1 \sim 5V$ 和 $0 \sim 10V$，模拟量输入模块的 A-D 转换器将它们转换成数字量。带正负号的电流或电压在 A-D 转换后用二进制补码表示。有的模拟量输入模块直接将温度传感器提供的信号转换为温度值。

模拟量输出模块的 D-A 转换器将 PLC 中的数字量转换为模拟量电压或电流，再去控制执行机构。A-D 转换器和 D-A 转换器的二进制位数反映了它们的分辨率，位数越多，分辨率越高。模拟量输入/输出模块的另一个重要指标是转换时间。

S7-200 SMART 的模拟量扩展模块见表 5-6。

⊡ 表 5-6 模拟量扩展模块

型号	描述	型号	描述
EM AE04	4 点模拟量输入	EM AM06	4 点模拟量输入/2 点模拟量输出
EM AE08	8 点模拟量输入	EM AR02	2 点热电阻输入
EM AQ02	2 点模拟量输出	EM AR04	4 点热电阻输入
EM AQ04	4 点模拟量输出	EM AT04	4 点热电偶输入
EM AM03	2 点模拟量输入/1 点模拟量输出		

(2) 模拟量输入模块

模拟量输入模块有 4 种量程（$0 \sim 20mA$、$\pm 10V$、$\pm 5V$ 和 $\pm 2.5V$），2 点为一组。电压模式的分辨率为 12 位＋符号位，电流模式的分辨率为 12 位。单极性满量程输入范围对应的数字量输出为 $0 \sim 27648$。双极性满量程输入范围对应的数字量输出为 $-27648 \sim +27648$。25℃时电压、电流模式的精度典型值为 $\pm 0.1\%$ 和 $\pm 0.2\%$。电压输入时输入阻抗 $\geqslant 9M\Omega$，电流输入时输入阻抗为 250Ω。

(3) 将模拟量输入模块的输出值转换为实际的物理量

转换时应考虑变送器的输入/输出量程和模拟量输入模块的量程，找出被测物理量与 A-D 转换后的数字值之间的比例关系。

[例 5-1] 量程为 $0 \sim 10MPa$ 的压力变送器的输出信号为 DC $4 \sim 20mA$，模拟量输入模块将 $0 \sim 20mA$ 转换为 $0 \sim 27648$ 的数字量，设转换后得到的数字为 M，试求以 kPa 为单位的压力值。

解: 4～20mA 的模拟量对应于数字量 5530～27648，即 0～10000kPa 对应于数字量 5530～27648，压力的计算公式为

$$p = \frac{10000-0}{27648-5530}(N-5530) = \frac{10000}{22118}(N-5530)\text{kPa}$$

(4) 模拟量输出模块

模拟量输出模 EM AQ02 有 ±10V 和 0～20mA 两种量程，对应的数字量分别为 −27648～+27648 和 0～27648。电压输出和电流输出的分辨率分别为 11 位＋符号位和 11 位。25℃时的精度典型值为 ±0.5%。电压输出时负载阻抗≥1kΩ，电流输出时负载阻抗≤500Ω。

(5) 模拟量输入/输出模块

模拟量输入/输出模块 EM AQ03 有 2 点模拟量输入和 1 点模拟量输出。EM AM06 有 4 点模拟量输入和 2 点模拟量输出。

(6) 热电阻扩展模块与热电偶扩展模块

热电阻模块 EM AR02 和 EM AR04 分别有 2 点和 4 点输入，可以接多种热电阻。热电偶模块 EM AT04 有 4 点输入，可以接多种热电偶。它们的温度测量的分辨率为 0.1℃/0.1℉，电阻测量的分辨率为 15 位＋符号位。

5.1.6 I/O 地址分配与外部接线

(1) I/O 模块的地址分配

S7-200 SMART CPU 有一定数量的本机 I/O，本机 I/O 有固定的地址。可以用扩展 I/O 模块和信号板来增加 I/O 点数，最多可以扩展 6 块扩展模块。扩展模块安装在 CPU 模块的右边，紧靠 CPU 的扩展模块为 0 号模块。信号板安装在 CPU 模块上。

CPU 分配给数字量 I/O 模块的地址以字节为单位，一个字节由 8 点数字量 I/O 组成。某些 CPU 和信号板的数字量 I/O 点如果不是 8 的整倍数，最后一个字节中未用的位不会分配给 I/O 链中的后续模块。在每次更新输入时，输入模块的输入字节中未用的位被清零。

表 5-7 给出了 CPU 模块、信号板和各 I/O 模块的输入、输出的起始地址。在用系统块组态硬件时，STEP 7-Micro/WIN SMART 自动地分配各模块和信号板的地址。

▣ 表 5-7　模块和信号板的起始 I/O 地址

CPU	信号板	信号模块 0	信号模块 1	信号模块 2	信号模块 3	信号模块 4	信号模块 5
I0.0	I7.0	I8.0	I12.0	I16.0	I20.0	I24.0	I28.0
Q0.0	Q7.0	Q8.0	Q12.0	Q16.0	Q20.0	Q24.0	Q28.0
—		AIW12	AIW16	AIW32	AIW48	AIW64	AIW80	AIW96
—		AQW12	AQW16	AQW32	AQW48	AQW64	AQW80	AQW96

(2) 现场接线的要求

S7-200 SMART 采用 0.5～1.5mm² 的导线，导线要尽量成对使用，应将交流线、电流大且变化迅速的直流线与弱电信号线分隔开，干扰较严重时应设置浪涌抑制设备。

(3) PLC 的外部接线

以 CPU SR40 为例介绍 CPU 模块的外部接线。图 5-7 所示为 CPU SR40 AC/DC/继电器模块的外部端子接线图。其中，AC 表示 CPU 的供电电源是交流，DC 表示输入端电源电压是直流，继电器表示输出为继电器方式。24 个数字量输入由 I0.0～I0.7、I1.0～I1.7、

I2.0～I2.7组成,每个外部输入的开关信号均由各输入端子接入,经一个直流电源至公共端1M。N 和 L1 为交流接入端子,为 PLC 供电,通常为 AC 120～240V。16 个数字量输出由Q0.0～Q0.7、Q1.0～Q1.7 组成,每四个输出端子与相应的公共端构成一组,共四组。每个负载的一端与输出端子相连,另一端经外接电源与公共端相连。M 和 L+端子为 DC 24V的电源输出端子,为传感器供电。

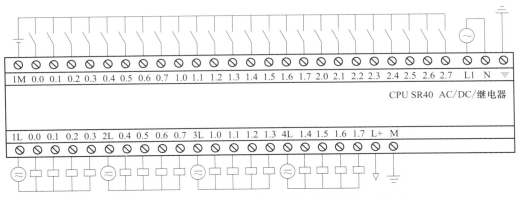

图 5-7　CPU SR40 AC/DC/继电器模块的外部端子接线图

5.2　PLC 的编程语言与程序结构

与个人计算机相比,PLC 的硬件、软件的体系结构都是封闭的而不是开放的。各厂家的 PLC 的编程语言和指令系统的功能和表达方式也不一致,互不兼容。IEC 61131 是 IEC(国际电工委员会)制定的 PLC 标准,其中的第三部分 IEC 61131-3 是 PLC 的编程语言标准。IEC 61131-3 是世界上第一个、也是至今为止唯一的工业控制系统的编程语言标准。

IEC 61131-3 包含了下述 5 种编程语言,如图 5-8 所示。

图 5-8　PLC 的编程语言

(1) 顺序功能图

这是一种位于其它编程语言之上的图形语言,用来编制顺序控制程序。顺序功能图提供了一种组织程序的图形方法。

(2) 梯形图

梯形图是使用得最多的 PLC 图形编程语言。梯形图与继电器控制系统的电路图很相似,具有直观易懂的优点,很容易被工厂熟悉继电器控制的电气人员掌握,特别适合数字量逻辑控制。有时把梯形图称为电路。使用编程软件可以直接生成和编辑梯形图。

梯形图由触点、线圈和方框指令组成。触点代表逻辑输入条件,例如外部的开关、按钮和内部条件等。线圈通常代表逻辑输出结果,用来控制外部的指示灯、交流接触器和内部的标志位等。方框用来表示定时器、计数器或者数学运算等指令。

在分析梯形图中的逻辑关系时，为了借用继电器电路图的分析方法，可以想象左右两侧垂直"电源线"之间有一个左正右负的直流电源电压，S7-200 SMART 的梯形图（见图 5-9）省略了右侧的垂直电源线。当 I0.0 与 I0.1 的触点接通，或者 Q0.0 与 I0.1 的触点接通时，有一个假想的"能流（Power Flow）"流过 Q0.0 的线圈。利用能流这一概念，可以帮助我们更好地理解和分析梯形图。能流只能从左向右流动。

梯形图程序被划分为若干个程序段，一个程序段只能有一块不能分开的独立电路。在程序段中，逻辑运算按从左到右的方向执行，与能流的方向一致。没有跳转时，各程序段按从上到下的顺序执行，执行完所有的程序段后，下一个扫描周期返回最上面的程序段重新执行。

（3）语句表

S7 系列 PLC 将指令表称为语句表。语句表程序由指令组成，PLC 的指令是一种与微机的汇编语言中的指令相似的助记符表达式。图 5-10 是图 5-9 对应的语句表。语句表比较适合熟悉 PLC 和程序设计的经验丰富的程序员使用。

（4）功能块图

功能块图是一种类似于数字逻辑电路的编程语言。它用类似于与门、或门的方框来表示逻辑运算关系，方框的左侧为逻辑运算的输入变量，右侧为输出变量，输入、输出端的小圆圈表示"非"运算，方框被"导线"连接在一起，信号从左向右流动。图 5-11 中的控制逻辑与图 5-9 中的相同。

图 5-9 梯形图　　图 5-10 语句表　　图 5-11 功能块图

（5）结构文本

结构文本是为 IEC 61131-3 标准创建的一种高级编程语言。与梯形图相比，它能实现复杂的数学运算，编写的程序非常简洁和紧凑。

（6）编程语言的相互转换和选用

在编程软件中，用户可以切换编程语言，选用梯形图、功能块图和语句表来编程。国内很少有人使用功能块图语言。

梯形图与继电器电路图的表达方式极为相似，梯形图中输入信号（触点）与输出信号（线圈）之间的逻辑关系一目了然，易于理解。语句表程序较难阅读，其中的逻辑关系很难一眼看出。在设计复杂的数字量控制程序时建议使用梯形图语言。

但是语句表程序输入方便快捷，还可以为每一条语句加上注释，便于复杂程序的阅读。在设计通信、数学运算等高级应用程序时，建议使用语句表。

（7）S7-200 SMART 的程序结构

S7-200 SMART CPU 的控制程序由主程序、子程序和中断程序组成。

① 主程序　主程序（OB1）是程序的主体，每一个项目都必须有并且只能有一个主程序。在主程序中可以调用子程序，子程序又可以调用其它子程序。每个扫描周期都要执行一次主程序。

② 子程序　子程序是可选的，仅在被其它程序调用时执行。同一个子程序可以在不同的地方被多次调用。使用子程序可以简化程序代码和减少扫描时间。

③ 中断程序　中断程序用来及时处理与用户程序的执行时序无关的操作，或者用来处理不能事先预测何时发生的中断事件。中断程序不是由用户程序调用，而是在中断事件发生时由操作系统调用。中断程序是用户编写的。

（8）S7-200 SMART 与 S7-200 的指令比较

两者的指令基本上相同。S7-200 SMART 用 GET/PUT 指令取代了 S7-200 的网络读、写指令 NETR/NETW。用获取非致命错误代码指令 GET ＿ ERROR 取代了诊断 LED 指令 DIAG ＿ LED。S7-200 SMART 还增加了获取 IP 地址指令 GIP、设置 IP 地址指令 SIP，以及指令列表的"库"文件夹中的 8 条开放式用户通信指令。

5.3　数据类型与寻址方式

5.3.1　数制

（1）二进制数

所有的数据在 PLC 中都以二进制形式储存，在编程软件中可以使用不同的数制。

① 用 1 位二进制数表示数字量　二进制数的 1 位（bit）只能取 0 和 1 这两个不同的值，可以用一个二进制位来表示开关量（或称数字量）的两种不同的状态，例如触点的断开和接通、线圈的通电和断电等。如果该位为 1，梯形图中对应的位编程元件（例如 M 和 Q）的线圈"通电"，其常开触点接通，常闭触点断开，以后称该编程元件为 1 状态，或称该编程元件为 ON（接通）。如果该位为 0，对应的编程元件的线圈和触点的状态与上述的相反，称该编程元件为 0 状态，或称该编程元件为 OFF（断开）。

② 多位二进制　可以用多位二进制数来表示大于 1 的数字，二进制数遵循逢 2 进 1 的运算规则，每一位都有一个固定的权值，从右往左的第 n 位（最低位为第 0 位）的权值为 2^n，第 3 位至第 0 位的权值分别为 8、4、2、1，所以二进制数又称为 8421 码。

S7-200 SMART 用 2# 来表示二进制常数。16 位二进制数 2#0000 0100 1000 0110 对应的十进制数为 $2^{10} + 2^7 + 2^2 + 2^1 = 1158$。

③ 有符号数的表示方法　PLC 用二进制补码来表示有符号数，其最高位为符号位，最高位为 0 时为正数，为 1 时为负数。正数的补码是它本身，最大的 16 位二进制正数为 2#0111 1111 1111 1111，对应的十进制数为 32767。

将正数的补码逐位取反（0 变为 1，1 变为 0）后加 1，得到绝对值与它相同的负数的补码。例如将 1158 对应的补码 2#0000 0100 1000 0110 逐位取反后，得到 2#1111 1011 0111，加 1 后得到 −1158 的补码 2#1111 1011 0111 1010。

将负数的补码的各位取反后加 1，得到它的绝对值对应的正数。例如将 −1158 的补码 2#1111 1011 0111 逐位取反后得到 2#0000 0100 1000 0101，加 1 后得到 1158 的补码 2#0000 0100 1000 0110，表 5-8 给出了不同进制的数的表示方法。常数的取值范围见表 5-9。

十进制数	十六进制数	二进制数	BCD 码	十进制数	十六进制数	二进制数	BCD 码
0	0	00000	0000 0000	9	9	01001	0000 1001
1	1	00001	0000 0001	10	A	01010	0001 0000
2	2	00010	0000 0010	11	B	01011	0001 0001
3	3	00011	0000 0011	12	C	01100	0001 0010
4	4	00100	0000 0100	13	D	01101	0001 0011
5	5	00101	0000 0101	14	E	01110	0001 0100
6	6	00110	0000 0110	15	F	01111	0001 0101
7	7	00111	0000 0111	16	10	10000	0001 0110
8	8	01000	0000 1000	17	11	10001	0001 0111

⊡ 表 5-9 常数的取值范围

数据的位数	无符号整数		有符号整数	
	十进制	十六进制	十进制	十六进制
B(字节)8 位值	0～255	16♯0～16♯FF	−128～127	16♯80～16♯7F
W(字)16 位值	0～65535	16♯0～16♯FFFF	−32768～32767	16♯8000～16♯7FFF
D(双字)32 位值	0～4294967295	16♯0～16♯FFFF FFFF	−2147483648～2147483647	16♯80000000～16♯7FFFFFFF

(2) 十六进制数

多位二进制数的读、写很不方便，为了解决这个问题，可以用十六进制数来表示多位二进制数。十六进制数使用 16 个数字符号，即 0～9 和 A～F，A～F 分别对应于十进制数 10～15。可以用数字后面加"H"来表示十六进制常数，例如 AE75H。

S7-200 SMART 用数字前面的"16♯"来表示十六进制常数。4 位二进制数对应于 1 位十六进制数，例如二进制常数 2♯1010 1110 0111 0101 可以转换为 16♯AE75。

十六进制数采用逢 16 进 1 的运算规则，从右往左第 n 位的权值为 16^n（最低位的 n 为 0），例如 16♯2F 对应的十进制数为 $2 \times 16^1 + 15 \times 16^0 = 47$。

(3) BCD 码

BCD（Binary Coded Decimal）码是各位按二进制编码的十进制数。每位十进制数用 4 位二进制数来表示，0～9 对应的二进制数为 0000～1001，各位 BCD 码之间的运算规则为逢十进 1。以 BCD 码 1001 0110 0111 0101 为例，对应的十进制数为 9675，最高的 4 位二进制数 1001 表示 9000。16 位 BCD 码对应于 4 位十进制数，允许的最大数字为 9999，最小的数字为 0。

拨码开关（见图 5-12）的圆盘圆周面上有 0～9 这 10 个数字，用它面板上的按钮来增、减各位要输入的数字。它用内部的硬件将显示的十进制数转换为 4 位二进制数。PLC 用输入点读取的多位拨码开关的输出值就是 BCD 码，需要用数据转换指令 BIN 将它转换为 16 位二进制整数。编程软件用十六进制格式（16♯）表示 BCD 码。例如从图 5-12 的拨码开关读取的 12 位二进制为 2♯1000 0010 1001，对应的 BCD 码用 16♯829 来表示。

用 PLC 的 4 个输出点给译码驱动芯片 4547 提供输入信号（见图 5-13），可以用共阴极 LED 七段显示器显示一位十进制数。需要用数据转换指令 BCD 将 PLC 中的 16 位二进制整数码换为 BCD 码，然后分别送给各个译码驱动芯片。

图 5-12　拨码开关

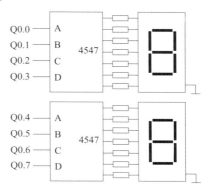

图 5-13　LED 七段显示器电路

5.3.2　数据类型

数据类型定义了数据的长度（位数）和表示方式。S7-200 SMART 的指令对操作数的数据类型有严格的要求。

（1）位

位（bit）数据的数据类型为 BOOL（布尔）型，BOOL 变量的值为 2♯1 和 2♯0。BOOL 变量的地址由字节地址和位地址组成，例如 I3.2 中的区域标示符"I"表示输入（Input），字节地址为 3，位地址为 2（见图 5-14）。这种访问方式称为"字节.位"寻址方式。

（2）字节

一个字节（Byte）由 8 个位数据组成，例如输入字节 IB3（B 是 Byte 的缩写）由 I3.0～I3.7 这 8 位组成（见图 5-14）。其中的第 0 位 I3.0 为最低位，第 7 位 I3.7 为最高位。

（3）字和双字

相邻的两个字节组成一个字（Word），相邻的两个字组成一个双字（Double Word）。字和双字都是无符号数，它们用十六进制数来表示。

VW100 是由 VB100 和 VB101 组成的一个字（见图 5-15），VW100 中的 V 为变量存储器的区域标示符，W 表示字。双字 VD100 由 VB100～VB103（或 VW100 和 VW102）组成，VD100 中的 D 表示双字。字的取值范围为 16♯0000～16♯FFFF，双字的取值范围为 16♯0000 0000～16♯FFFF FFFF。

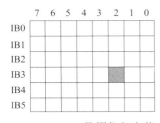

图 5-14　LED 数据位与字节

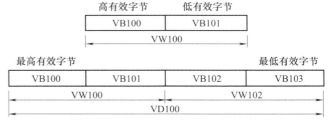

图 5-15　字节、字和双字

① 以组成字 VW100 和双字 VD100 的编号中最小的字节 VB100 的编号作为 VW100 和 VD100 的编号。

地址	格式	当前值
13	VD4	十六进制	16#1234ABCD
14	VW4	十六进制	16#1234
15	VW6	十六进制	16#ABCD
16	VB6	十六进制	16#AB
17	VB7	十六进制	16#CD
18	VD8	二进制	2#0100_0010_0100_1000_0000_0000_0000_0000
19	VD8	浮点	50.0

图 5-16　状态图表

② 组成 VW100 和 VD100 的编号最小的字节 VB100 为 VW100 和 VD100 的最高位字节，编号最大的字节为字和双字的最低位字节。

③ 数据类型字节、字和双字都是无符号数，它们的数值用十六进制数表示。从图 5-16 可以看出字节、字和双字之间的关系。

（4）16 位整数和 32 位双整数

16 位整数（Integer，INT）和 32 位双整数（Double Integer，DINT）都是有符号数。整数的取值范围为 $-32768 \sim 32767$，双整数的取值范围为 $-2147483648 \sim 2147483647$。

（5）32 位浮点数

浮点数又称为实数（REAL），可以表示为 $1.m \times 2^E$，尾数中的 m 和指数 E 均为二进制数，E 可能是正数，也可能是负数。ANSI/IEEE 754—1985 标准格式的 32 位实数的格式为 $1.m \times 2^e$ 式中的指数 $e = E + 127(1 \leqslant e \leqslant 254)$ 为 8 位正整数。

ANSI/IEEE 标准浮点数的格式如图 5-17 所示，共占用一个双字（32 位）。最高位（第 31 位）为浮点数的符号位，最高位为 0 时为正数，为 1 时为负数；8 位指数 e 占第 23 ～ 30 位；因为规定尾数的整数部分总是为 1，只保留了尾数的小数部分 m（第 0 ～ 22 位）。第 22 位为 1 对应于 2^{-1} 第 0 位为 1 对应于 2^{-23}。浮点数的范围为 $\pm 1.175495 \times 10^{-38} \sim \pm 3.402823 \times 10^{38}$。

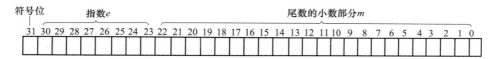

图 5-17　浮点数的结构

浮点数的优点是用很小的存储空间（4B）可以表示非常大和非常小的数。PLC 的输入、输出变量（例如模拟量输入值和模拟量输出值）大多是整数，用浮点数来处理这些数据需要进行整数和浮点数之间的相互转换，浮点数的运算速度比整数的运算速度慢一些。

在编程软件中，一般并不使用二进制格式或十六进制格式表示的浮点数，而是用十进制小数来输入或显示浮点数（见图 5-17），在编程软件中，50 是 16 位整数，而 50.0 为浮点数。

（6）ASCII 码字符

ASCII 码（美国信息交换标准代码）由美国国家标准局（ANSI）制定，它已被国际标准化组织（ISO）定为国际标准（ISO 646 标准）。标准 ASCII 码也叫做基础 ASCII 码，用 7 位二进制数来表示所有的英语大写、小写字母，数字 0 ～ 9，标点符号，以及在美式英语中使用的特殊控制字符。数字 0 ～ 9 的 ASCII 码为十六进制数 30H ～ 39H，英语大写字母 A ～ Z 的 ASCII 码为 41H ～ 5AH，英语小写字母 a ～ z 的 ASCII 码为 61H ～ 7AH。

（7）字符串

数据类型为 STRING 的字符串由若干个 ASCII 码字符组成，第一个字节定义字符串的长度（0～254，见图 5-18），后面的每个字符占一个字节。变量字符串最多 255 个字节（长度字节加上 254 个字符）。

长度	字符1	字符2	字符3	字符4		字符254
字节0	字节1	字节2	字节3	字节4		字节254

图 5-18 字符串的格式

5.3.3 CPU 的存储区

(1) 过程映像输入寄存器（I）

在每个扫描周期开始时，CPU 对物理输入点进行采样，用过程映像输入寄存器来保存采样值。

过程映像输入寄存器是 PLC 接收外部输入的数字量信号的窗口。外部输入电路接通时，对应的过程映像输入寄存器为 ON（1 状态），反之为 OFF（0 状态）。输入端可以外接常开触点或常闭触点，也可以接多个触点组成的串并联电路。在梯形图中，可以多次使用输入位的常开触点和常闭触点。

Q、V、M、S、SM 和 L 存储器区均可以按位、字节、字和双字来访问，例 I3.5、IB2、IW4 和 ID6。

(2) 过程映像输出寄存器（Q）

在扫描周期的末尾，CPU 将过程映像输出寄存器的数据传送给输出模块，再由后者驱动外部负载。如果梯形图中 Q0.0 的线圈"通电"，继电器型输出模块中对应的硬件继电器的常开触点闭合，使接在 Q0.0 对应的端子的外部负载通电，反之则该外部负载断电。输出模块中的每一个硬件继电器仅有一对常开触点，但是在梯形图中，每一个输出位的常开触点和常闭触点都可以被多次使用。

(3) 变量存储器（V）

变量（Variable）存储器用来在程序执行过程中存放中间结果，或者用来保存与过程或任务有关的其它数据。

(4) 位存储器（M）

位存储器（M0.0～M31.7）又称为标志存储器，它类似于继电器控制系统的中间继电器，用来存储中间状态或其它控制信息。S7-200 SMART 的 M 存储器只有 32 个字节，如果不够用，可以用 V 存储器来代替 M 存储器。

(5) 定时器存储器（T）

定时器相当于继电器系统中的时间继电器。S7-200 SMART 有三种时间基准（1ms、10ms 和 100ms）的定时器。定时器的当前值为 16 位有符号整数，用于存储定时器累计的时间基准增量值（1～32767）。预设值是定时器指令的一部分。

定时器位用来描述定时器的延时动作的触点状态，定时器位为 ON 时，梯形图中对应的定时器的常开触点闭合、常闭触点断开；定时器位为 OFF 时，梯形图中触点的状态相反。

用定时器地址（例如 T5）来访问定时器的当前值和定时器位，带位操作数的指令用来访问定时器位，带字操作数的指令用来访问当前值。

(6) 计数器存储器（C）

计数器用来累计其计数输入脉冲电平由低到高（上升沿）的次数，S7-200 SMART 有加计数器、减计数器和加减计数器。计数器的当前值为 16 位有符号整数，用来存放累计的脉冲数。用计数器地址（例如 C20）来访问计数器的当前值和计数器位。带位操作数的指令访问计数器位，带字操作数的指令访问当前值。

(7) 高速计数器（HC）

高速计数器用来累计比 CPU 的扫描速率更快的事件，计数过程与扫描周期无关。其当前值和预设值为 32 位有符号整数，当前值为只读数据。高速计数器的地址由区域标示符 HC 和高速计数器号组成，例如 HC2。

(8) 累加器（AC）

累加器是一种特殊的存储单元，可以用来向子程序传递参数和从子程序返回参数，或用来临时保存中间的运算结果。CPU 提供了 4 个 32 位累加器（AC0～AC3），可以按字节、字和双字来访问累加器中的数据。按字节、字只能访问累加器的低 8 位或低 16 位，按双字访问全部的 32 位，访问的数据长度由所用的指令决定。例如在指令"MOVW AC2，VW100"中，AC2 按字（W）访问。

(9) 特殊存储器（SM）

特殊存储器用于 CPU 与用户程序之间交换信息，例如 SM0.0 一直为 ON，SM0.1 仅在执行用户程序的第一个扫描周期为 ON。SM0.4 和 SM0.5 分别提供周期为 1min 和 1s 的时钟脉冲。SM1.0、SM1.1 和 SM1.2 分别是零标志、溢出标志和负数标志。

(10) 局部存储器（L）

S7-200 SMART 将主程序、子程序和中断程序统称为程序组织单元（POU），各 POU 都有自己的 64B 的局部（Local）存储器。使用梯形图和功能块图时，将保留局部存储器的最后 4B。

局部存储器简称为 L 存储器，仅在它被创建的 POU 中有效，各 POU 不能访问别的 POU 的局部存储器。局部存储器作为暂时存储器，或用来作子程序的输入、输出参数。变量存储器（V）是全局存储器，可以被所有的 POU 访问。

S7-200 SMART 给主程序和它调用的 8 个子程序嵌套级别、中断程序和它调用的 4 个子程序嵌套级别各分配 64B 局部存储器。

(11) 模拟量输入（AI）

S7-200 SMART 的 AI 模块将现实世界连续变化的模拟量（例如温度、电流、电压等）按比例转换为一个字长（16 位）的数字量，用区域标识符 AI、表示数据长度的 W（字）和起始字节的地址来表示模拟量输入的地址，例如 AIW16。因为模拟量输入的长度为一个字，应从偶数字节地址开始存放，模拟量输入值为只读数据。

(12) 模拟量输出（AQ）

S7-200 SMART 的 AO 模块将长度为一个字的数字转换为现实世界的模拟量，用区域标识符 AQ、表示数据长度的 W（字）和起始字节的地址来表示存储模拟量输出的地址，例如 AQW32。因为模拟量输出的长度为一个字，应从偶数字节地址开始存放，模拟量输出值是只写数据，用户不能读取模拟量输出值。

(13) 顺序控制继电器（S）

32B 的顺序控制继电器（SCR）位用于组织设备的顺序操作，与顺序控制继电器指令配合使用。

（14）CPU 存储器的范围与特性

标准型 CPU 存储器的范围如表 5-10 所示。紧凑型 CPU 没有模拟量输入 AIW 和模拟量输出 AQW。

▣ **表 5-10　S7-200 SMART 存储器的范围**

寻址方式	紧凑型 CPU	CPU SR20/ST20	CPU SR30/ST30	CPU SR40/ST40	CPU SR60/ST60
位访问 （字节、位）	I0.0～31.7　Q0.0～31.7　M0.0～31.7　SM0.0～1535.7　S0.0～31.7　T0～255　C0～255　L0.0～63.7				
	V0.0～8191.7		V0.0～12287.7	V0.0～16383.7	V0.0～20479.7
字节访问	IB0～31　QB0～31　MB0～31　SMB0～1535　SB0～31　LB0～63　AC0～3				
	VB0～8191		VB0～12287	VB0～16383	VB0～20479
字访问	IW0～30　QW0～30　MW0～30　SMW0～1534　SW0～30　T0～255　C0～255　LW0～62　AC0～3				
	VW0～8190		VW0～12286	VW0～16382	VW0～20478
	—		AIW0～110　AQW0～110		
双字访问	ID0～28　QD0～28　MD0～28　SMD0～1532　SD0～28　LD0～60　AC0～3　HC0～3				
	VD0～8188		VD0～12284	VD0～16380	VD0～20476

5.3.4　直接寻址与间接寻址

在 S7-200 SMART 中通过地址访问数据，地址是访问数据的依据，访问数据的过程称为"寻址"。几乎所有的指令和功能都与各种形式的寻址有关。

（1）直接寻址

直接寻址指定了存储器的区域、长度和位置，例如 VW90 是 V 存储区中 16 位的字，其地址为 90。

（2）间接寻址的指针

间接寻址在指令中给出的不是操作数的值或操作数的地址，而是给出一个被称为指针的双字存储单元的地址，指针里存放的是真正的操作数的地址。

间接寻址常用于循环程序和查表程序。用循环程序来累加一片连续的存储区中的数值时，每次循环累加一个数值。应在累加后修改指针中存储单元的地址值，使指针指向下一个存储单元，为下一次循环的累加运算做好准备。没有间接寻址，就不能编写循环程序。

地址指针就像收音机调台的指针，改变指针的位置，指针指向不同的电台。改变地址指针中的地址值，地址指针"指向"不同的地址。

旅客入住酒店时，在前台办完入住手续，酒店就会给旅客一张房卡，房卡上面有房间号，旅客根据房间号使用酒店的房间。修改房卡中的房间号，旅客用同一张房卡就可以入住不同的房间。这里房卡就是指针，房间相当于存储单元，房间号就是存储单元的地址。

S7-200 SMART CPU 允许使用指针对存储区域 I、Q、V、M、S、AI、AQ、SM、T（仅当前值）和 C（仅当前值）进行间接寻址。间接寻址不能访问单个位（bit）地址、HC、L 存储区和累加器。

使用间接寻址之前，应创建一个指针。指针为双字存储单元，用来存放要访问的存储器的地址，只能用 V、L 或累加器作指针。建立指针时，用双字传送指令 MOVD 将需要间接寻址的存储器地址送到指针中，例如"MOVD &VB200，AC1"（见图 5-19）。&VB200 是 VB200 的地址，而不是 VB200 中的值。

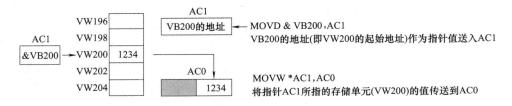

图 5-19　指针与间接寻址

(3) 用指针访问数据

用指针访问数据时，操作数前加"＊"号，表示该操作数为一个指针。图 5-19 的指令"MOVW ＊ AC1，AC0"中，AC1 是一个指针，＊ AC1 是 AC1 所指的地址中的数据。图 5-19 存放在 VB200 和 VB201 组成的 VW200 中的数据被传送到累加器 AC0 的低 16 位。

(4) 修改指针

用指针访问相邻的下一个数据时，因为指针是 32 位的数据，应使用双字指令来修改指针值，例如双字加法指令 ADDD 或双字递增指令 INCD。修改时记住需要调整的存储器地址的字节数，访问字节时，指针值加 1，访问字时，指针值加 2，访问双字时，指针值加 4。

[例 5-2]　某发电机在计划发电时每个小时有一个有功功率给定值，从 0 点开始，这些给定值依次存放在 VW100～VW146 组成的表格中，一共 24 个字。从实时时钟读取的小时值（0～23）保存在 VD20 中，用 VD10 作指针，用间接寻址读取当时的功率给定值，送给 VW30。

语句表程序如下：

```
LD      SM0.0
MOVD    ＆VB100，VD10    //表格的起始地址送 VD10
＋D      VD20，VD10
＋D      VD20，VD10       //起始地址加偏移量
MOVW    ＊VD10，VW30     //读取表格中的数据，＊ VD10 为当前的有功功率给定值
```

一个字由两个字节组成，地址相邻的两个字的地址增量为 2，所以用了两条双字加法指令。在上午 8 时，VD20 的值为 8，执行两次加法指令后，指针 VD10 中是 VW116 的地址。

5.4　位逻辑指令

5.4.1　触点指令与逻辑堆栈指令

(1) 标准触点指令

常开触点对应的位地址为 ON 时，该触点闭合，在语句表中，分别用 LD（Load，装载）、A（And，与）和 O（Or，或）指令来表示电路开始、串联和并联的常开触点（见图 5-20 和表 5-11）。触点指令中变量的数据类型为 BOOL 型。

语句表	描述	语句表	描述
LD　bit	装载，电路开始的常开触点	LDN bit	非（取反后装载），电路开始的常闭触点
A　bit	与，串联的常开触点	AN　bit	与非，串联的常闭触点
O　bit	或，并联的常开触点	ON　bit	或非，并联的常闭触点

当常闭触点对应的位地址为 OFF 时，该触点闭合，在语句表中，分别用 LDN（取反后装载，Load Not）、AN（与非，And Not）和 ON（或非，Or Not）来表示开始、串联和并联的常闭触点。梯形图中触点中间的 "/" 表示常闭。

（2）输出指令

输出指令（＝）对应于梯形图中的线圈。驱动线圈的触点电路接通时，有"能流"流过线圈，输出指令指定的位地址的值为 1，反之则为 0。输出指令将下面要介绍的逻辑堆栈的栈顶值复制到对应的位地址。

梯形图中两个并联的线圈（例如图 5-20 中 Q0.0 和 M0.4 的线圈）用语句表中两条相邻的输出指令来表示。图 5-20 中 I0.6 的常闭触点和 Q0.2 的线圈组成的串联电路与上面的两个线圈并联，但是该触点应使用 AN 指令，因为它与左边的电路串联。

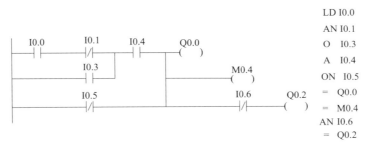

```
LD I0.0
AN I0.1
O   I0.3
A   I0.4
ON  I0.5
=   Q0.0
=   M0.4
AN I0.6
=   Q0.2
```

图 5-20　触点与输出指令

[例 5-3]　已知图 5-21（a）中 I0.1 的波形，画出 M0.0 的波形。

在 I0.1 下降沿之前，I0.1 为 ON，它的两个常闭触点均断开，M0.0 和 M0.1 均为 OFF，其波形用低电平表示。在 I0.1 的下降沿之后第一个扫描周期，I0.1 的常闭触点闭合。CPU 先执行第一行的电路，因为前一个扫描周期 M0.1 为 OFF，执行第一行指令时 M0.1 的常闭触点闭合，所以M0.0 变为 ON。执行第二行电路后，M0.1 变为 ON。

从下降沿之后的第二个扫描周期开始，M0.1 均为 ON，其常闭触点断开，使 M0.0 为 OFF。因此，M0.0 只是在 I0.1 的下降沿这一个扫描周期为 ON。M0.0 的波形如图 5-21（b）所示。

在分析电路的工作原理时，一定要有循环扫描和指令执行的先后顺序的概念。

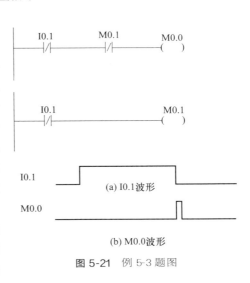

图 5-21　例 5-3 题图

如果交换图 5-21 中上下两行的位置，在 I0.1 的下降沿之后的第一个扫描周期，M0.1 的线圈先"通电"，M0.1 的常闭触点断开，因此 M0.0 的线圈不会"通电"。由此可知，如果交换相互有关联的两个程序段的相对位置，可能会使有关的线圈"通电"或"断电"的时间提前或延后一个扫描周期。因为 PLC 的扫描周期很短，一般为几毫秒或几十毫秒，在绝大多数情况下，这是无关紧要的。但是在某些特殊情况下，可能会影响系统的正常运行。

（3）逻辑堆栈的基本概念

S7-200 SMART 有一个 32 位的逻辑堆栈，最上面的第一层称为栈顶（见图 5-23），用来存储逻辑运算的结果，下面的 31 位用来存储中间运算结果。逻辑堆栈中的数据一般按"先进后出"的原则访问，逻辑堆栈指令见表 5-12。

▣ 表 5-12　逻辑堆栈的指令

语句表	描述	语句表	描述
ALD	与装载，电路块串联连接	LPP	逻辑出栈
OLD	或装载，电路块并联连接	LDS N	装载堆栈
LPS	逻辑进栈	AENO	与 ENO
LRD	逻辑读栈		

执行 LD 指令时，将指令指定的位地址中的二进制数据装载入栈顶。

执行 A（与）指令时，指令指定的位地址中的二进制数和栈顶中的二进制数作"与"运算，运算结果存入栈顶。栈顶之外其它各层的值不变。每次逻辑运算只保留运算结果，栈顶原来的数值丢失。

执行 O（或）指令时，指令指定的位地址中的二进制数和栈顶中的二进制数作"或"运算，运算结果存入栈顶。

执行常闭触点对应的 LDN、AN 和 ON 指令时，取出指令指定的位地址中的二进制数据后，先将它取反（0 变为 1，1 变为 0），然后再作对应的装载、与、或操作。

（4）或装载指令

或装载指令 OLD（Or Load）对逻辑堆栈最上面两层中的二进制位进行"或"运算，运算结果存入栈顶。执行 OLD 指令后，逻辑堆栈的深度（即逻辑堆栈中保存的有效数据的个数）减 1。

触点的串并联指令只能将单个触点与别的触点或电路串并联。要想将图 5-22 中由 I0.3 和 I0.4 的触点组成的串联电路与它上面的电路并联，首先需要完成两个串联电路块内部的"与"逻辑运算（即触点的串联），这两个电路块用 LD 或 LDN 指令来表示电路块的起始触点。前两条指令执行完后，"与"运算的结果 S0＝I0.0－I0.1 存放在图 5-23 的逻辑堆栈的栈顶。执行完第 3 条指令时，I0.3 的值取反后压入栈顶，原来在栈顶的 S0 自动下移到逻辑堆栈的第 2 层，第 2 层的数据下移第 3 层……逻辑堆栈最下面一层的数据丢失。执行完第 4 条指令时，"与"运算的结果 S1＝I0.3 · I0.4 保存在栈顶。

第 5 条指令 OLD 对逻辑堆栈第 1 层和第 2 层的"与"运算的结果作"或"运算（将两个串联电路块并联），并将运算结果 S2＝S0＋S1 存入逻辑堆栈的栈顶，第 3～32 层中的数据依次向上移动一层。

OLD 指令不需要地址，它相当于需要并联的两块电路右端的一段垂直连线。图 5-23 逻辑堆栈中的 x 表示不确定的值。

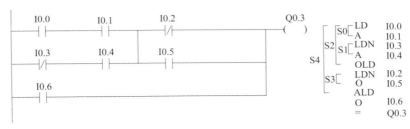

图 5-22 OLD 与 ALD 指令的应用

(5) 与装载指令

图 5-22 的语句表中 OLD 下面的两条指令将两个触点并联，执行指令 "LDN I0.2" 时，运算结果被压入栈顶，逻辑堆栈中原来的数据依次向下一层推移，逻辑堆栈最底层的值被推出丢失。与装载指令 ALD（And Load）对逻辑堆栈第 1 层和第 2 层的数据作 "与" 运算（将两个电路块串联），并将运算结果 $S4 = S2 \cdot S3$ 存入逻辑堆栈的栈顶，第 3～32 层中的数据依次向上移动一层（见图 5-23）。与运算式中的乘号可用图 5-23 中的星号代替。

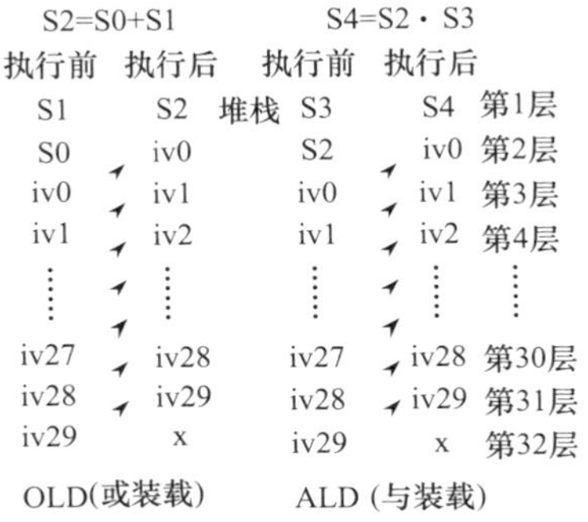

将电路块串并联时，每增加一个用 LD 或 LDN 指令开始的电路块的运算结果，逻辑堆栈中将增加一个数据，堆栈深度加 1，每执行一条 ALD 或 OLD 指令，堆栈深度减 1。

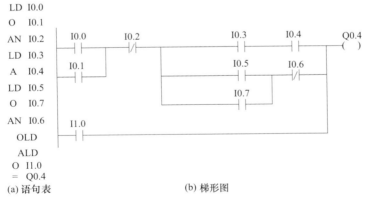

图 5-23 OLD 与 ALD 指令的堆栈操作

梯形图和功能块图编辑器自动地插入处理堆栈操作所需要的指令。用编程软件将梯形图转换为语句表程序时，编程软件会自动生成堆栈指令。写入语句表程序时，必须由编程人员写入这些堆栈处理指令。

梯形图总是可以转换为语句表程序，但语句表不一定能转换为梯形图。

[例 5-4] 已知图 5-24（a）中的语句表程序，画出对应的梯形图。

```
LD  I0.0
O   I0.1
AN  I0.2
LD  I0.3
A   I0.4
LD  I0.5
O   I0.7
AN  I0.6
OLD
ALD
O   I1.0
=   Q0.4
```

(a) 语句表

(b) 梯形图

图 5-24 例 5-4 题图

对于较复杂的程序，特别是含有 ORB 和 ANB 指令时，在画梯形图之前，应分析清楚电路的串并联关系后，再开始画梯形图。首先将电路划分为若干块，各电路块从含有 LD 的指令（例如 LD、LDI 和 LDP 等）开始，在下一条含有 LD 的指令（包括 ALD 和 OLD）之前结束。然后分析各块电路之间的串并联关系。

在图 5-24（a）所示的语句表中，划分出 3 块电路。OLD 或 ALD 指令将它上面靠近它的已经连接好的电路并联或串联起来，所以 OLD 指令并联的是语句表中划分的第 2 块和第 3 块电路。从图 5-24（b）可以看出语句表和梯形图中电路块的对应关系。

（6）其它逻辑堆栈指令

逻辑进栈（Logic Push，LPS）指令复制栈顶（即第 1 层）的值并将其压入逻辑堆栈的第 2 层，逻辑堆栈中原来的数据依次向下一层推移，逻辑堆栈最底层的值被推出并丢失（见图 5-25）。

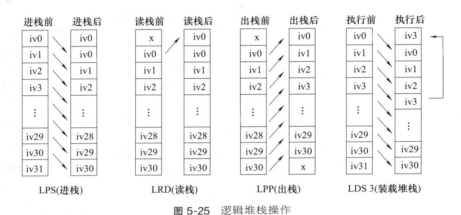

图 5-25　逻辑堆栈操作

逻辑读栈（Logic Read，LRD）指令将逻辑堆栈第 2 层的数据复制到栈顶，原来的栈顶值被复制值替代。第 2～32 层的数据不变。图中的 x 表示任意的数。

逻辑出栈（Logic Pop，LPP）指令将栈顶值弹出，逻辑堆栈各层的数据向上移动一层，第 2 层的数据成为新的栈顶值。可以用语句表的程序状态来查看逻辑堆栈中保存的数据。

装载堆栈（Load Stack，LDS N，N＝1～31）指令复制逻辑堆栈内第 N 层的值到栈顶。逻辑堆栈中原来的数据依次向下移动一层，逻辑堆栈最底层的值被推出并丢失。一般很少使用这条指令。

图 5-26 和图 5-27 中的分支电路分别使用堆栈的第 2 层和第 2、3 层来保存电路分支处的逻辑运算结果。每一条 LPS 指令必须有一条对应的 LPP 指令，中间的支路使用 LRD 指令，处理最后一条支路时必须使用 LPP 指令。在一块独立电路中，用进栈指令同时保存在逻辑堆栈中的中间运算结果不能超过 31 个。

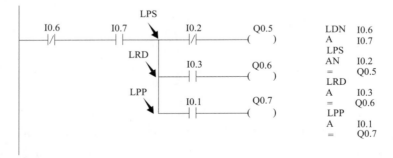

图 5-26　分支电路与逻辑堆栈指令

图 5-27 中的第 1 条 LPS 指令将栈顶的 A 点的逻辑运算结果保存到逻辑堆栈的第 2 层，第 2 条 LPS 指令将 B 点的逻辑运算结果保存到逻辑堆栈的第 2 层，A 点的逻辑运算结果被"压"到逻辑堆栈的第 3 层。第 1 条 LPP 指令将逻辑堆栈第 2 层 B 点的逻辑运算结果上移到栈顶，第 3 层中 A 点的逻辑运算结果上移到逻辑堆栈的第 2 层。最后一条 LPP 指令将逻辑堆栈第 2 层的 A 点的逻辑运算结果上移到栈顶。从这个例子可以看出，逻辑堆栈"先入后出"的数据访问方式，刚好可以满足多层分支电路保存和取用分支点逻辑运算结果所要求的顺序。

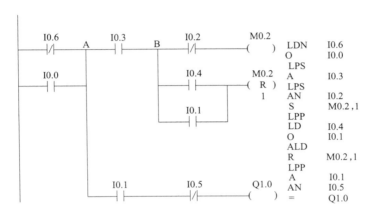

图 5-27 双重分支电路与逻辑堆栈指令

AENO 指令对 ENO 位和栈顶值执行逻辑与运算，产生的效果与 LAD/FBD 功能框的 ENO 位相同。与操作的结果值成为新的栈顶值。

(7) 立即触点

立即（Immediate）触点指令只能用于输入位 I，执行立即触点指令时，立即读入物理输入点的值，根据该值决定触点的接通/断开状态，但是并不更新该物理输入点对应的过程映像输入寄存器。立即触点不是在 PLC 扫描周期开始时进行更新，而是在执行该指令时立即更新。在语句表中，分别用 LDI、AI、OI 来表示电路开始、串联和并联的常开立即触点（见表 5-13）NI、ANI、ONI 来表示电路开始、串联和并联的常闭立即触点。触点符号中间的"I"和"/I"分别用来表示立即常开触点和立即常闭触点（见图 5-28）

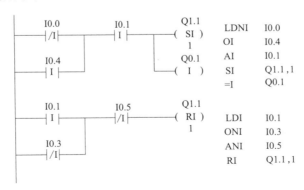

图 5-28 立即触点与立即输出指令

⊡ 表 5-13 立即触点指令

语句表	描述	语句表	描述
LDI bit	立即装载,电路开始的常开触点	LDNI bit	取反后立即装载,电路开始的常闭触点
AI bit	立即与,串联的常开触点	ANI bit	立即与非,串联的常闭触点
OI bit	立即或,并联的常开触点	ONI bit	立即或并联的常闭触点

5.4.2 输出类指令与其它指令

输出类指令（见表 5-14）应放在梯形图同一行的最右边,指令中的变量为 BOOL 型（二进制位）。

⊡ 表 5-14 输出类指令

语句表	描述	语句表	描述	语句表	描述	梯形图符	描述
= bit	输出	S bit,N	置位	R bit,N	复位	SR	置位优先双稳态触发器
=I bit	立即输出	SI bit,N	立即置位	R bit,N	立即复位	RS	复位优先双稳态触发器

(1) 立即输出

立即输出指令（=I）只能用于输出位 Q,执行该指令时,将栈顶值立即写入指定的物理输出点和对应的过程映像输出寄存器。线圈符号中的"I"用来表示立即输出,如图 5-28 所示。

(2) 置位与复位

置位指令 S（Set）和复位指令 R（Reset）用于将指定的位地址开始的 N 个连续的位地址置位（变为 ON）或复位（变为 OFF）,N=1~255,图 5-29 中 N=1。

置位指令与复位指令最主要的特点是有记忆和保持功能。当图 5-29 中 I0.1 的常开触点接通,M0.3 被置位为 ON。即使 I0.1 的常开触点断开,它也仍然保持为 ON。

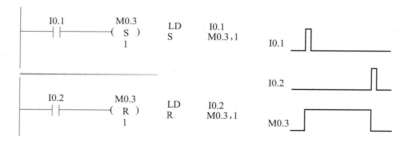

图 5-29 置位指令与复位指令

当 I0.2 的常开触点闭合时,M0.3 被复位为 OFF。即使 I0.2 的常开触点断开,它也仍然保持为 OFF。图 5-29 中的电路具有和启保停电路相同的功能。

如果被指定复位的是定时器（T）或计数器（C）,将清除定时器/计数器的当前值,它们的位被复位为 OFF。

(3) 立即置位与立即复位

执行立即置位指令（SI）或立即复位指令（RI）时（见图 5-29）,从指定位地址开始的 N 个连续的物理输出点将被立即置位或复位,N=1~255,线圈中的 1 表示立即。该指令只能用于输出位 Q，新值被同时写入对应的物理输出点和过程映像输出寄存器。置位指令与复位指令仅将新值写入过程映像输出寄存器。

（4）RS、SR 双稳态触发器指令

图 5-30 中标有 SR 的方框是置位优先双稳态触发器，标有 RS 的方框是复位优先双稳态触发器。它们相当于置位指令 S 和复位指令 R 的组合，用置位输入和复位输入来控制方框上面的位地址。可选的 OUT 连接反映了方框上面位地址的信号状态。置位输入和复位输入均为 OFF 时，被控位的状态不变。置位输入和复位输入只有一个为 ON 时，为 ON 的起作用。

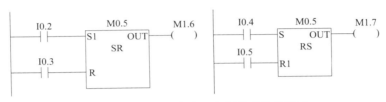

图 5-30　置位优先触发器与复位优先触发器

SR 触发器的置位信号 S1 和复位信号 R 同时为 ON 时，M0.5 被置位为 ON（见图 5-30）。RS 触发器的置位信号 S 和复位信号 R1 同时为 ON 时，M0.5 被复位为 OFF。

（5）其它位逻辑指令

① 跳变触点　正跳变触点（又称为上升沿检测器，见图 5-31）和负跳变触点（又称为下降沿检测器）没有操作数，触点符号中间的"P"和"N"分别表示正跳变（Positive Transition）和负跳变（Negative Transition）。正跳变触点检测到一次正跳变时（触点的输入信号由 0 变为 1），或负跳变触点检测到一次负跳变时（触点的输入信号由 1 变为 0），触点接通一个扫描周期。语句表中正、负跳变指令的助记符分别为 EU（Edge Up，上升沿，

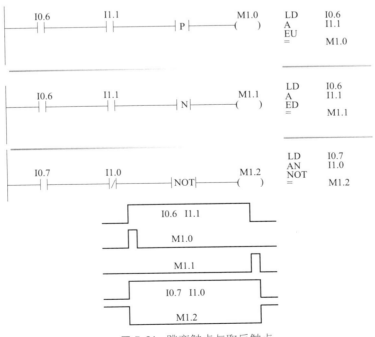

图 5-31　跳变触点与取反触点

见表 5-15）和 ED（Edge Down，下降沿）。S7-200 SMART CPU 支持在程序中使用 1024 条上升沿或下降沿检测器指令。

⊡ 表 5-15　其它逻辑指令

语句	描述	语句	描述
EU	上升沿检测	NOT	取反
ED	下降沿检测	NOP　N	空操作

EU 或 ED 分别检测到逻辑堆栈的栈顶值有正跳变和负跳变时，将栈顶值设置为 1；否则将其设置为 0。

② 取反触点　取反（NOT）触点将存放在逻辑堆栈顶部的它左边电路的逻辑运算结果取反，运算结果若为 1 则变为 0，为 0 则变为 1，该指令没有操作数。在梯形图中，能流到达该触点时即停止（见图 5-31）；若能流未到达该触点，该触点给右侧供给能流。

③ 空操作指令　空操作指令（NOP N）不影响程序的执行，操作数 N＝0～255。

（6）程序的优化设计

在设计并联电路时，应将单个触点的支路放在下面；设计串联电路时，应将单个触点放在右边，否则语句表程序将会多用一条指令（见图 5-32）。

建议在有线圈的并联电路中，将单个线圈放在上面，将图 5-32（a）的电路改为图 5-32（b）的电路，可以避免使用逻辑进栈指令 LPS 和逻辑出栈指令 LPP。

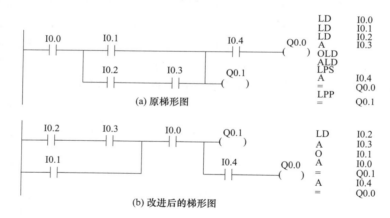

图 5-32　梯形图的优化设计

5.5　定时器指令与计数器指令

5.5.1　定时器指令

（1）定时器的分辨率

定时器有 1ms、10ms 和 100ms 三种分辨率，分辨率取决于定时器地址（见表 5-16）。输入定时器地址后，在定时器方框的右下角内将会出现定时器的分辨率（见图 5-33）。

表 5-16 定时器地址与分辨率

类型	分辨率 /ms	定时器范围 /s	定时器地址	类型	分辨率 /ms	定时范围 /s	定时器地址
TON /TOF	1	32.767	T32~T96	TONR	1	32.767	T0、T64
	10	327.67	T33~T36、 T97~T100		10	327.67	T1~T4、 T65~T68
	100	3276.7	T37~T63、 T101~T255		100	3276.7	T5~T31、 T69~T95

(2) 接通延时定时器和保持型接通延时定时器

定时器和计数器的当前值、定时器的预设时间（Preset Time，PT）的数据类型均为 16 位有符号整数（INT），允许的最大值为 32767。除了常数外，还可以用 VW、IW 等地址作定时器和计数器的预设值。定时器指令与计数器指令见表 5-17。

表 5-17 定时器指令与计数器指令

语句表	描述	语句表	描述
TON Txxx,PT	接通延时定时器	CITIM IN,OUT	计算间隔时间
TOF Txxx,PT	断开延时定时器	CTU Cxxx,PV	加计数
TONR Txxx,PT	保持型接通延时定时器	CTD Cxxx,PV	减计数
BITIM OUT	开始间隔时间	CTUD Cxxx,PV	加/减计数

定时器方框指令左边的 IN 为使能输入端，可以将定时器方框视为定时器的线圈。

接通延时定时器 TON 和保持型接通延时定时器 TONR 的使能输入电路接通后开始定时，当前值不断增大。当前值大于等于 PT 端指定的预设值（1~32767）时，定时器位变为 ON，梯形图中对应的定时器的常开触点闭合，常闭触点断开。达到预设值后，当前值仍继续增加，直到最大值 32767。

定时器的预设时间等于预设值与分辨率的乘积，图 5-33 中的 T37 为 100ms 定时器，预设时间为 100ms×90＝9s。

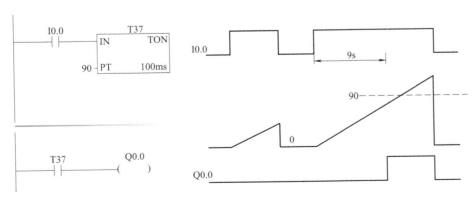

图 5-33 接通延时定时器

接通延时定时器的使能输入电路断开时，定时器被复位，其当前值被清零，定时器位变为 OFF。还可以用复位（R）指令复位定时器和计数器。

保持型接通延时定时器 TONR 的使能输入电路断开时，当前值保持不变。使能输入电路再次接通时，继续定时。可以用 TONR 来累计输入电路接通的若干个时间间隔。图 5-34

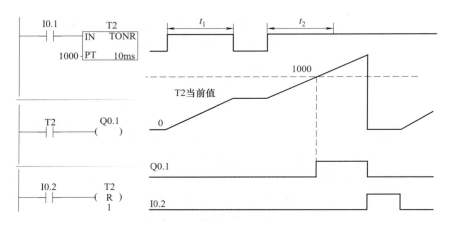

图 5-34 保持型接通延时定时器

中的时间间隔 $t_1 + t_2 = 10$s 时，10ms 定时器 T2 的定时器位变为 ON。只能用复位指令来复位 TONR。

在第一个扫描周期，所有的定时器位被清零。非保持型定时器 TON 和 TOF 被自动复位，当前值和定时器位均清零。可以在系统块中设置有断电保持功能的 TONR 的地址范围。断电后再上电，有断电保持功能的 TONR 保持断电时的当前值不变。

如果要确保最小时间间隔，应将预设值 PT 增大 1。例如使用 100ms 定时器时，为确保最小时间间隔至少为 2000ms，应将 PV 设置为 21。

图 5-35 是用接通延时定时器编程实现的脉冲定时器程序，在 0.3 由 OFF 变为 ON 时（波形的上升沿），Q0.2 输出一个宽度为 3s 的脉冲，I0.3 的脉冲宽度可以大于 3s，也可以小于 3s。

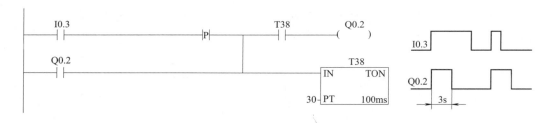

图 5-35 脉冲定时器

(3) 断开延时定时器指令

断开延时定时器（TOF，见图 5-36）用来在使能输入（IN）电路断开后延时一段时间，再使定时器位变为 OFF。它用 IN 输入从 ON 到 OFF 的负跳变启动定时。

断开延时定时器的使能输入电路接通时，定时器位立即变为 ON，当前值被清零。使能输入电路断开时，开始定时，当前值从 0 开始增大。当前值等于预设值时，输出位变为 OFF，当前值保持不变，直到使能输入电路接通。断开延时定时器可用于设备停机后的延时，例如大型变频电动机的冷却风扇的延时。图 5-36 同时给出了断开延时定时器的语句表程序。

TOF 与 TON 不能使用相同的定时器号，例如不能同时对 T37 使用指令 TON 和 TOF。

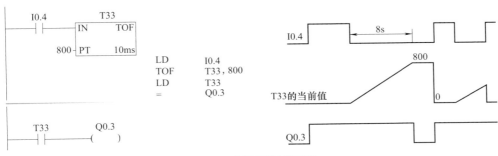

图 5-36 断开延时定时器

(4) 分辨率对定时器的影响

执行 1ms 分辨率的定时器指令时开始计时，其定时器位和当前值的更新与扫描周期不同步，每 1ms 更新一次。

执行 10ms 分辨率的定时器指令时开始计时，记录自定时器启用以来经过的 10ms 时间间隔的个数。在每个扫描周期开始时，10ms 分辨率的定时器的定时器位和当前值被刷新，一个扫描周期累计的 10ms 时间间隔数被累加到定时器当前值。定时器位和当前值在整个扫描周期中不变。

100ms 分辨率的定时器记录从定时器上次更新以来经过的 100ms 时间间隔的个数。在执行该定时器指令时，将从前一扫描周期起累积的 100ms 时间间隔的个数累加到定时器的当前值。为了使定时器正确地定时，应确保在一个扫描周期中只执行一次 100ms 定时器指令。启用该定时器后，如果在某个扫描周期内未执行定时器指令，或者在一个扫描周期多次执行同一条定时器指令，定时时间都会出错。

(5) 间隔时间定时器

在图 5-37 中 Q0.4 的上升沿执行"开始时间间隔"指令 BGN_ITIME，读取内置的 1ms 双字计数器的当前值，并将该值储存在 VD0 中。

"计算时间间隔"指令 CAL_ITIME 计算当前时间与 IN 输入端的 VD0 提供的时间（即图 5-37 中 Q0.4 的上升沿的时间）之差，并将该时间差储存在 OUT 端指定的 VD4 中。

双字计数器的最大计时间隔为 2^{32} ms 或 49.7 天。CAL_ITIME 指令将自动处理计算

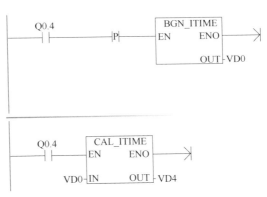

图 5-37 间隔时间定时器

时间间隔期间发生的 1ms 双字计数器的翻转（即它的值由最大又变为 0）。

[例 5-5] 用定时器设计输出脉冲的周期和占空比可调的振荡电路（即闪烁电路）。

图 5-38 中 I0.3 的常开触点接通后，T41 的 IN 输入端为 ON，T41 开始定时。2s 后定时时间到，T41 的常开触点接通，使 Q0.7 变为 ON，同时 T42 开始定时。3s 后 T42 的定时时间到，它的常闭触点断开，T41 因为 IN 输入电路断开而被复位。T41 的常开触点断开，使 Q0.7 变为 OFF，同时 T42 因为 IN 输入电路断开而被复位。复位后其常闭触点接通，下一扫描周期 T41 又开始定时。以后 Q0.7 的线圈将这样周期性地"通电"和"断电"，直到 I0.3 变为 OFF。Q0.7 的线圈"通电"和"断电"的时间分别等于 T42 和 T41 的预设值。

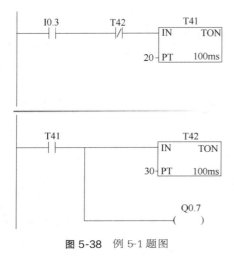

图 5-38 例 5-1 题图

闪烁电路实际上是一个具有正反馈的振荡电路，T41 和 T42 的输出信号通过它们的触点分别控制对方的线圈，形成了正反馈。

特殊存储器位 SM0.5 的常开触点提供周期为 1s，占空比为 0.5 的脉冲信号，可以用它来驱动需要闪烁的指示灯。

(6) 两条运输带的控制程序

两条运输带顺序相连（见图 5-39），为了避免运送的物料在下面的 1 号运输带上堆积，按下启动按钮 I0.5，1 号运输带开始运行，8s 后上面的 2 号运输带自动启动。停机的顺序与启动的顺序刚好相反，即按了停止按钮 I0.6 后，先停 2 号运输带，8s 后停 1 号运输带。PLC 通过 Q0.4 和 Q0.5 控制两台运输带。

梯形图程序如图 5-40 所示，程序中设置了一个用启动按钮和停止按钮控制的辅助元件 M0.0，用它的常开触点控制接通延时定时器 T39 和断开延时定时器 T40。

接通延时定时器 T39 的常开触点在 I0.5 的上升沿之后 8s 接通，在它的 IN 输入端为 OFF 时（M0.0 的下降沿）断开。综上所述，可以用 T39 的常开触点直接控制 2 号运输带 Q0.5。

断开延时定时器 T40 的常开触点在它的 IN 输入为 ON 时接通，在它结束 8s 延时后断开，因此可以用 T40 的常开触点直接控制 1 号运输带 Q0.4。

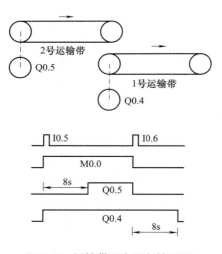

图 5-39 运输带示意图与波形图

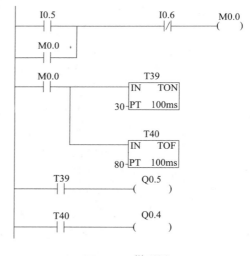

图 5-40 梯形图

5.5.2 计数器指令

计数器地址范围为 C0～C255，不同类型的计数器不能共用同一个地址。

(1) 加计数器（CTU）

满足下列条件时，加计数器的当前值加 1（见图 5-41），直到计数最大值 32767。

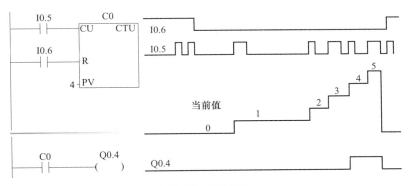

图 5-41 加计数器

① 接在 R 输入端的复位输入电路断开（未复位）。

② 接在 CU 输入端的加计数脉冲输入电路由断开变为接通（即 CU 信号的上升沿）。

③ 当前值小于最大值 32767。

当前值大于等于数据类型为 INT 的预设值 PV 时，计数器位变为 ON。当复位输入 R 为 ON 或对计数器执行复位（R）指令时，计数器被复位，计数器位变为 OFF，当前值被清零。在首次扫描时，所有的计数器位被复位为 OFF。可以用系统块设置有断电保持功能的计数器的范围。断电后又上电，有断电保持功能的计数器保持断电时的当前值不变。

在语句表中，栈顶值是复位输入（R），加计数输入值（CU）放在逻辑堆栈的第 2 层。

（2）减计数器（CTD）

在装载输入 LD 的上升沿，计数器位被复位为 OFF，并把预设值 PV 装入当前值寄存器。在减计数脉冲输入信号 CD（见图 5-42）的上升沿，从预设值开始，减计数器的当前值减 1，减至 0 时，停止计数，计数器位被置位为 ON。

在语句表中，栈顶值是装载输入 LD，减计数输入 CD 放在逻辑堆栈的第 2 层。图 5-42 同时给出了减计数器的语句表程序。

（3）加减计数器（CTUD）

在加计数脉冲输入 CU（见图 5-43）的上升沿，计数器的当前值加 1，在减计数脉冲输入

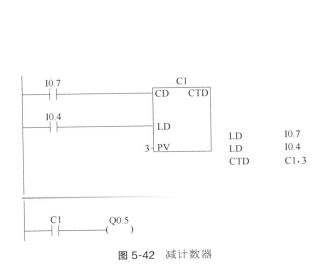

图 5-42 减计数器

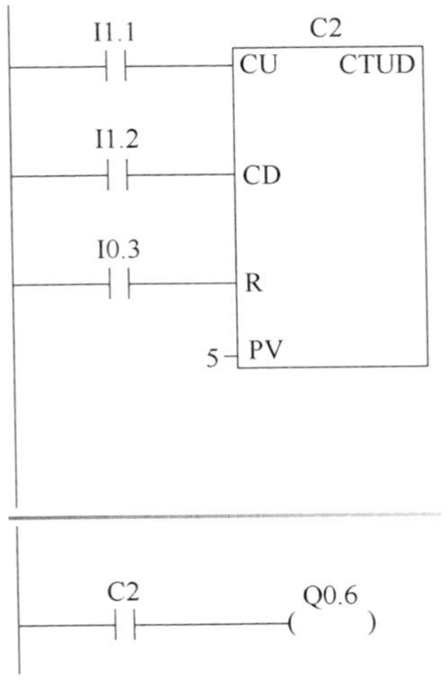

图 5-43 加减计数器

CD 的上升沿，计数器的当前值减 1。当前值大于等于预设值 PV 时，计数器位为 ON，反之为 OFF。若复位输入 R 为 ON，或对计数器执行复位（R）指令时，计数器被复位。当前值为最大值 32767（十六进制数 16#7FFF）时，下一个 CU 输入的上升沿 使当前值加 1 后变为最小值 -32768（十六进制数 16#8000）。当前值为 -32768 时，下一个 CD 输入的上升沿使当前值减 1 后变为最大值 32767。

在语句表中，栈顶值是复位输入 R，减计数输入 CD 在逻辑堆栈的第 2 层，加计数输入 CU 在逻辑堆栈的第 3 层。

[例 5-6] 用计数器设计长延时电路。

S7-200 SMART 的定时器最长的定时时间为 3276.7s，如果需要更长的定时时间，可以使用图 5-44 中的计数器 C3 来实现长延时。周期为 1min 的时钟脉冲 SM0.4 的常开触点为加计数器 C3 提供计数脉冲。I0.1 由 OFF 变为 ON 时，解除了对 C3 的复位，C3 开始定时。图中的定时时间为 30000min（500h）。

[例 5-7] 用计数器扩展定时器的定时范围。

图 5-45 中的 100ms 定时器 T37 和加计数器 C4 组成了长延时电路。I0.2 为 OFF 时，T37 和 C4 处于复位状态，它们不能工作。I0.2 为 ON 时，其常开触点接通，T37 开始定时，3000s 后 T37 的定时时间到，其常开触点闭合，使 C4 加 1。T37 的常闭触点断开，使它自己复位，当前值变为 0。复位后下一扫描周期因为 T37 的常闭触点接通，它又开始定时。

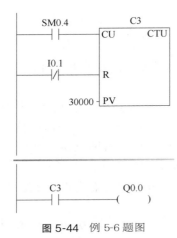

图 5-44 例 5-6 题图

T37 产生的周期为 3000s 的脉冲送给 C4 计数，计满 12000 个数（即 10000h）后，C4 的当前值等于预设值，它的常开触点闭合。设 T37 和 C4 的预设值分别为 K_T 和 K_c，对于 100ms 定时器，总的定时时间 $T = 0.1 K_T K_c$（s）。

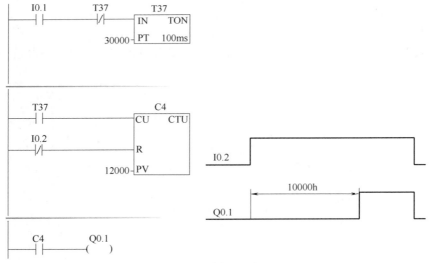

图 5-45 例 5-7 题图

图 5-45 中的定时器自复位的电路只能用于 100ms 的定时器，如果需要用 1ms 或 10ms 的定时器来产生周期性的脉冲，应使用下面的程序：

```
LDN          M0.0        //T32 和 M0.0 组成脉冲发生器
TON          T32，500     //T32 的预设值为 500ms
LD           T32
=   M0.0
```

 思考与练习

1. 填空

① 输出指令（对应于梯形图中的线圈）不能用于过程映像_____寄存器。

② SM _____在首次扫描时为 ON，SM0.0 一直为_____。

③ 每一位 BCD 码用_____位二进制数来表示，其取值范围为二进制数_____。

④ 二进制数 2#0000 0010 1001 1101 对应的十六进制数是_____，对应的十进制数是_____，绝对值与它相同的负数的补码是 2#_____。

⑤ BCD 码 16#7824 对应的十进制数是_____。

⑥ 接通延时定时器 TON 的使能（IN）输入电路_____时开始定时，当前值大于等于预设值时其定时器位变为_____，梯形图中其常开触点_____，常闭触点_____。

⑦ 接通延时定时器 TON 的使能输入电路_____时被复位，复位后梯形图中其常开触点_____，常闭触点_____，当前值等于_____。

⑧ 保持型接通延时定时器 TONR 的使能输入电路_____时开始定时，使能输入电路断开时，当前值_____。使能输入电路再次接通时_____。必须用_____指令来复位 TONR。

⑨ 断开延时定时器 TOF 的使能输入电路接通时，定时器位立即变为_____，当前值被_____。使能输入电路断开时，当前值从 0 开始_____。当前值等于预设值时，定时器位变为_____，梯形图中其常开触点_____，常闭触点_____，当前值_____。

2. 字节、字、双字、整数、双整数和浮点数哪些是有符号数？哪些是无符号数？

3. VW50 由哪两个字节组成？哪个是高位字节？

4. VD50 由哪两个字组成？由哪四个字节组成？哪个是高位字？哪个是最低位字节？

5. TO、T3、T32 和 T39 分别属于什么定时器？它们的分辨率分别是多少 ms？

6. S7-200 SMART 有几个累加器？它们用来存储多少位的数据？主要用来干什么？

7. 写出图 5-46 所示梯形图对应的语句表程序。

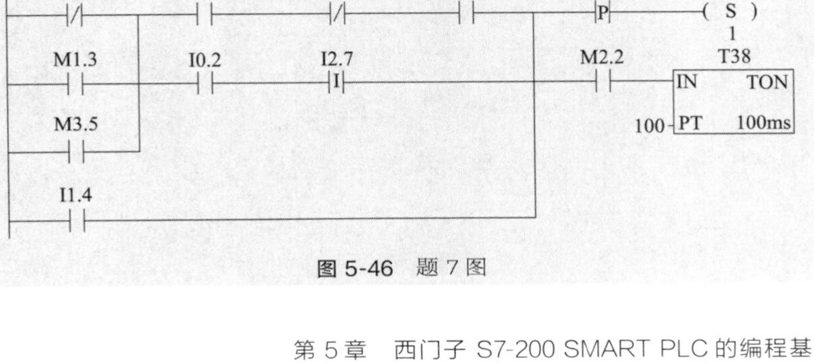

图 5-46 题 7 图

8. 写出图 5-47 所示梯形图对应的语句表程序。

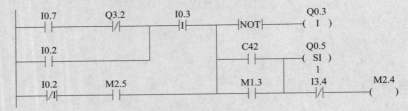

图 5-47 题 8 图

9. 写出图 5-48 所示梯形图对应的语句表程序。

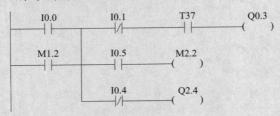

图 5-48 题 9 图

10. 画出图 5-49 中 M0.0、M0.1 和 Q0.0 的波形图。

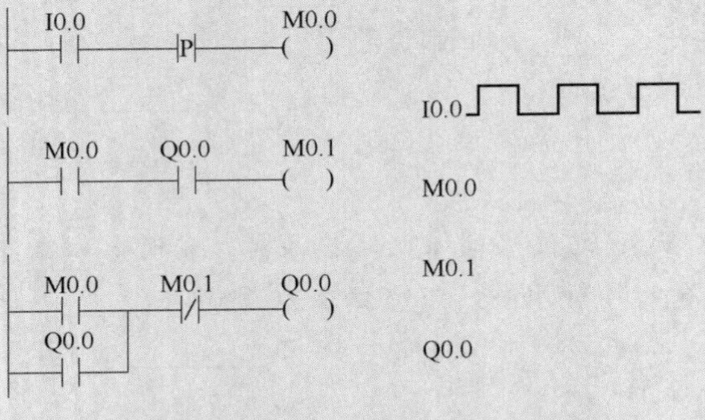

I0.0 ─┤├─ ─┤P├─ (M0.0)

M0.0 ─┤├─ Q0.0 ─┤├─ (M0.1)

M0.0 ─┤├─ M0.1 ─┤/├─ (Q0.0)
Q0.0 ─┤├─

I0.0

M0.0

M0.1

Q0.0

图 5-49 题 10 图

11. 指出图 5-50 中的错误。

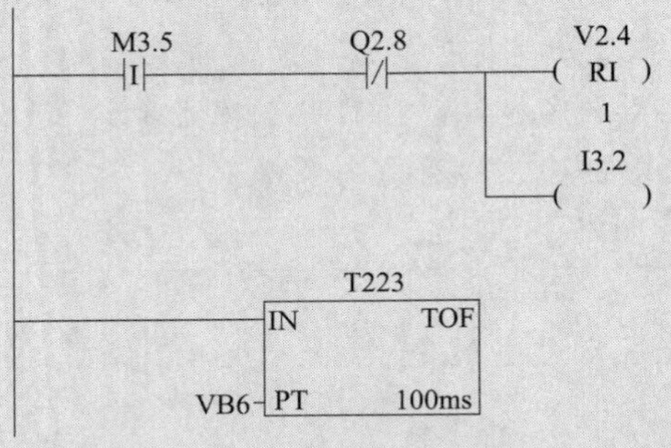

M3.5 ─┤I├─ Q2.8 ─┤/├─ V2.4 (RI) 1

I3.2 ( )

T223
IN   TOF
VB6 ─PT   100ms

图 5-50 题 11 图

第6章

西门子S7-200 SMART PLC的功能指令及应用

一般的逻辑控制系统用软继电器、定时器和计数器及基本指令就可以实现。利用功能指令可以开发出更复杂的控制系统，完成特殊工业控制系统的任务，并使得程序设计更加优化和方便。西门子 S7-200 SMART PLC 功能指令很丰富，大致包括以下几类：数据传送、数据比较、算术与逻辑运算、移位与循环移位、数据格式变换等指令。通过本章的学习，应能掌握功能指令的使用方法，深入了解功能指令的作用和执行过程。

6.1 数据传送指令

在程序初始化过程中，往往需要将某些存储器清零或设置初值，为后续程序做准备。数据传送类指令可实现此功能，它可实现将输入数据 IN（常数或某存储器中的数据）传送到输出 OUT（存储器）中，传送过程中不改变数据的原值。根据每次传送数据的数量，可分为单一数据传送指令和数据块传送指令。

6.1.1 单一数据传送指令

数据传送指令 MOV，用来传送单个的字节、字、双字、实数。指令格式及功能如表 6-1 所示。

⊡ 表 6-1　单一数据传送指令 MOV 指令格式及功能

	LAD			
LAD	MOV_B EN　ENO IN　OUT	MOV_W EN　ENO IN　OUT	MOV_DW EN　ENO IN　OUT	MOV_R EN　ENO IN　OUT
STL	MOVB IN,OUT	MOVW IN,OUT	MOVD IN,OUT	MOVR IN,OUT

操作数及数据类型	IN: VB, IB, QB, MB, SB, SMB, LB, AC, 常数, *VD, *LD, *AC OUT: VB, IB, QB, MB, SB, SMB, LB, AC, 常数, *VD, *LD, *AC	IN: VW, IW, QW, MW, SW, SMW, LW, T, C, *VD, *LD, *AC, AIW, 常数, AC OUT: VW, AC, IW, QW, MW, SW, SMW, LW, AC, AQW, T, C, VD, *LD, *AC,	IN: VD, ID, QD, MD, SD, SMD, LD, HC, AC, 常数, &VB, &IB, &QB, &MB, &SB, &T, &C, &SMB, &AIW, &AQW, *VD, *LD, *AC, OUT: VD, ID, QD, MD, SD, SMD, LD, AC, *VD, *LD, *AC	IN: VD, ID, QD, MD, SD, SMD, LD, AC, 常数, *VD, *LD, *AC OUT: VD, ID, QD, MD, SD, SMD, LD, AC, *VD, *LD, *AC
	字节	字、整数	双字、双整数	实数
功能	使能输入有效时,即 EN=1 时,将一个输入 IN 的字节、字/整数、双字/双整数或实数送到 OUT 指定的存储器输出。在传送过程中不改变数据的大小。传送后,输入存储器 IN 中的内容不变			

使 ENO=0,即使能输出断开的错误条件是:0006(间接寻址错误)。

[**例 6-1**]　PLC 开机运行时,字变量 VW10 设初值 1000、字节变量 VB0 清零。程序如图 6-1 所示。

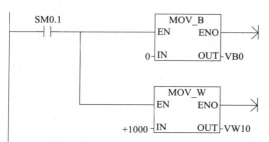

图 6-1　例 6-1 梯形图

在为变量赋初值时,为保证数据传送只执行一次,数据传送指令一般与 SM0.1 或跳变指令联合使用。

[**例 6-2**]　按下启动按钮 I0.0,8 个彩灯同时点亮,按下停止按钮 I0.1,8 个彩灯同时熄灭,用数据传送指令实现,8 个彩灯分别由 Q0.0~Q0.7 驱动。程序如图 6-2 所示。

[**例 6-3**]　设液体混合控制中,液体搅拌所需时间有两种选择,分别是 20min 和 10min,分别设置两个按钮选择时间,I1.0 选择 20min,I1.1 选择 10min,I1.2 为启动搅拌,Q0.0 控制液体搅拌。程序如图 6-3 所示。

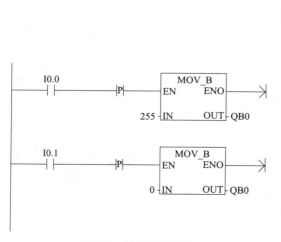

图 6-2　例 6-2 梯形图

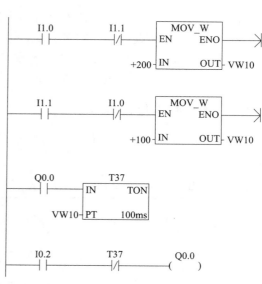

图 6-3　例 6-3 梯形图

6.1.2 数据块传送指令

数据块传送指令将从输入地址 IN 开始的 N 个数据传送到输出地址 OUT 开始的 N 个单元中，N 的范围为 1~255，N 的数据类型为字节。指令格式及功能如表 6-2 所示。

表 6-2 数据传送指令 BLKMOV 指令格式及功能

LAD	BLKMOV_B EN ENO IN OUT N	BLKMOV_W EN ENO IN OUT N	BLKMOV_D EN ENO IN OUT N
STL	BMB IN,OUT	BMW IN,OUT	BMD IN,OUT
操作数及 数据类型	IN：VB,IB,QB,MB,SB, SMB,LB,*VD,*LD,*AC OUT：VB,IB,QB,MB,SB, SMB,LB,*VD,*LD,*AC 数据类型：字节	IN：VW,IW,QW,MW,SW,SMW, LW,T,C,AIW,*VD,*LD,*AC OUT：VW,T,C,IW,QW,MW,SW, SMW,LW,AQW,*VD,*LD,*AC 数据类型：字	IN/OUT：VD,ID,QD,MD, SD,SMD,LD,*VD,*LD, *AC 数据类型：双字
	N：VB,IB,QB,MB,SB,SMB,LB,AC,常量,*VD,*LD,*AC；数据类型：字节；数据范围：1~255		
	使能输入有效时，即 EN=1 时，将一个输入 IN 开始的 N 个字节(字,双字)传送到以输出 OUT 开始的 N 个字节(字,双字)中		

[例 6-4] 将变量存储器 VB20 开始的 4 个字节（VB20~VB23）中的数据，移至 VB100 开始的 4 个字节中（VB100~VB103）。程序如图 6-4 所示。

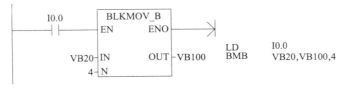

图 6-4 例 6-4 程序

执行结果如下：数组 1 数据 30 31 32 33

数据地址 VB20 VB21 VB22 VB23

块移动执行后：数组 2 数据 30 31 32 33

数据地址 VB100 VB101 VB102 VB103

6.1.3 字节立即读、写指令

字节立即读指令（MOV_BIR）读取实际输入端 IN 给出的 1 个字节的数值，并将结果写入 OUT 所指定的存储单元，但输入映像寄存器未更新。

字节立即写指令从输入 IN 所指定的存储单元中读取 1 个字节的数值并写入（以字节为单位）实际输出 OUT 端的物理输出点，同时刷新对应的输出映像寄存器。指令格式及功能如表 6-3 所示。

LAD	STL	功能及说明
MOV_BIR —EN ENO— —IN OUT—	BIR IN,OUT	功能:字节立即读 IN:IB,＊VD,＊LD,＊AC OUT:VB,IB,QB,MB,SB,SMB,LB,＊VD,＊LD,＊AC 数据类型:字节
MOV_BIW —EN ENO— —IN OUT—	BIW IN,OUT	功能:字节立即写 IN:VB,IB,QB,MB,SB,SMB,LB,AC,常数,＊VD,＊LD,＊AC OUT:QB,＊VD,＊LD,＊AC 数据类型:字

使 ENO＝0 的错误条件：0006（间接寻址错误）。注意：字节立即读写指令无法存取扩展模块。

6.1.4 字节交换指令

字节交换指令用来交换输入字 IN 的最高位字节和最低位字节。指令格式如表 6-4 所示。

⊡ 表 6-4 字节交换指令使用格式及功能

LAD	STL	功能及说明
SWAP —EN ENO— —IN	SWAP IN	功能:使能输入 EN 有效时,将输入字 IN 的高字节与低字节交换,结果仍放在 IN 中 IN:VW,IW,QW,MW,SW,SMW,T,C,LW,AC,＊VD,＊LD,＊AC 数据类型:字

6.2 数据比较指令

比较指令是将两个操作数按指定条件进行比较，条件成立时，触点就闭合。所以比较指令实际上也是一种位指令。在实际应用中，比较指令为上下限控制以及数值条件判断提供了方便。

比较指令的类型有字节比较、整数（字）比较、双字整数比较、实数比较和字符串比较五种类型。数值比较指令的运算符有：＝、＞＝、＜、＜＝、＞和＜＞共 6 种，而字符串比较指令的运算符只有＝ 和＜＞2 种。对比较指令可进行 LD、A 和 O 编程。比较指令的 LAD 和 STL 形式如表 6-5 所示。图 6-5 所示为比较指令的用法。

⊡ 表 6-5 比较指令的 LAD 和 SLT 形式

形式	方式				
	字节比较	整数比较	双字整数比较	实数比较	字符串比较
LAD (以＝＝例)	IN1 —| ==B |— IN2	IN1 —| ==I |— IN2	IN1 —| ==D |— IN2	IN1 —| ==R |— IN2	IN1 —| ==S |— IN2

形式	方式				
	字节比较	整数比较	双字整数比较	实数比较	字符串比较
STL	LDB=IN1,IN2 AB=IN1,IN2 OB=IN1,IN2 LDB<>IN1,IN2 AB<>IN1,IN2 OB<>IN1,IN2 LDB<IN1,IN2 AB<IN1,IN2 OB<IN1,IN2 LDB<=IN1,IN2 AB<=IN1,IN2 OB<=IN1,IN2 LDB>IN1,IN2 AB>IN1,IN2 OB>IN1,IN2 LDB>=IN1,IN2 AB>=IN1,IN2 OB>=IN1,IN2	LDW=IN1,IN2 AW=IN1,IN2 OW=IN1,IN2 LDW<>IN1,IN2 AW<>IN1,IN2 OW<>IN1,IN2 LDW<IN1,IN2 AW<IN1,IN2 OW<IN1,IN2 LDW<=IN1,IN2 AW<=IN1,IN2 OW<=IN1,IN2 LDW>IN1,IN2 AW>IN1,IN2 OW>IN1,IN2 LDW>=IN1,IN2 AW>=IN1,IN2 OW>=IN1,IN2	LDD=IN1,IN2 AD=IN1,IN2 OD=IN1,IN2 LDD<>IN1,IN2 AD<>IN1,IN2 OD<>IN1,IN2 LDD<IN1,IN2 AD<IN1,IN2 OD<IN1,IN2 LDD<=IN1,IN2 AD<=IN1,IN2 OD<=IN1,IN2 LDD>IN1,IN2 AD>IN1,IN2 OD>IN1,IN2 LDD>=IN1,IN2 AD>=IN1,IN2 OD>=IN1,IN2	LDR=IN1,IN2 AR=IN1,IN2 OR=IN1,IN2 LDR<>IN1,IN2 AR<>IN1,IN2 OR<>IN1,IN2 LDR<IN1,IN2 AR<IN1,IN2 OR<IN1,IN2 LDR<=IN1,IN2 AR<=IN1,IN2 OR<=IN1,IN2 LDR>IN1,IN2 AR>IN1,IN2 OR>IN1,IN2 LDR>=IN1,IN2 AR>=IN1,IN2 OR>=IN1,IN2	LDS=IN1,IN2 AS=IN1,IN2 OS=IN1,IN2 LDS<>IN1,IN2 AS<>IN1,IN2 OS<>IN1,IN2
IN1 和 IN2 寻址范围	IB，QB，MB，SMB,VB,SB,LB，AC，*VD，*AC，*LD,常数	IW，QW，MW，SMW，VW，SW，LW,AC，*VD，*AC，*LD,常数	ID，QD，MD，SMD，VD，SD，LD,AC，*VD，*AC，*LD,常数	ID，QD，MD，SMD，VD，SD，LD,AC，*VD，*AC，*LD,常数	(字符)VB,LB，*VD，*AC，*LD，

字节比较用于比较两个字节型整数值 IN1 和 IN2 的大小，字节比较是无符号的。

整数比较用于比较两个一个字长的整数值 IN1 和 IN2 的大小。整数比较是有符号的，其范围是 16♯8000~16♯7FFF。

双字整数比较用于比较两个双字长整数值 IN1 和 IN2 的大小。它们的比较也是有符号的，其范围是 16♯80000000~16♯7FFFFFFF。

实数比较用于比较两个双字长实数值 IN1 和 IN2 的大小，实数比较是有符号的。负实数范围为 $-1.175495E+38 \sim -3.402823E+38$，正实数范围是 $+1.175495E+38 \sim +3.402823E+38$。

图 6-5 所示为比较指令的用法。

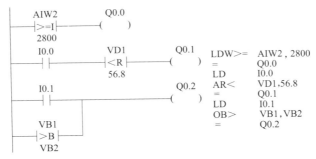

图 6-5 比较指令程序

从图 6-5 中可以看出：AIW2 中的当前值大于等于 2800 时，Q0.0 为 ON；VD1 中的实数小于 56.8 且 I0.0 为 ON 时，Q0.1 为 ON；VB1 中的值大于 VB2 的值或 I0.1 为 ON 时，Q0.2 为 ON。

[例 6-5] 利用比较指令实现占空比可调的脉冲信号发生器（闪烁电路）。

如图 6-6 所示为采用两个定时器产生连续脉冲信号，脉冲周期为 5s，占空比为 3:2（接通时间：断开时间）。接通时间 3s，由定时器 T38 设定，断开时间为 2s，由定时器 T37 设定，用 Q0.0 作为连续脉冲输出端。

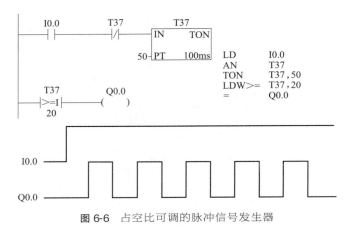

```
LD      I0.0
AN      T37
TON     T37,50
LDW>=   T37,20
=       Q0.0
```

图 6-6 占空比可调的脉冲信号发生器

[例 6-6] 利用比较指令实现按下启动按钮 SB1 后，启动顺序为 M1、M2、M3，间隔时间为 5s，按下停止按钮 SB2 后，停车顺序为 M3、M2、M1，间隔时间为 3s 的控制要求。程序如图 6-7 所示。

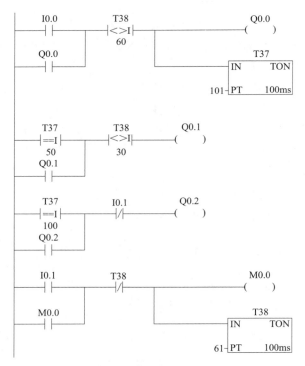

图 6-7 例 6-6 梯形图

6.3 四则运算指令

6.3.1 整数与双整数加减法指令

整数加法（ADD_I）和减法（SUB_I）指令是：使能输入有效时，将两个 16 位符号整数相加或相减，并产生一个 16 位的结果输出到 OUT。

双整数加法（ADD_D）和减法（SUB_D）指令是：使能输入有效时，将两个 32 位符号整数相加或相减，并产生一个 32 位结果输出到 OUT。

整数与双整数加减法指令格式及功能如表 6-6 所示。

⊡ 表6-6 整数与双整数加减法指令格式及功能

LAD	ADD_I ─EN ENO─ ─IN1 OUT─ ─IN2	SUB_I ─EN ENO─ ─IN1 OUT─ ─IN2	ADD_DI ─EN ENO─ ─IN1 OUT─ ─IN2	SUB_DI ─EN ENO─ ─IN1 OUT─ ─IN2
STL	＋I IN1，OUT	－I IN1，OUT	＋D IN1，OUT	－D IN1，OUT
功能	IN1＋IN2＝OUT	IN1－IN2＝OUT	IN1＋IN2＝OUT	IN1－IN2＝OUT
操作数及 数据类型	IN1/IN2：VW、IW、QW、MW、SW、SMW、T、C、AC、LW、AIW，常量，＊VD、＊LD、＊AC OUT：VW、IW、QW、MW、SW、SMW、T、C、LW、AC、＊VD、＊LD、＊AC IN/OUT 数据类型：整数		IN1/IN2：VD、ID、QD、MD、SMD、SD、LD、AC、HC，常量，＊VD、＊LD、＊AC OUT：VD、ID、QD、MD、SD、SMD、LD、AC、＊VD、＊LD、＊AC IN/OUT 数据类型：双整数	
ENO＝0 的 错误条件	0006 间接地址 SM4.3 运行时间 SM1.1 溢出			

说明：

① 当 IN1、IN2 和 OUT 操作数的地址不同时，在 STL 指令中，首先用数据传送指令将 IN1 中的数值送入 OUT，然后再执行加、减运算，即：OUT＋IN2＝OUT、OUT－IN2＝OUT。为了节省内存，在整数加法的梯形图指令中，可以指定 IN1 或 IN2＝OUT，这样，可以不用数据传送指令。如指定 IN1＝OUT，则语句表指令为：＋I IN2，OUT；如指定 IN2＝OUT，则语句表指令为：＋I IN1，OUT。在整数减法的梯形图指令中，可以指定 IN1＝OUT，则语句表指令为：－I IN2，OUT。这个原则适用于所有的算术运算指令，且乘法和加法对应，减法和除法对应。

② 整数与双整数加减法指令影响算术标志位 SM1.0（零标志位）、SM1.1（溢出标志位）和 SM1.2（负数标志位）。

[例6-7] 求 5000 加 400 的和，5000 在数据存储器 VW200 中，结果放入 AC0。程序如图 6-8 所示。

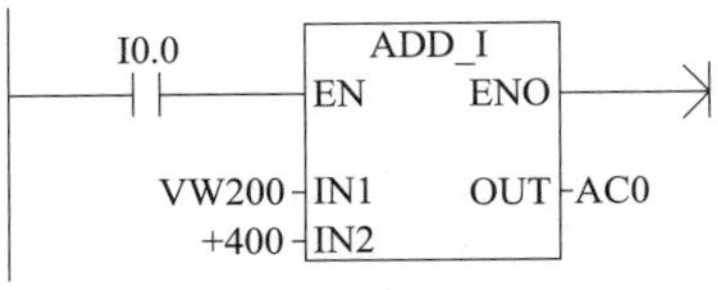

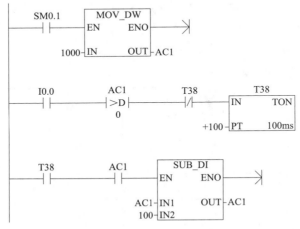

```
          I0.0       ADD_I
         ──┤├──     ┌─────────┐              LD   I0.0
                    │EN    ENO├──<           MOVW VW200,AC0  //VW200→AC0
                    │         │              +I   +400,AC0   //VW200+400=AC0
             VW200 ─┤IN1   OUT├─AC0
              +400 ─┤IN2      │
                    └─────────┘
```

图 6-8　例 6-7 程序

[例 6-8]　在程序初始化时，设 AC1 为 1000，合上 I0.0 开关，AC1 的值每隔 10s 减 100，一直减到 0 为止。程序如图 6-9 所示。

```
       SM0.1       MOV_DW
      ──┤├──      ┌─────────┐
                  │EN    ENO├──<
                  │         │
           1000 ──┤IN    OUT├─AC1
                  └─────────┘


       I0.0       AC1        T38          T38
      ──┤├──     ──┤>D├──   ──┤/├──     ┌─────────┐
                     0                  │IN    TON │
                                  +100 ─┤PT  100ms │
                                        └─────────┘


       T38        AC1        SUB_DI
      ──┤├──     ──┤├──     ┌─────────┐
                            │EN    ENO├──<
                            │         │
                     AC1 ──┤IN1   OUT├─AC1
                     100 ──┤IN2      │
                            └─────────┘
```

图 6-9　例 6-8 梯形图

6.3.2　整数乘除法指令

整数乘法指令（MUL_I）：使能输入有效时，将两个 16 位符号整数相乘，并产生一个 16 位积，从 OUT 指定的存储单元输出。

整数除法指令（DIV_I）：使能输入有效时，将两个 16 位符号整数相除，并产生一个 16 位商，从 OUT 指定的存储单元输出，不保留余数。如果输出结果大于一个字，则溢出位 SM1.1 位置为 1。

双整数乘法指令（MUL_D）：使能输入有效时，将两个 32 位符号整数相乘，并产生一个 32 位乘积，从 OUT 指定的存储单元输出。

双整数除法指令（DIV_D）：使能输入有效时，将两个 32 位整数相除，并产生一个 32 位商，从 OUT 指定的存储单元输出，不保留余数。

整数乘法产生双整数指令（MUL）：使能输入有效时，将两个 16 位整数相乘，得出一个 32 位乘积，从 OUT 指定的存储单元输出。

整数除法产生双整数指令（DIV）：使能输入有效时，将两个 16 位整数相除，得出一个 32 位结果，从 OUT 指定的存储单元输出。其中高 16 位放余数，低 16 位放商。

整数乘除法指令格式及功能如表 6-7 所示。

整数双整数乘除法指令操作数及数据类型和加减运算的相同。

整数乘除法产生双整数指令的操作数如下。

IN1/IN2：VW，IW，QW，MW，SW，SMW，T，C，LW，AC，AIW，常量，＊VD，

＊LD，＊AC。数据类型：整数。

OUT：VD，ID，QD，MD，SMD，SD，LD，AC，＊VD，＊LD，＊AC。数据类型：双整数。

使 ENO＝0 的错误条件：0006（间接地址），SM1.1（溢出），SM1.3（除数为 0）。

对标志位的影响：SM1.0（零标志位），SM1.1（溢出），SM1.2（负数），SM1.3（被 0 除）。

⊡ 表 6-7　整数乘除法法指令格式及功能

LAD	MUL_I EN ENO IN1 OUT IN2	MUL_DI EN ENO IN1 OUT IN2	DIV_DI EN ENO IN1 OUT IN2	MUL EN ENO IN1 OUT IN2	DIV EN ENO IN1 OUT IN2
STL	＊I IN1,OUT	＊D IN1,OUT	/I IN1,OUT	MUL IN1,OUT	DIV IN1,OUT
功能	IN1＊IN2＝OUT	IN1＊IN2＝OUT	IN1/IN2＝OUT	IN1＊IN2＝OUT	IN1/IN2＝OUT

乘除法指令应用举例，程序如图 6-10 所示。

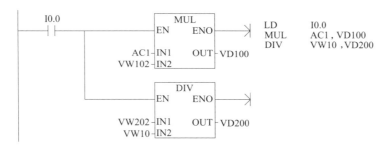

图 6-10　乘除法指令应用程序

注意：因为 VD100 包含 VW100 和 VW102 两个字，VD200 包含 VW200 和 VW202 两个字，所以在语句表指令中不需要使用数据传送指令。

6.3.3　实数加减乘除指令

实数加法（ADD_R）、减法（SUB_R）指令：将两个 32 位实数相加或相减，并产生一个 32 位实数结果，从 OUT 指定的存储单元输出。

实数乘法（MUL_R）、除法（DIV_R）指令：使能输入有效时，将两个 32 位实数相乘（除），并产生一个 32 位积（商），从 OUT 指定的存储单元输出。

操作数：IN1/IN2：VD，ID，QD，MD，SMD，SD，LD，AC，常量，＊VD，＊LD，＊AC。

OUT：VD，ID，QD，MD，SMD，SD，LD，AC，＊VD，＊LD，＊AC。

数据类型：实数。

指令格式及功能如表 6-8 所示。

⊡ 表 6-8　实数加减乘除指令及功能

	ADD_R	SUB_R	MUL_R	DIV_R
LAD	EN　ENO IN1　OUT IN2	EN　ENO IN1　OUT IN2	EN　ENO IN1　OUT IN2	EN　ENO IN1　OUT IN2
STL	＋R　IN1,OUT	－R　IN1,OUT	＊R　IN1,OUT	/R　IN1,OUT
功能	IN1＋IN2＝OUT	IN1－IN2＝OUT	IN1＊N2＝OUT	IN1/IN2＝OUT

实数运算指令的应用，程序如图 6-11 所示。

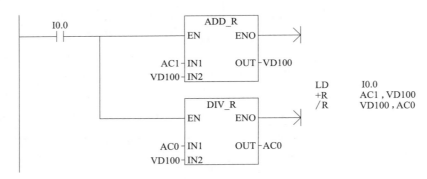

图 6-11　实数运算指令的应用程序

6.3.4　数学函数变换指令

数学函数变换指令包括平方根、自然对数、指数、三角函数等。

① 平方根（SQRT）指令：对 32 位实数（IN）取平方根，并产生一个 32 位实数结果，从 OUT 指定的存储单元输出。

② 自然对数（LN）指令：对 IN 中的数值进行自然对数计算，并将结果置于 OUT 指定的存储单元中。求以 10 为底数的对数时，用自然对数除以 2.302585（约等于 10 的自然对数）。

③ 自然指数（EXP）指令：将 IN 取以 e 为底的指数，并将结果置于 OUT 指定的存储单元中。

将 "自然指数" 指令与 "自然对数" 指令相结合，可以实现以任意数为底，任意数为指数的计算。求 y^x，输入以下指令：EXP（x ＊ LN(y)）。

例如：求 2^3＝EXP3 ＊ LN(2)＝8；27 的 3 次方根＝$27^{1/3}$＝EXP(1/3 ＊ LN(27))＝3。

④ 三角函数指令：将一个实数的弧度值 IN 分别求 SIN、COS、TAN，得到实数运算结果，从 OUT 指定的存储单元输出。

函数变换指令格式及功能如表 6-9 所示。

⊡ 表 6-9　函数变换指令格式及功能

	SQRT	LN	EXP	SIN	COS	TAN
LAD	EN　ENO IN　OUT	EN　ENO IN　OUT	EN　ENO IN　OUT	EN　ENO IN　OUT	EN　ENO IN　OUT	EN　ENO IN　OUT

STL	SQRT IN,OUT	LN IN,OUT	EXP IN,OUT	SIN IN,OUT	COS IN,OUT	TAN IN,OUT
功能	SQRT(IN) =OUT	LN(IN) =OUT	EXP(IN) =OUT	SIN(IN) =OUT	COS(IN) =OUT	TAN(IN)= OUT
操作数及数据类型	IN1/IN2:VD,ID,QD,MD,SD,SMD,LD,AC,常数,*VD,*LD,*AC OUT:VD,ID,QD,MD,SD,SMD,LD,AC,*VD,*LD,*AC 数据类型:实数					

对标志位的影响：SM1.0（零），SM1.1（溢出），SM1.2（负数）。

[**例 6-9**]　求 45°正弦值。

分析：先将 45°转换为弧度（3.14159/180）* 45，再求正弦值。程序如图 6-12 所示。

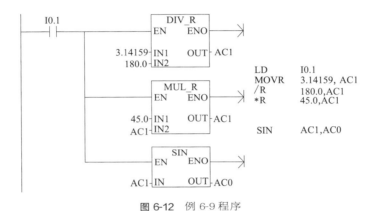

```
LD      I0.1
MOVR    3.14159, AC1
/R      180.0,AC1
*R      45.0,AC1

SIN     AC1,AC0
```

图 6-12　例 6-9 程序

6.4　逻辑运算指令

逻辑运算是对无符号数按位进行与、或、异或和取反等操作。操作数的长度有 B、W、DW。指令格式及功能如表 6-10 所示。

◉ **表 6-10　逻辑运算指令格式及功能**

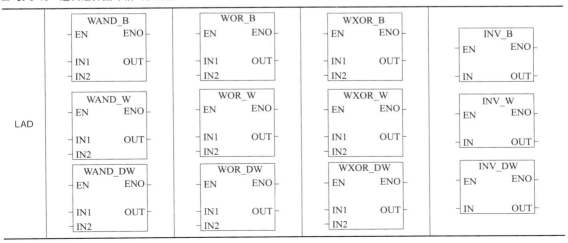

STL	ANDB IN1,OUT ANDW IN1,OUT AND IN1,OUT	ORB IN1,OUT ORW IN1,OUT ORD IN1,OUT	XORB IN1,OUT XORW IN1,OUT XORD IN1,OUT	INVB IN1,OUT INVW IN1,OUT INVD IN1,OUT
功能	IN1,IN2 按位相与	IN1,IN2 按位相或	IN1,IN2 按位异或	对 IN 取反
操作数 B	IN1/IN2:VB,IB,QB,MB,SB,SMB,LB,AC,常数,＊VD,＊LD,＊AC OUT:VB,IB,QB,MB,SB,SMB,LB,AC,＊VD,＊LD,＊AC			
操作数 W	IN1/IN2:VW,IW,QW,MW,SW,SMW,T,C,AC,LW,AIW,常数,＊VD,＊LD,＊AC OUT:VW,IW,QW,MW,SW,SMW,T,C,LW,AC,＊VD,＊LD,＊AC			
操作数 DW	IN1/IN2:VD,ID,QD,MD,SMD,AC,LD,HC,常数,＊VD,＊AC,SD,＊LD, OUT:VD,ID,QD,MD,SMD,LD,AC,＊VD,＊LD,＊AC,SD,＊LD			

逻辑与（WAND）指令：将输入 IN1、IN2 按位相与，得到的逻辑运算结果，放入 OUT 指定的存储单元。

逻辑或（WOR）指令：将输入 INI、IN2 按位相或，得到的逻辑运算结果，放入 OUT 指定的存储单元。

逻辑异或（WXOR）指令：将输入 INI、IN2 按位相异或，得到的逻辑运算结果，放入 OUT 指定的存储单元。

取反（INV）指令：将输入 IN 按位取反，将结果放入 OUT 指定的存储单元。

说明：

① 在表 6-10 中，在梯形图指令中设置 IN2 和 OUT 所指定的存储单元相同，这样对应的语句表指令如表中所示。若在梯形图指令中，IN2（或 IN1）和 OUT 所指定的存储单元不同，则在语句表指令中需使用数据传送指令，将其中一个输入端的数据先送入 OUT，在进行逻辑运算。如 MOVB　IN1，OUT；ANDB　IN2，OUT。

② 对标志位的影响：SM1.0（零）。

逻辑运算编程举例，程序如图 6-13 所示。

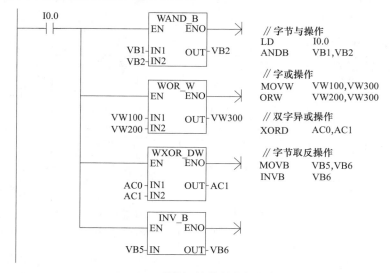

图 6-13　逻辑运算编程举例程序

运算过程如下：

VB1		VB2		VB2
0001 1100	WAND	1100 1101	→	0000 1100
VW100		VW200		VW300
0001 1101 1111 1010	WOR	1110 0000 1101 1100→		1111 1101 1111 1110
VB5		VB6		
0000 1111	INV	1111 0000		

6.5　递增、递减指令

递增、递减指令用于对输入端（IN）进行加 1 或减 1 操作，结果存到输出端（OUT）指定的地址中。指令格式如表 6-11 所示。

递增字节和递减字节指令在输入字节（IN）上加 1 或减 1，并将结果置入 OUT 指定的变量中。递增和递减字节运算不带符号。

递增字和递减字指令在输入字（IN）上加 1 或减 1，并将结果置入 OUT。递增和递减字运算带符号。

递增双字和递减双字指令在输入双字（IN）上加 1 或减 1，并将结果置入 OUT。递增和递减双字运算带符号。

▫ 表 6-11　递增、递减指令格式

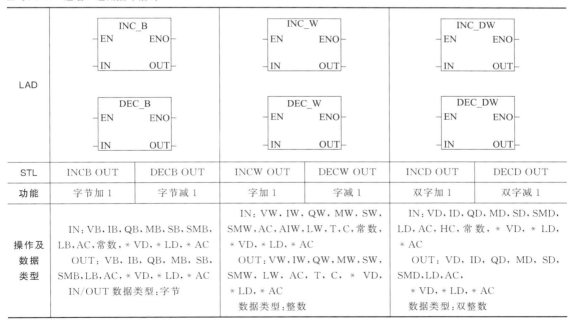

LAD			
STL	INCB OUT　　DECB OUT	INCW OUT　　DECW OUT	INCD OUT　　DECD OUT
功能	字节加 1　　字节减 1	字加 1　　字减 1	双字加 1　　双字减 1
操作及数据类型	IN：VB，IB，QB，MB，SB，SMB，LB，AC，常数，* VD，* LD，* AC OUT：VB，IB，QB，MB，SB，SMB，LB，AC，* VD，* LD，* AC IN/OUT 数据类型：字节	IN：VW，IW，QW，MW，SW，SMW，AC，AIW，LW，T，C，常数，* VD，* LD，* AC OUT：VW，IW，QW，MW，SW，SMW，LW，AC，T，C，* VD，* LD，* AC 数据类型：整数	IN：VD，ID，QD，MD，SD，SMD，LD，AC，HC，常数，* VD，* LD，* AC OUT：VD，ID，QD，MD，SD，SMD，LD，AC，* VD，* LD，* AC 数据类型：双整数

说明：

① 影响标志位：SM1.0（零），SM1.1（溢出），SM1.2（负数）。

② 在梯形图指令中，IN 和 OUT 可以指定为同一存储单元，这样可以节省内存，在语句表指令中不需使用数据传送指令。

6.6 移位与循环移位指令

移位指令分为左、右移位和循环左、右移位及移位寄存器指令三大类。移位指令按移位数据的长度又分字节、字、双字三种。

6.6.1 左、右移位指令

左、右移位数据存储单元与 SM1.1（溢出）端相连，移出位被放到特殊标志存储器 SM1.1 位。移位数据存储单元的另一端补 0。移位指令格式及功能见表 6-12。

① 左移位指令（SHL） 使能输入有效时，将输入 IN 的无符号数字节、字或双字中的各位向左移 N 位后（右端补 0），将结果输出到 OUT 所指定的存储单元中，如果移位次数大于 0，最后一次移出位保存在"溢出"存储器位 SM1.1。如果移位结果为 0，零标志位 SM1.0 置 1。

② 右移位指令（SHR） 使能输入有效时，将输入 IN 的无符号数字节、字或双字中的各位向右移 N 位后，将结果输出到 OUT 所指定的存储单元中，移出位补 0，最后一次移出位保存在 SM1.1。如果移位结果为 0，零标志位 SM1.0 置 1。

☐ 表 6-12 移位指令格式及功能

LAD	SHL_B EN ENO IN OUT N SHR_B EN ENO IN OUT N	SHL_W EN ENO IN OUT N SHR_W EN ENO IN OUT N	SHL_DW EN ENO IN OUT N SHR_DW EN ENO IN OUT N
STL	SLB OUT,N SRB OUT,N	SLW OUT,N SRW OUT,N	SLD OUT,N SRD OUT,N
操作数及数据类型	IN：VB、IB、QB、MB、SB、SMB、LB、AC，常数，*VD、*LD*AC OUT：VB、IB、QB、MB、SB、SMB、LB、AC，*VD、*LD*AC 数据类型：字节	IN：VW、IW、QW、MW、SW、SMW、LW、T、C、AIW、AC，常数，*VD、*LD*AC OUT：VW、IW、QW、MW、SW、SMW、T、C、LW、AC、*VD、*LD*AC 数据类型：字	IN：VD、ID、QD、MD、SD、SMD、LD、AC、HC，常数，*VD、*LD*AC OUT：VD、ID、QD、MD、SD、SMD、LD、AC、*VD、*LD*AC 数据类型：双字
	N：VB、IB、QB、MB、SB、SMB、LB、AC，常数，*VD、*LD*AC；数据类型：字节；数据范围：N≤数据类型（B、W、D）对应的位数		
功能	SHL：字节、字、双字左移 N 位；SHR：字节、字、双字右移 N 位		

说明：在 STL 指令中，若 IN 和 OUT 指定的存储器不同，则需首先使用数据传送指令 MOV 将 IN 中的数据送入 OUT 所指定的存储单元。

如：MOVB IN，OUT

SLB OUT，N

6.6.2　循环左、右移位指令

循环移位将移位数据存储单元的首尾相连，同时又与溢出标志 SM1.1 连接，SM1.1 用来存放被移出的位。指令格式及功能见表 6-13。

（1）循环左移位指令（ROL）

使能输入有效时，将 IN 输入无符号数（字节、字或双字）循环左移 N 位后，将结果输出到 OUT 所指定的存储单元中，移出的最后一位的数值送溢出标志位 SM1.1。当需要移位的数值是零时，零标志位 SM1.0 为 1。

（2）循环右移位指令（ROR）

使能输入有效时，将 IN 输入无符号数（字节、字或双字）循环右移 N 位后，将结果输出到 OUT 所指定的存储单元中，移出的最后一位的数值送溢出标志位 SM1.1。当需要移位的数值是零时，零标志位 SM1.0 为 1。

（3）移位次数 N≥数据类型（B、W、D）时的移位位数的处理

如果操作数是字节，当移位次数 N≥8 时，则在执行循环移位前，先对 N 进行模 8 操作（N 除以 8 后取余数），其结果 0～7 为实际移动位数。

如果操作数是字，当移位次数 N≥16 时，则在执行循环移位前，先对 N 进行模 16 操作（N 除以 16 后取余数），其结果 0～15 为实际移动位数。

如果操作数是双字，当移位次数 N≥32 时，则在执行循环移位前，先对 N 进行模 32 操作（N 除以 32 后取余数），其结果 0～31 为实际移动位数。

⊡ 表 6-13　循环左、右移位指令格式及功能

LAD	ROL_B EN　ENO IN　OUT N ROR_B EN　ENO IN　OUT N	ROL_W EN　ENO IN　OUT N ROR_W EN　ENO IN　OUT N	ROL_DW EN　ENO IN　OUT N ROR_DW EN　ENO IN　OUT N
STL	RLB　OUT，N RRB　OUT，N	RLW　OUT，N RRW　OUT，N	RLD　OUT，N RRD　OUT，N
操作数 及数据 类型	IN：VB,IB,QB,MB,SB,SMB, LB,AC,常数,＊VD,＊LD＊AC OUT：VB、IB、QB、MB、SB、 SMB,LB,AC,＊VD,＊LD＊AC 数据类型：字节	IN：VW,IW,QW,MW,SW, SMW,LW,T,C,AIW,AC,常 数,＊VD,＊LD＊AC OUT：VW、IW、QW、MW、 SW、SMW、T、C、LW、AC、 ＊VD,＊LD＊AC 数据类型：字	IN：VD,ID,QD,MD,SD,SMD, LD,AC,HC,常数,＊VD,＊LD＊AC OUT：VD、ID、QD、MD、SD、SMD, LD,AC,＊VD,＊LD＊AC 数据类型：双字
	N：VB,IB,QB,MB,SB,SMB,LB,AC,常数,＊VD,＊LD＊AC;数据类型：字节		
功能	SHL：字节、字、双字循环左移 N 位;SHR：字节、字、双字循环右移 N 位		

说明：在 STL 指令中，若 IN 和 OUT 指定的存储器不同，则需首先使用数据传送指令 MOV 将 IN 中的数据送入 OUT 所指定的存储单元。

如：MOVB IN，OUT

　　SLB OUT，N

[例 6-10] 将 AC0 中的字循环右移 2 位，将 VW200 中的字左移 3 位。程序及运行结果如图 6-14 所示。

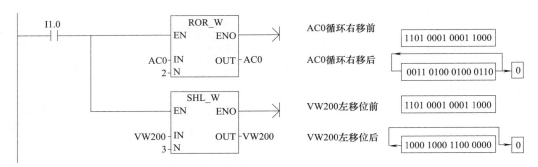

图 6-14 例 6-10 程序及运行结果

[例 6-11] 用 I0.0 控制接在 Q0.0~Q0.7 上的 8 个彩灯循环移位，从左到右以 0.5s 的速度依次点亮，保持任意时刻只有一个指示灯亮，到达最右端后，再从左到右依次点亮。

分析：8 个彩灯循环移位控制，可以用字节的循环移位指令。根据控制要求，首先应置彩灯的初始状态为 QB0＝1，即左边第一盏灯亮；接着灯从左到右以 0.5s 的速度依次点亮，即要求字节 QB0 中的 "1" 用循环左移位指令每 0.5s 移动一位，因此需在 ROL_B 指令的 EN 端接一个 0.5s 的移位脉冲（可用定时器指令实现）。梯形图程序和语句表程序如图 6-15 所示。

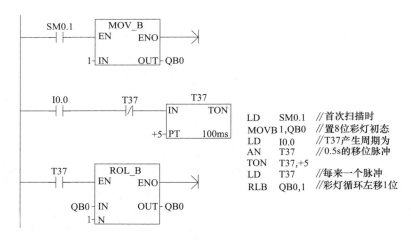

```
LD    SM0.1      //首次扫描时
MOVB  1,QB0      //置8位彩灯初态
LD    I0.0       //T37产生周期为
AN    T37        //0.5s的移位脉冲
TON   T37,+5
LD    T37        //每来一个脉冲
RLB   QB0,1      //彩灯循环左移1位
```

图 6-15 例 6-11 程序

6.6.3 移位寄存器指令

移位寄存器指令是可以指定移位寄存器的长度和移位方向的移位指令。其指令格式如图 6-16 所示。

说明：

① 移位寄存器指令 SHRB 将 DATA 数值移入移位寄存器。在梯形图中，EN 为使能输入端，连接移位脉冲信号，每次使能有效时，整个移位寄存器移动 1 位。DATA 为数据输入端，连接移入移位寄存器的二进制数值，执行指令时将该位的值移入寄存器。S_BIT 指定移位寄存器的最低位。N 指定移位寄存器的长度和移位方向，移位寄存器的最大长度

图 6-16　移位寄存器指令格式

为 64 位，N 为正值表示左移位，输入数据（DATA）移入移位寄存器的最低位（S_BIT），并移出移位寄存器的最高位。移出的数据被放置在溢出内存位（SM1.1）中。N 为负值表示右移位，输入数据移入移位寄存器的最高位中，并移出最低位（S_BIT），移出的数据被放置在溢出内存位（SM1.1）中。

② DATA 和 S_BIT 的操作数为 I、Q、M、SM、T、C、V、S、L。数据类型为：BOOL 变量。N 的操作数为 VB、IB、QB、MB、SB、SMB、LB、AC、常量。数据类型为：字节。

③ 移位指令影响特殊内部标志位：SM1.1（为移出的位值设置溢出位）。

移位寄存器应用举例。程序及运行结果如图 6-17 所示。

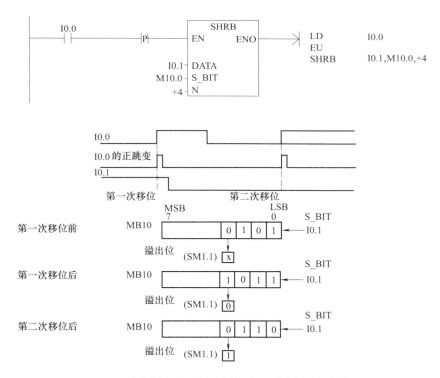

图 6-17　移位指令梯形图、语句表、时序图及运行结果

[例 6-12]　用 PLC 构成喷泉的控制，用灯 L1～L12 分别代表喷泉的 12 个喷水柱。

（1）控制要求：按下启动按钮后，隔灯闪烁，L1 亮 0.5s 后灭，接着 L2 亮 0.5s 后灭，接着 L3 亮 0.5s 后灭，接着 L4 亮 0.5s 后灭，接着 L5、L9 亮 0.5s 后灭，接着 L6、L10 亮 0.5s 后灭，接着 L7、L11 亮 0.5s 后灭，接着 L8、L12 亮 0.5s 后灭，接着 L1 亮 0.5s 后灭，

如此循环下去，直至按下停止按钮。如图 6-18 所示。

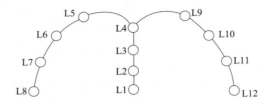

图 6-18 喷泉控制示意图

（2）I/O 分配

输入	输出	
（动合）启动按钮：I0.0	L1：Q0.0	L5、L9：Q0.4
（动断）停止按钮：I0.1	L2：Q0.1	L6、L10：Q0.5

（3）喷泉控制梯形图

梯形图程序如图 6-19 所示。

分析：应用移位寄存器控制，根据喷泉来模拟控制的 8 位输出（Q0.0～Q0.7），需指定一个 8 位的移位寄存器（M10.1～M11.0），移位寄存器的 S_BIT 位为 M10.1，并且移位寄存器的每一位对应一个输出。

在移位寄存器指令中，EN 连接移位脉冲，每来一个脉冲的上升沿，移位寄存器移动一位。移位寄存器应 0.5s 移一位，因此需要设计一个 0.5s 产生一个脉冲的脉冲发生器（由 T38 构成）。

M10.0 为数据输入端 DATA，根据控制要求，每次只有一个输出，因此只需要在第一

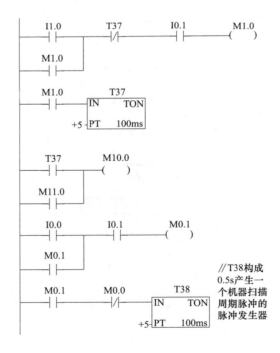

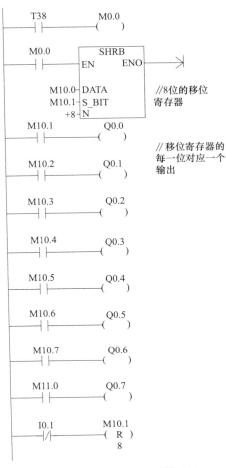

图 6-19 喷泉模拟控制梯形图

个移位脉冲到来时由 M10.0 送入移位寄存器 S_BIT 位 (M10.1) 一个 "1",第二个脉冲至第八个脉冲到来时由 M10.0 送入 M10.1 的值均为 "0",这在程序中由定时器 T37 延时 0.5s 导通一个扫描周期来实现,第八个脉冲到来时,M11.0 置位为 1,同时通过与 T37 并联的 M11.0 常开触点使 M10.0 置位为 1,在第九个脉冲到来时,由 M10.0 送入 M10.1 的值又为 1,如此循环下去,直至按下停止按钮。按下动断停止按钮 (10.1),其对应的常闭触点接通,触发复位指令,使 M10.1~M11.0 的 8 位全部复位。

6.7 数据转换指令

转换指令是对操作数的类型进行转换,并输出到指定目标地址中去。转换指令包括数据的类型转换、数据的编码和译码指令以及字符串类型转换指令。

不同功能的指令对操作数的要求不同。类型转换指令可将固定的一个数据用到不同类型要求的指令中,包括字节与字整数之间的转换,字整数与双字整数之间的转换,双字整数与实数之间的转换,BCD 码与整数之间的转换等。

6.7.1　字节与字整数之间的转换

字节型数据与字整数之间转换的指令格式及功能如表 6-14 所示。

▣ 表 6-14　字节型数据与字整数之间转换指令格式及功能

LAD	B_I ─ EN　　　ENO ─ ─ IN　　　OUT ─	I_B ─ EN　　　ENO ─ ─ IN　　　OUT ─
STL	BTI IN,OUT	ITB IN,OUT
操作数 及数据 类型	IN：VB、IB、QB、MB、SB、SMB、LB、AC、常数、 * VD、* LD * AC 　数据类型：字节 OUT：VW、IW、QW、MW、SW、SMW、T、C、LW、 AC、* VD、* LD * AC 　数据类型：整字	IN：VW、IW、QW、MW、SW、SMW、LW、T、C、AIW、 AC、常量、* VD、* LD * AC 　OUT：VB、IB、QB、MB、SB、SMB、LB、AC、* VD、 * LD * AC 　数据类型：字节
功能及 说明	BTI 指令将字节数值（IN）转换为整数值，并将结 果置入 OUT 指定的存储单元。因为字节不带符 号，所以无符号扩展	BTI 指令将字节数值（IN）转换为字节，并将结果置 入 OUT 指定的存储单元。输入的字整数 0 至 255 被 转换。超出部分导致溢出，SM1.1=1。输出不受影响

6.7.2　字整数与双字整数之间的转换

字整数与双字整数之间的转换指令格式及功能，如表 6-15 所示。

▣ 表 6-15　字整数与双字整数之间的转换指令格式及功能

LAD	I_DI ─ EN　　　ENO ─ ─ IN　　　OUT ─	DI_I ─ EN　　　ENO ─ ─ IN　　　OUT ─
STL	ITD IN,OUT	DTI IN,OUT
操作数 及数据 类型	IN：VW、IW、QW、MW、SW、SMW、LW、T、C、 AIW、AC、常数、* VD、* LD * AC 　数据类型：整数 OUT：VD、ID、QD、MD、SD、SMD、LD、AC、 * VD、* LD * AC 　数据类型：双整数	IN：VD、ID、QD、MD、SD、SMD、LD、HC、AC、常数、 * VD、* LD * AC 　数据类型：双整数 OUT：VW、IW、QW、MW、SW、SMW、LW、T、C、 AC、* VD、* LD * AC 　数据类型：整数
功能及 说明	ITD 指令将整数值（IN）转换为双整数值，并将结 果置入 OUT 指定的存储单元。符号被扩展	DTI 指令将双整数值（IN）转换为整数值，并将结果 置入 OUT 指定的存储单元。如果转换数值过大，则无 法在输出中表达，产生溢出 SM1.1=1，输出不受影响

6.7.3　双字整数与实数之间的转换

双字整数与实数之间的转换指令格式及功能，如表 6-16 所示。

⊡ 表 6-16　双字整数与实数之间的转换指令格式及功能

LAD	DI_R EN ENO IN OUT	ROUND EN ENO IN OUT	TRUNC EN ENO IN OUT
STL	DTR IN,OUT	ROUND IN,OUT	TRUNC IN,OUT
操作数及数据类型	IN:VD,ID,QD,MD,SD,SMD,LD,HC,AC,常数,＊VD,＊LD＊AC 数据类型:双整数 OUT:VD,ID,QD,MD,SD,SMD,LD,AC,＊VD,＊LD＊AC 数据类型:双整数	IN:VD,ID,QD,MD,SD,SMD,LD,AC,＊VD,＊LD＊AC,常数 数据类型:实数 OUT:VD,ID,QD,MD,SD,SMD,LD,AC,＊VD,＊LD＊AC 数据类型:双整数	IN:VD,ID,QD,MD,SD,SMD,LD,AC,常数,＊VD,＊LD＊AC 数据类型:实数 OUT:VD,ID,QD,MD,SD,SMD,LD,AC,＊VD,＊LD＊AC 数据类型:双整数
功能及说明	DTR 指令将 32 位带符号整数 IN 转换成 32 位实数,并将结果置入 OUT 指定的存储单元	ROUND 指令按小数部分四舍五入的原则,将实数(IN)转换成双整数值,并将结果置入 OUT 指定的存储单元	TRUNC(截位取整)指令按将小数部分直接舍去的原则,将 32 位实数(IN)转换成 32 位双整数,并将结果置入 OUT 指定存储单元

值得注意的是：不论是四舍五入取整，还是截位取整，如果转换的实数数值过大，无法在输出中表示，则产生溢出，即影响溢出的标志位，使 SM1.1＝1，输出不受影响。

［例 6-13］　将英寸转换成厘米，已知 C10 的当前值为英寸的计数值，1 英寸＝2.54 厘米。

分析：将英寸转换为厘米的步骤为：将 C10 中的整数值英寸→双整数英寸→实数英寸→实数厘米→整数厘米。参考程序如图 6-20 所示。

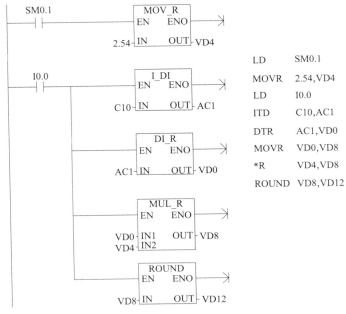

LD　　 SM0.1
MOVR　2.54,VD4
LD　　 I0.0
ITD　　C10,AC1
DTR　　AC1,VD0
MOVR　VD0,VD8
＊R　　 VD4,VD8
ROUND VD8,VD12

图 6-20　将英寸转换为厘米参考程序

[例 6-14] 将 VW10 中的整数与 VD100 中的实数 190.5 相加。程序如图 6-21 所示。

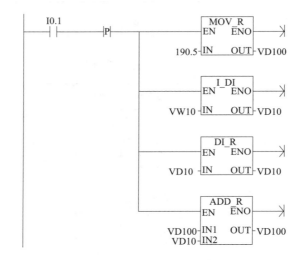

图 6-21 例 6-14 梯形图

6.7.4 BCD 码与整数的转换

BCD 码与整数之间的转换指令格式及功能，如表 6-17 所示。

⊡ **表 6-17 BCD 码与整数之间的转换指令格式及功能**

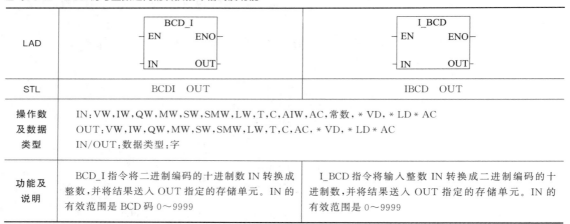

LAD	BCD_I ⟨EN ENO / IN OUT⟩	I_BCD ⟨EN ENO / IN OUT⟩
STL	BCDI OUT	IBCD OUT
操作数及数据类型	IN:VW,IW,QW,MW,SW,SMW,LW,T,C,AIW,AC,常数,＊VD,＊LD＊AC OUT:VW,IW,QW,MW,SW,SMW,LW,T,C,AC,＊VD,＊LD＊AC IN/OUT:数据类型:字	
功能及说明	BCD_I 指令将二进制编码的十进制数 IN 转换成整数,并将结果送入 OUT 指定的存储单元。IN 的有效范围是 BCD 码 0～9999	I_BCD 指令将输入整数 IN 转换成二进制编码的十进制数,并将结果送入 OUT 指定的存储单元。IN 的有效范围是 0～9999

注意：

① 数据长度为字的 BCD 码格式的有效范围为：0～9999（十进制），0000～9999（十六进制），0000 0000 0000 0000～1001 1001 1001 1001（BCD 码）。

② 指令影响特殊标志位 SM1.6（无效 BCD）。

③ 在表 6-17 的 LAD 和 STL 指令中，IN 和 OUT 的操作数地址相同。若 IN 和 OUT 操作数地址不是同一个存储器，对应的语句表指令为：

MOV IN OUT

BCDI OUT

译码和编码指令的格式和功能如表 6-18 所示。

LAD	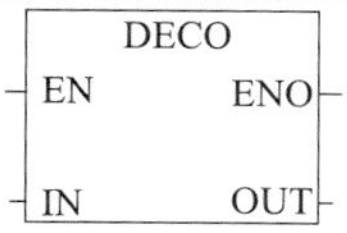 DECO ─EN ENO─ ─IN OUT─	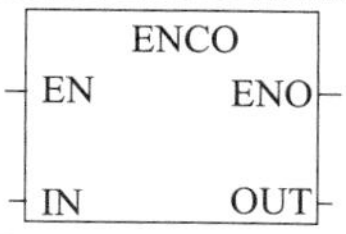 ENCO ─EN ENO─ ─IN OUT─
STL	DECO IN,OUT	ENCO IN,OUT
操作数 及数据 类型	IN:VB,IB,QB,MB,SMB,LB,SB,AC,常数, * VD,* LD * AC 数据类型:字节 OUT:VW,IW,QW,MW,SW,SMW,T,C,LW, AC,* VD,* LD * AC 数据类型:字	IN:VW,IW,QW,MW,SW,SMW,LW,T,C,AIW, AC,常数,* VD,* LD * AC 数据类型:字 OUT:VB,IB,QB,MB,SB,SMB,LB,AC,常数, * VD,* LD * AC 数据类型:字节
功能及 说明	译码指令根据输入字节(IN)的低 4 位表示的输出字的位号,将输出字的相对应的位,置位为 1,输出字的其它位均置位为 0	编码指令将输入字(IN)最低有效位(其值为 1)的位号写入输出字节(OUT)的低 4 位中

译码编码指令应用举例,程序如图 6-22 所示。

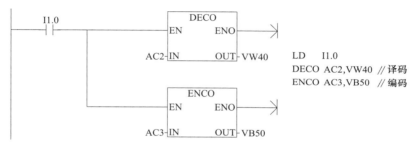

```
LD    I1.0
DECO  AC2,VW40  //译码
ENCO  AC3,VB50  //编码
```

图 6-22　译码编码指令应用举例程序

若(AC2)=2,执行译码指令,则将输出字 VW40 的第二位置 1,VW40 中的二进制数为 2♯0000 0000 0000 0100;若(AC3)=2♯0000 0000 0000 0100,执行编码指令,则输出字节 VB50 中的错误码为 2。

6.7.5　七段显示译码指令

七段显示器的 abcdefg 段分别对应于字节的第 0 位～第 6 位,字节的某位为 1 时,其对应的段亮;输出字节的某位为 0 时,其对应的段暗。将字节的第 7 位补 0,则构成与七段显示器相对应的 8 位编码,称为七段显示码。数字 0~9、字母 A～F 与七段显示码的对应如图 6-23 所示。

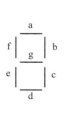

IN	段显示	(OUT) ─gfe	dcba		IN	段显示	(OUT) ─gfe	dcba
0	0	0011	1111		8	8	0111	1111
1	1	0000	0110		9	9	0110	0111
2	2	0101	1011		A	A	0111	0111
3	3	0100	1111		B	b	0111	1100
4	4	0110	0110		C	C	0011	1001
5	5	0110	1101		D	d	0101	1110
6	6	0111	1101		E	E	0111	1001
7	7	0000	0111		F	F	0111	0001

图 6-23　数字 0-9、字母 A-F 与七段显示码的对应图

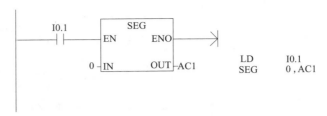

图 6-24 显示数字 0 的七段显示码的程序

七段译码指令 SEG 将输入字节 16♯0～F 转换成七段显示码。指令格式及功能如表 6-19 所示。显示数字 0 的七段显示码的程序如图 6-24 所示。

程序运行结果为 AC1 中的值为 16♯3F（2♯0011 1111）。

表 6-19 七段显示译码指令格式及功能

LAD	STL	功能及操作数
SEG EN ENO IN OUT	SEG IN,OUT	功能：将输入字节（IN）的低四位确定的 16 进制数（16♯0～ F），产生相应的七段显示码，送入输出字节 OUT IN：VB,IB,QB,MB,SB,SMB,LB,AC, * VD, * LD, * AC,常量 OUT：VB,IB,QB,MB,SMB,LB. AC * VD, * LD, * AC IN/OUT 的数据类型：字节

6.7.6 ASCII 码与十六进制数之间的转换指令

ASCII 码与十六进制数之间转换指令的格式和功能如表 6-20 所示。

表 6-20 ASCII 码与十六进制之间转换指令的格式和功能

LAD	ATH EN ENO IN OUT LEN	HTA EN ENO IN OUT LEN
STL	ATH IN,OUT,LEN	HTA IN,OUT,LEN
操作数 及数据 类型	IN/OUT：VB,IB,QB,MB,SB,SMB,LB, * VD, * LD, * AC。数据类型：字节 LEN：VB,IB,QB,MB,SMB,LB,SB,AC, * VD, * LD, * AC,常量。数据类型：字节。最大值为 255	
功能及 说明	ASCII 至 HEX（ATH）指令将从 IN 开始的长度为 LEN 的 ASCII 字符转换成十六进制数,放入从 OUT 开始的存储单元	HEX 至 ASCII（HTA）指令将从输入字节（IN）开始的长度为 LEN 的十六进制数转换为 ASCLL 字符,放入从 OUT 开始的存储单元
ENO＝0 的 错误条件	0006 间接地址,SM4.3 运行时间,0091 操作数范围超界 SM1.7 非法 ASCLL 数值(仅限 ATH)	

注意：合法的 ASCII 码对应的十六进制数包括 30H～39H，41H～46H。如果在 ATH 指令的输入中包含非法的 ASCII 码，则终止转换操作，特殊内部标志位 SM1.7 置位为 1。

将 VB10～VB12 中存放的 3 个 ASCII 码 33、45、41 转换成十六进制数。梯形图和语句表程序及程序运行结果如图 6-25 所示。

图 6-25　显示数字 0 的七段显示码的程序

可见将 VB10～VB12 中存放的 3 个 ASCII 码 33、45、41，转换成十六进制数 3E 和 Ax，放在 VB20 和 VB21 中，"x"表示 VB21 的"半字节"，即低四位的值未改变。

6.8　表功能指令

数据表是用来存放字型数据的表格，如图 6-26 所示。

表格的第一个字地址即首地址，为表地址。首地址中的数值是表格的最大长度（TL），即最大填表数。表格的第二个字地址中的数值是表的实际长度（EC），即指定表格中的实际填表数，每次向表格中增加新数据后，EC 加 1，从第三个字地址开始，存放数据（字），表格最多可存放 100 个数据（字），其中不包括指定最大填表数（TL）和实际填表数（EC）的参数。

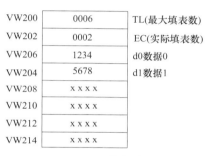

图 6-26　数据表

要建立表格，首先需确定表的最大填表数。如图 6-27 所示。

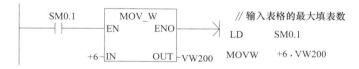

图 6-27　输入表格的最大填表数图

确定表格的最大填表数后，可用表功能指令在表中存取字型数据。表功能指令包括填表指令、表取数指令、表查找指令、字填充指令。所有的表格读取和表格写入指令必须用边缘触发指令激活。

6.8.1　填表指令

填表（ATT）指令：向表格（TBL）中增加一个字（DATA）。如图 6-28 所示。

图 6-28　填表指令的格式

说明：

① DATA 为数据输入端，其操作数为：VW，IW，QW，MW，SW，SMW，LW，T，C，AIW，AC，常量，＊VD，＊LD，＊AC；数据类型为：整数。

② TBL 为表格的首地址，其操作数为：VW，IW，QW，MW，SW，SMW，LW，T，

C，＊VD，＊LD，＊AC；数据类型为：字。

③ 指令执行后，新填入的数据放在表格中最后一个数据的后面，EC的值自动加1。

④ 使ENO＝0的错误条件：0006（间接地址），0091（操作数超出范围），SM1.4（表溢出），SM4.3（运行时间）。

⑤ 填表指令影响特殊标志位：SM1.4（填入表的数据超出表的最大长度，SM1.4＝1）。

例将VW100中的数据1111，填入首地址是VW200的数据表中。程序及运行结果如图6-29所示。

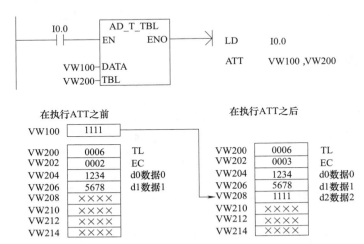

图6-29 将VW100中的数据1111填入首地址是VW200的数据表程序及运行结果

6.8.2 表取数指令

从数据表中取数有先进先出（FIFO）和后进先出（LIFO）两种。执行表取数指令后，实际填表数EC值自动减1。

先进先出指令（FIFO）：移出表格（TBL）中的第一个数（数据0），并将该数值移至DATA指定存储单元，表格中的其它数据依次向上移动一个位置。

后进先出指令（LIFO）：将表格（TBL）中的最后一个数据移至输出端DATA指定的存储单元，表格中的其它数据位置不变。

表取数指令格式及功能如表6-21所示。

▫ 表6-21　表取数指令格式及功能

LAD	FIFO — EN ENO — — TBL DATA —	LIFO — EN ENO — — TBL DATA —
STL	FIFO TBL,DATA	LIFO TBL,DATA
说明	输入端TBL为数据表的首地址,输出端DATA为存取数值的存储单元	
操作数 及数据 类型	TBL：VW,IW,QW,MW,SW,SMW,LW,T,C,＊VD,＊LD,＊AC 数据类型：字 DATA：VW,IW,QW,MW,SW,SMW,LW,AC,T,C,AQW,＊VD,＊LD,＊AC 数据类型：整数	

使 ENO＝0 的错误条件：0006（间接地址），0091（操作数超出范围），SM1.5（空表）
SM4.3（运行时间）。

对特殊标志位的影响：SM1.5（试图从空表中取数，SM1.5＝1）。

例如从图 6-29 的数据表中，用 FIFO、LIFO 指令取数，将取出的数值分别放入
VW300、VW400 中，程序及运行结果如图 6-30 所示。

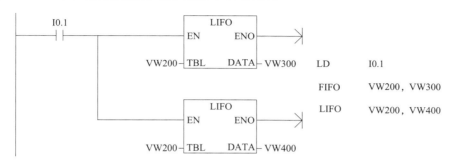

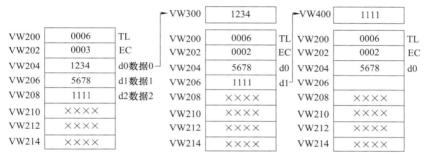

图 6-30 用 FIFO、LIFO 指令取数程序及运行结果

6.8.3　表查找指令

表格查找（TBL_FIND）指令在表格（TBL）中搜索符合条件的数据在表中的位置（用
数据编号表示，编号范围为 0～99）。其指令格式如图 6-31 所示。

① 梯形图中各输入端的介绍

TBL：为表格的实际填表数对应的地址（第二个字地址），即高于对应的"增加至表格"
"后入先出"或"先入先出"指令 TBL 操作数的一个字地址（两个字节）。TBL 操作数：
VW、IW、QW、MW、SMW、LW、T、C、AC、AIW、* VD、* LD、* AC。数据类
型：字。

PTN 操作数：VW、IW、QW、MW、SW、SMW、AIW、LW、T、C、AC、常量、
* VD、* LD、* ACO 数据类型：整数。

INDX：搜索指针，即从 INDX 所指的数据编号开始查找，并将搜索到的符合条件的数
据的编号放入 INDX 所指定的存储器。INDX 操作数：VW、IW、QW、MW、SW、SMW、
LW、T、C、AC、* VD、* LD、* AC。数据类型：字。

CMD：比较运算符，其操作数为常量 1～4，分别代表＝、<>、<、>。数据类型：
字节。

② 功能说明：表格查找指令搜索表格时，从 INDX 指定的数据编号开始，寻找与数据

PTN 的关系满足 CMD 比较条件的数据。参数如果找到符合条件的数据，则 INDX 的值为该数据的编号。要查找下一个符合条件的数据，再次使用"表格查找"指令之前需将 INDX 加 1，如果没有找到符合条件的数据，INDX 的数值等于实际填表数 EC。一个表格最多可有 100 个数据，数据编号范围为：0～99。若将 INDX 的值设为 0，则从表格的顶端开始搜索。

③ 使 ENO＝0 的错误条件：SM4.3（运行时间），0006（间接地址），0091（操作数超出范围）。例如从 EC 地址为 VW202 的表中查找等于 16♯2222 的数。程序及数据表如图 6-32 所示。

为了从表格的顶端开始搜索，AC1 的初始值为 0，在查表指令执行后 AC1＝1，找到符合条件的数据 1 后继续向下查找，先将 AC1 加 1，再激活表查找指令，从表中符合条件的数据 1 的下一个数据开始查找，第二次执行查表指令后，AC1＝4，找到符合条件的数据 4，继续向下查找，将 AC1 再加 1，再激活表查找指令，从表中符合条件的数据 4 的下一个数据开始查找，第三次执行表查找指令后，没有找到符合条件的数据，AC1＝6（实际填表数）。

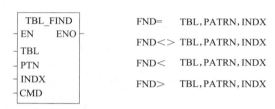

图 6-31　表格查找指令格式

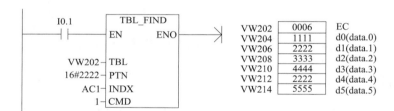

图 6-32　表格查找指令的应用

6.8.4　字填充指令

字填充（FILL）指令用输入 IN 存储器中的字值写入输出 OUT 开始的 N 个连续的字存储单元中。N 的数据范围：1～255。其指令格式如图 6-33 所示。说明如下。

① IN 为字型数据输入端，操作数为：VW、IW、QW、MW、SW、SMW、LW、T、C、AIW、AC、常量、∗VD、∗LD、∗AC。数据类型为：整数。

N 的操作数为：VB、IB、QB、MB、SB、SMB、LB、AC、常量、∗VD、∗LD、∗AC。数据类型：字节。

OUT 的操作数为：VW、IW、QW、MW、SW、SMW、LW、T、C、AQW、∗VD、∗LD、∗AC。数据类型：整数。

② 使 ENO＝0 的错误条件：SM4.3（运行时间），0006（间接地址），0091（操作数超出范围）。

例如，将 0 填入 VW0～VW18（10 个字）。程序及运行结果如图 6-34 所示。

从图 6-34 中可以看出程序运行结果将从 VW0 开始的 10 个字（20 个字节）的存储单元清零。

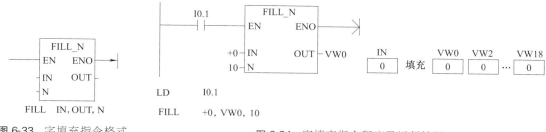

图 6-33 字填充指令格式   图 6-34 字填充指令程序及运行结果

6.9 时钟指令

利用时钟指令可以实现调用系统实时时钟或根据需要设定时钟的功能，这对控制系统运行的监视、运行记录及和实时时间有关的控制等都十分方便。时钟指令有两条：读实时时钟和设定实时时钟。指令格式及功能如表 6-22 所示。

表 6-22 读实时时钟和设定实时时钟指令格式及功能

LAD	STL	功能及操作数
READ_RTC EN ENO T	TODR T	读取实时时钟指令：系统读取实时时钟当前时间和日期，并将其载入以地址 T 起始的 8 个字节的缓冲区
SET_RTC EN ENO T	TODW T	设定实时时钟指令：系统将包含当前时间和日期以地址 T 起始的 8 个字节的缓冲区装入 PLC 的时钟

输入/输出 T 的操作数：VB,IB,QB,MB,SB,SMB,LB,＊VD,＊AC,＊LD；数据类型：字节

指令使用说明：

① 8 个字节缓冲区（T）的格式如表 6-23 所示。所有日期和时间值必须采用 BCD 码表示，例如：对于年，仅使用年份最低的两个数字，16♯05 代表 2005 年；对于星期，1 代表星期日，2 代表星期一，7 代表星期六，0 表示禁用星期。

② S7-200 SMART CPU 不接受无效日期（例如：2 月 30 日），否则会出现非致命性错误（0007），因此，必须确保输入正确的日期。

③ 不能同时在主程序和中断程序中使用 TODR/TODW 指令，否则，将产生非致命错误（0007），此时 SM4.3 置 1。

④ 对于没有使用过时钟指令或长时间断电或内存丢失后的 PLC，在使用时钟指令前，要通过 STEP-7 软件"PLC"菜单对 PLC 时钟进行设定，然后才能开始使用时钟指令。时钟可以设定成与 PC 系统时间一致，也可用 TODW 指令自由设定。

地址	T	T+1	T+2	T+3	T+4	T+5	T+6	T+7
含义	年	月	日	小时	分钟	秒	0	星期
范围	00~99	01~12	01~31	00~23	00~59	00~59		0~7

[例 6-15]　编写程序，要求读时钟并以 BCD 码显示秒钟，程序如图 6-35 所示。

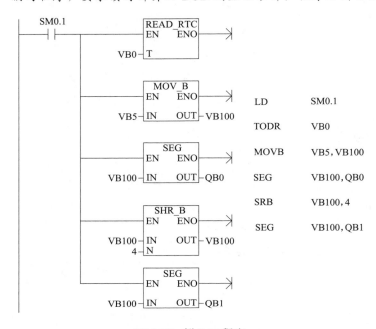

```
LD      SM0.1
TODR    VB0
MOVB    VB5,VB100
SEG     VB100,QB0
SRB     VB100,4
SEG     VB100,QB1
```

图 6-35　例 6-15 程序

说明：时钟缓冲区从 VB0 开始，VB5 中存放着秒钟，第一次用 SEG 指令将字节 VB100 的秒钟低四位转换成七段显示码由 QB0 输出，接着用右移位指令将 VB100 右移四位，将其高四位变为低四位，再次使用 SEG 指令，将秒钟的高四位转换成七段显示码由 QB1 输出。

[例 6-16]　编写程序，要求控制灯的定时接通和断开。要求 18：00 时开灯，06：00 时关灯。时钟缓冲区从 VB0 开始。程序如图 6-36 所示。

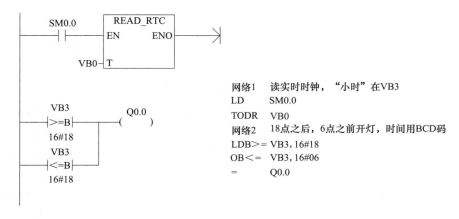

```
网络1    读实时时钟，"小时"在VB3
LD      SM0.0
TODR    VB0
网络2    18点之后，6点之前开灯，时间用BCD码
LDB>=   VB3,16#18
OB<=    VB3,16#06
=       Q0.0
```

图 6-36　例 6-16 梯形图

6.10 程序控制类指令

程序控制类指令使程序结构灵活，合理使用该指令可以优化程序结构，增强程序功能。这类指令主要包括：结束、停止、看门狗、跳转、子程序、循环和顺序控制等指令。

6.10.1 结束指令

结束指令分为有条件结束指令（END）和无条件结束指令（MEND）。两条指令在梯形图中以线圈形式编程。指令不含操作数。执行结束指令后，系统终止当前扫描周期，返回主程序起点。使用说明如下。

① 结束指令只能用在主程序中，不能在子程序和中断程序中使用。而有条件结束指令可用在无条件结束指令前结束主程序。

② 在调试程序时，在程序的适当位置置入无条件结束指令可实现程序的分段调试。

③ 可以利用程序执行的结果状态、系统状态或外部设置切换条件来调用有条件结束指令，使程序结束。

④ 使用 Micro/Win32 编程时，编程人员不需手工输入无条件结束指令，该软件会自动在内部加上一条无条件结束指令到主程序的结尾。

6.10.2 停止指令

STOP 指令有效时，可以使主机 CPU 的工作方式由 RUN 切换到 STOP，从而立即中止用户程序的执行。STOP 指令在梯形图中以线圈形式编程，指令不含操作数。

STOP 指令可以用在主程序、子程序和中断程序中。如果在中断程序中执行 STOP 指令，则中断处理立即中止，并忽略所有挂起的中断，继续扫描程序的剩余部分，在本次扫描周期结束后，完成将主机从 RUN 到 STOP 的切换。

STOP 和 END 指令通常在程序中用来对突发紧急事件进行处理，以避免实际生产中的意外损失。

6.10.3 看门狗复位指令

WDR 称为看门狗复位指令，也称为警戒时钟刷新指令。它可以把警戒时钟刷新，即延长扫描周期，从而有效地避免看门狗超时错误。WDR 指令在梯形图中以线圈形式编程，无操作数。

使用 WDR 指令时要特别小心，如果因为使用 WDR 指令而使扫描时间拖得过长（如在循环结构中使用 WDR），那么在中止本次扫描前，下列操作过程将被禁止：

① 通信（自由口除外）；

② I/O 刷新（直接 I/O 除外）；

③ 强制刷新；

④ SM 位刷新；

⑤ 运行时间诊断；

⑥ 中断程序中的 STOP 指令。

注意：如果希望扫描周期超过 300ms，或者希望中断时间超过 300ms，则最好用 WDR 指令来重新触发看门狗定时器。结束指令、停止指令和看门狗指令的用法如图 6-37 所示。

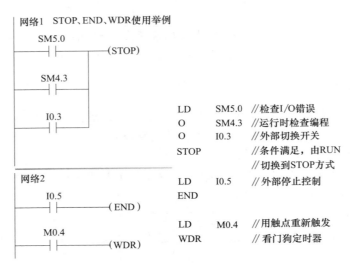

网络1   STOP、END、WDR使用举例

SM5.0
——(STOP)

SM4.3

I0.3

LD   SM5.0 //检查I/O错误
O   SM4.3 //运行时检查编程
O   I0.3   //外部切换开关
STOP   //条件满足，由RUN
             //切换到STOP方式

网络2

I0.5
——(END)

LD   I0.5   //外部停止控制
END

M0.4
——(WDR)

LD   M0.4   //用触点重新触发
WDR   // 看门狗定时器

图 6-37 结束、停止及看门狗指令用法

6.10.4　跳转及标号指令

跳转指令可以使 PLC 编程的灵活性大大提高，可根据对不同条件的判断，选择不同的程序段执行程序。

跳转指令 JMP（Jump to Label）：当输入端有效时，使程序跳转到标号处执行。

标号指令 LBL （ Label）：指令跳转的目标标号。操作数几为 0～255。

使用说明：

① 跳转指令和标号指令必须配合使用，而且只能使用在同一程序段中，如主程序、同一个子程序或同一个中断程序，不能在不同的程序段中互相跳转。

② 执行跳转后，被跳过程序段中的各元器件的状态：

a. Q、M、S、C 等元器件的位保持跳转前的状态；

b. 计数器 C 停止计数，当前值存储器保持跳转前的计数值；

c. 对定时器来说，因刷新方式不同而工作状态不同。在跳转期间，分辨率为 1ms 和 10ms 的定时器会一直保持跳转前的工作状态，原来工作的继续工作，到设定值后其位的状态也会改变，输出触点动作，其当前值存储器一直累计到最大值 32767 才停止。对分辨率为 100ms 的定时器来说，跳转期间停止工作但不会复位。存储器里的值为跳转时的值，跳转结束后，若输入条件允许，可继续计时，但也失去了准确计时的意义。所以在跳转段里的定时器要慎用，跳转指令的使用方法如图 6-38 所示。

6.10.5　循环指令

循环指令的引入为解决重复执行相同功能的程序段提供了极大方便，并且优化了程序结构。循环指令有两条：循环开始指令 FOR，用来标记循环体的开始，用指令盒表示；循环

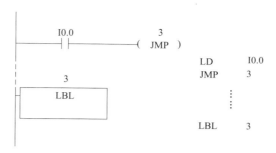

图 6-38　跳转指令使用方法

结束指令 NEXT，用来标记循环体的结束。无操作数。

　　FOR 和 NEXT 之间的程序段称为循环体，每执行一次循环体，当前计数值增 1，并且将其结果同终值作比较，如果大于终值，则终止循环。

　　循环开始指令盒中有三个数据输入端：当前循环计数 INDX、循环初值 INIT 和循环终值 FINAL。在使用时必须给 FOR 指令指定当前循环计数（INDX）、初值（INIT）和终值（FINAL）。

　　INDX 操作数：VW、IW、QW、MW、SW、SMW、LW、T、c、AC、＊VD、＊AC 和 ＊CD；属 INT 型。

　　INIT 和 FINAI 操作数：VW、IW、QW、MW、SW、SMW、LW、T、C、AC、常数、＊VD、＊AC 和 ＊CD；属 INT 型。

　　循环指令使用方法如图 6-40 所示。当 I1.0 接通时，表示为 A 的外层循环执行 100 次。当 I1.1 接通时，表示为 B 的内层循环执行 2 次，使用说明如下。

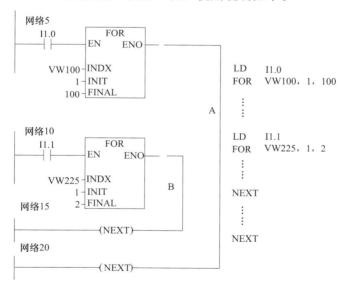

图 6-39　循环指令使用方法

① FOR、NEXT 指令必须成对使用。

② FOR 和 NEXT 可以循环嵌套，嵌套最多为 8 层，但各个嵌套之间不可有交叉现象。

③ 每次使能输入（EN）重新有效时，指令将自动复位各参数。

④ 初值大于终值时，循环体不被执行。

6.10.6 子程序

子程序在结构化程序设计中是一种方便有效的工具。S7-200 SMART PLC 的指令系统具有简单、方便、灵活的子程序调用功能。与子程序有关的操作有：建立子程序、子程序的调用和返回。

(1) 建立子程序

建立子程序是通过编程软件来完成的。可用编程软件"编辑"菜单中的"插入"选项，选择"子程序"，以建立或插入一个新的子程序，同时，在指令树窗口可以看到新建的子程序图标，默认的程序名是 SBR_N，编号 N 从 0 开始按递增顺序生成，也可以在图标上直接更改子程序的程序名，把它变为更能描述该子程序功能的名字。在指令树窗口双击子程序的图标就可进入子程序，并对它进行编辑。

(2) 子程序调用指令 CALL 和子程序条件返回指令 CRET

在子程序调用指令 CALL 使能输入有效时，主程序把程序控制权交给子程序。子程序的调用可以带参数，也可以不带参数。它在梯形图中以指令盒的形式编程。

在子程序条件返回指令 CRET 使能输入有效时，结束子程序的执行，返回到主程序中（此子程序调用的下一条指令）。梯形图中以线圈的形式编程，指令不带参数。

(3) 应用举例

图 6-40、图 6-41 所示的程序实现用外部控制条件分别调用两个子程序。使用说明如下。

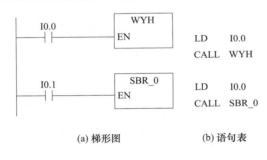

(a) 梯形图   (b) 语句表

图 6-40 子程序调用指令程序

① CRET 多用于子程序的内部，由判断条件决定是否结束子程序调用，RET 用于子程序的结束。用 Micro/Win32 编程时，编程人员不需要手工输入 RET 指令，而是由软件自动加在每个子程序结尾。

② 子程序嵌套，如果在子程序的内部又对另一子程序执行调用指令，则这种调用称为子程序的嵌套。子程序的嵌套深度最多为 8 级。

③ 当一个子程序被调用时，系统自动保存当前的堆栈数据，并把栈顶置为 1，堆栈中的其它值为 0，子程序占有控制权。子程序执行结束，通过返回指令自动恢复原来的逻辑堆栈值，调用程序又重新取得控制权。

④ 累加器可在调用程序和被调用子程序之间自由传递，所以累加器的值在子程序调用时既不保存也不恢复。

[例 6-17] 编写程序，要求可实现读写实时时钟，并使用 LED 数码管显示分钟，时钟缓冲区从 VB100 开始。

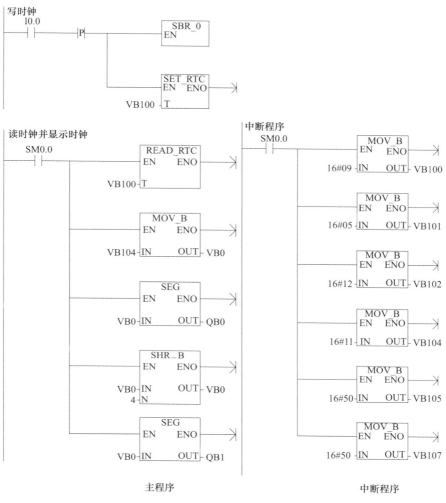

图 6-41 例 6-17 程序

6.11 中断指令

S7-200 SMART 设置了中断功能,用于实时控制、高速处理、通信和网络等复杂和特殊的控制任务。中断就是终止当前正在运行的程序,去执行为立即响应的信号而编制的中断服务程序,执行完毕再返回原先被终止的程序并继续运行。

6.11.1 中断源

(1) 中断源的类型

中断源即发出中断请求的事件,又叫中断事件。为了便于识别,系统给每个中断源都分配一个编号,称为中断事件号。S7-200 SMART CPU 最多可以使用 128 个中断,可处理的中断事件分为三大类:通信中断、输入/输出中断和时基中断。

① 通信中断　在自由口通信模式下,字符按收、接收完成、发送完成均可以产生中断

事件。用户通过编程控制通信端口的事件称为通信中断。

② I/O 中断　包括外部输入上升/下降沿中断、高速计数器中断和高速脉冲输出中断。S7-200 SMART PLC 用输入（I0.0、I0.1 I0.2 或 I0.3）上升/下降沿产生中断。这些输入点用于捕获在发生时必须立即处理的事件。高速计数器中断指对高速计数器运行时产生的事件实时响应，包括当前值等于预设值时产生的中断，计数方向的改变时产生的中断或计数器外部复位产生的中断。脉冲输出中断是指预定数目脉冲输出完成而产生的中断。

③ 时基中断　包括定时中断和定时器 T32/T96 中断。定时中断用于支持一个周期性的活动，周期时间从 1ms 至 255ms，时基是 1ms。使用定时中断 0，必须在 SMB34 中写入周期时间；使用定时中断 1，必须在 SMB35 中写入周期时间。将中断程序连接在定时中断事件上，若定时中断被允许，则计时开始，每当达到定时时间值，执行中断程序。定时中断可以用来对模拟量输入进行采样或定期执行 PID 回路。定时器 T32/T96 中断指允许对定时时间间隔产生中断。这类中断只能用时基为 1ms 的定时器 T32/T96 构成。T32 和 T96 定时器与其它定时器功能相同，只是在中断激活后，当 T32 和 T96 的当前值等于设定值时产生中断。

（2）中断优先级和排队等候

优先级是指多个中断事件同时发出中断请求时，CPU 对中断事件响应的优先次序。S7-200 SMART PLC 规定的中断优先由高到低依次是：通信中断、I/O 中断和定时中断。每类中断中不同的中断事件又有不同的优先级，如表 6-24 所示。

表 6-24　中断事件及优先级

优先级分组	组内优先级	中断事件号	中断事件说明	中断事件类别
通信中断	0	8	通信口 0：接收字符	通信口 0
	0	9	通信口 0：发送完成	
	0	23	通信口 0：接收信息完成	
	1	24	通信口 1：接收信息完成	通信口 1
	1	25	通信口 1：接收字符	
	1	26	通信口 1：发送完成	
I/O 中断	0	19	PTO0 脉冲串输出完成中断	脉冲输出
	1	20	PTO1 脉冲串输出完成中断	
	2	34	PTO2 脉冲串输出完成中断	
	3	0	I0.0 上升沿中断	外部输入
	4	2	I0.1 上升沿中断	
	5	4	I0.2 上升沿中断	
	6	6	I0.3 上升沿中断	
	7	35	I7.0 上升沿中断	
	8	37	I7.1 下降沿中断	
	9	1	I0.0 下降沿中断	
	10	3	I0.1 下降沿中断	
	11	5	I0.2 下降沿中断	高速计数器
	12	7	I0.3 下降沿中断	

优先级分组	组内优先级	中断事件号	中断事件说明	中断事件类别
I/O 中断	13	36	I7.0 下降沿中断	高速计数器
	14	38	I7.1 下降沿中断	
	15	12	HSC0 当前值＝预置值中断	
	16	27	HSC0 输入方向改变中断	
	17	28	HSC0 外部复位中断	
	18	13	HSC1 当前值＝预置值中断	
	19	16	HSC2 当前值＝预置值中断	
	20	17	HSC2 输入方向改变中断	
	21	18	HSC2 外部复位中断	
	22	32	HSC3 当前值＝预置值中断	
定时中断	0	10	定时中断 0	定时
	1	11	定时中断 1	
	2	21	定时器 T32 CT＝PT 中断	定时器
	3	22	定时器 T96 CT＝PT 中断	

一个程序中总共可有 128 个中断。S7-200 SMART 在各自的优先级组内按照先来先服务的原则为中断提供服务。在任何时刻，只能执行一个中断程序，一旦一个中断程序开始执行，则一直执行至完成，不能被另一个中断程序打断，即使是更高优先级的中断程序。中断程序执行中，新的中断请按优先级排队等候。中断队列能保存的中断个数有限，若超出，则会产生溢出。中断队列的最多中断个数和溢出标志位如表 6-25 所示。

▢ 表 6-25 中断队列的最多中断个数和溢出标志位

队列	队列深度	溢出标志位
通信中断队列	4	SM4.0
I/O 中断队列	16	SM4.1
定时中断队列	8	SM4.2

6.11.2 中断指令

中断指令有 4 条，包括开、关中断指令、中断连接、分离指令。指令格式如表 6-26 所示。

(1) 开、关中断指令

开中断（ENI）指令全局性允许所有中断事件。关中断（DISI）指令全局性禁止所有中断事件。中断事件的每次出现均被排队等候，直至使用全局开中断指令重新启用中断。

PLC 转换到 RUN（运行）模式时，中断开始时被禁用，可以通过执行开中断指令，允许所有中断事件。执行关中断指令会禁止处理中断，但是现用中断事件将继续排队等候。

（2）中断连接、分离指令

中断连接（ATCH）指令将中断事件（EVNT）与中断程序号码（INT）相连接，并启用中断事件。

中断分离（DTCH）指令取消某中断事件（EVNT）与所有中断程序之间的连接，并禁用该中断事件。

注意：一个中断事件只能连接一个中断程序，但多个中断事件可以调用一个中断程序。

⊡ 表 6-26　中断指令格式

LAD	—(ENI)	—(DISI)	ATCH —EN　　ENO— —INT —EVNT	DTCH —EN　　ENO— —EVNT
STL	ENI	DISI	ATCHINT，EVNT	DTCH　EVNT
操作数及数据类型	无	无	INT：常量 0～127 EVNT：常量，中断事件编号 数据类型：字节	EVNT：常量，中断事件编号 数据类型：字节

6.11.3　中断程序

（1）中断程序的概念

中断程序是为处理中断事件而事先编好的程序。中断程序不是由程序调用，而是在中断事件发生时由操作系统调用。在中断程序中不能改写其它程序使用的存储器，最好使用局部变量。中断程序应实现特定的任务，应"越短越好"，中断程序由中断程序号开始，以无条件返回指令（CRETI）结束。在中断程序中禁止使用 DISI、ENI、HDEF 和 END 指令。

（2）建立中断程序的方法

方法一：从"编辑"菜单→选择插入（Insert）→中断（Interrupt）。

方法二：从指令树，用鼠标右键单击"程序块"图标并从弹出菜单→选择插入（Insert）→中断（Interrupt）。

方法三：从"程序编辑器"窗口建立，从弹出菜单用鼠标右键单击插入（Insert）→中断（Interrupt）。

程序编辑器从先前的 POU 显示更改为新中断程序，在程序编辑器的底部会出现一个新标记，代表新的中断程序。

6.11.4 程序举例

[例 6-18] 编写由 I0.1 的上升沿产生的中断事件的初始化程序。

分析：I0.1 上升沿产生的中断事件号为 2。所以在主程序中用 ATCH 指令将事件号 2 和中断程序 0 连接起来，并全局开中断。程序如图 6-42 所示。

[例 6-19] 编程完成采样工作，要求每 10ms 采样一次。

分析：完成每 10ms 采样一次，需用定时中断，定时中断 0 的中断事件号为 10。因此在主程序中将采样周期（10ms）即定时中断的时间间隔写入定时中断 0 的特殊存储器 SMB34，并将中断事件 10 和 INT_0 连接，全局开中断。在中断程序 0 中，将模拟量输入信号读入，程序如图 6-43 所示。

[例 6-20] 在 I0.0 的上升沿通过中断使 Q0.0 立即置位，在 I0.1 的下降沿通过中断使 Q0.0 立即复位。程序如图 6-44 所示。

[例 6-21] 用定时中断实现周期为 2s 的高精度定时。程序如图 6-45 所示。

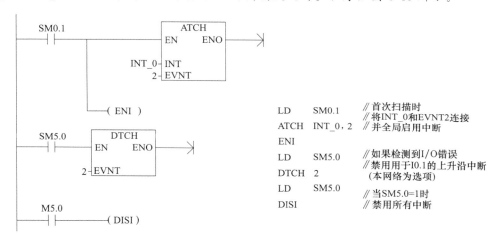

图 6-42 例 6-18 程序

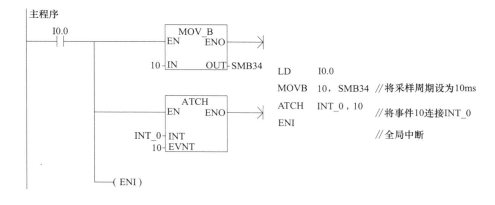

图 6-43 例 6-19 程序

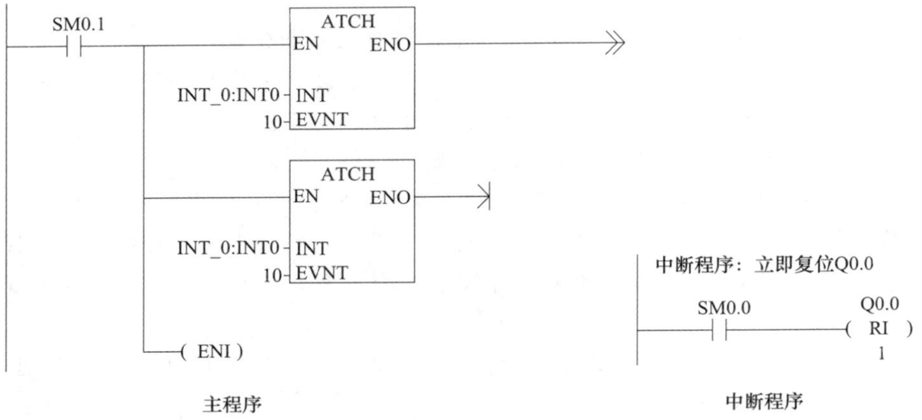

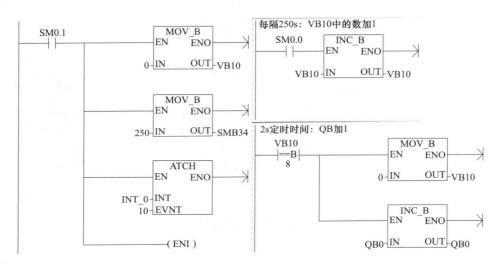

图 6-44 例 6-20 梯形图

图 6-45 例 6-21 梯形图

6.12 PID 控制

6.12.1 PID 指令

(1) PID 算法

在工业生产过程控制中，模拟信号 PID（由比例、积分、微分构成的闭合回路）调节是常见的一种控制方法。运行 PID 控制指令，S7-200 SMART 将根据参数表中的输入测量值、控制设定值及 PID 参数进行 PID 运算，求得输出控制值。参数表中有 9 个参数，全部为 32

位的实数，共占用 36 个字节。PID 控制回路的参数表如表 6-27 所示。

表 6-27 PID 控制回路的参数表

地址偏移量	参数	数据格式	参数类型	说明
0	过程变量当前值 PK	双字，实数	输入	必须在 0.0 至 1.0 范围内
4	给定值 SP_n	双字，实数	输入	必须在 0.0 至 1.0 范围内
8	输出值 M_n	双字，实数	输入/输出	在 0.0 至 1.0 范围内
12	增益 K_c	双字，实数	输入	比例常量，可为正数或负数
16	采样时间 T_s	双字，实数	输入	以秒为单位，必须为正数
20	积分时间 T_i	双字，实数	输入	以分钟为单位，必须为正数
24	微分时间 T_d	双字，实数	输入	以分钟为单位，必须为正数
28	上一次的积分值 M_x	双字，实数	输入/输出	0.0 和 1.0 之间（根据 PID 运算结果更新）
32	上一次过程变量 PV_{n-1}	双字，实数	输入/输出	最近一次 PID 运算值

典型的 PID 算法包括三项：比例项、积分项和微分项。即：输出＝比例项＋积分项＋微分项。计算机在周期性地采样并离散化后进行 PID 运算，算法如下：

$$M_n = K_c \times (SP_n - PV_n) + K_c \times (T_s/T_i) \times (SP_n - PV_n) + M_x + K_c \times$$
$$(T_d/T_s) \times (PV_{n-1} - PV_n)$$

其中各参数的含义已在表 6-27 中描述。

比例项 $K_c(SP_n - PV_n)$：能及时地产生与偏差 $SP_n - PV_n$ 成正比的调节作用，比例系数 K_c 越大，比例调节作用越强，系统的稳态精度越高，但 K_c 过大会使系统的输出量振荡加剧，稳定性降低。

积分项 $K_c \times (T_s/T_i) \times (SP_n - PV_n) + M_x$ 与偏差有关，只要偏差不为 0，PID 控制的输出就会因积分作用而不断变化，直到偏差消失，系统处于稳定状态，所以积分的作用是消除稳态误差，提高控制精度，但积分的动作缓慢，给系统的动态稳定带来不良影响，很少单独使用。从式中可以看出：积分时间常数增大，积分作用减弱，消除稳态误差的速度减慢。

微分项 $K_c \times (T_s/T_i) \times (PV_{n-1} - PV_n)$：根据误差变化的速度（即误差的微分）进行调节，具有超前和预测的特点。微分时间常数 T_d 增大时，超调量减少，动态性能得到改善，如 T_d 过大，系统输出量在接近稳态时可能上升缓慢。

（2）PID 控制回路选项

在很多控制系统中，有时只采用一种或两种控制回路。例如，可能只要求比例控制回路或比例和积分控制回路。通过设置常量参数值选择所需的控制回路。

① 如果不需要积分回路（即在 PID 计算中无 "I"），则应将积分时间 T_i 设为无限大。由于积分项 M_x 初始值的原因，虽然没有积分运算，积分项的数值也可能不为零。

② 如果不需要微分运算（即在 PID 计算中无 "D"），则应将微分时间 T_d 设定为 0.0。

③ 如果不需要比例运算（即在 PID 计算中无 "P"），但需要 I 或 ID 控制，则应将增益值 K_c 指定为 0.0。因为 K_c 是计算积分和微分项公式中的系数，将循环增益设为 0.0 会导致

在积分和微分项计算中使用的循环增益值为 1.0。

(3) 回路输入量的转换和标准化

每个回路的给定值和过程变量都是实际数值，其大小、范围和工程单位可能不同。在 PLC 进行 PID 控制之前，必须将其转换成标准化浮点表示法。步骤如下。

① 将实际数值从 16 位整数转换成 32 位浮点数或实数。下列指令说明如何将整数数值转换成实数。

    XORD AC0，AC0 //将 AC0 清 0

    ITD AIW0，AC0 //将输入数值转换成双字

    DTR AC0，AC0 //将 32 位整数转换成实数

② 将实数转换成 0.0 至 1.0 之间的标准化数值。用下式：

实际数值的标准化数值＝实际数值的非标准化数值或原始实数/取值范围＋偏移量

其中：取值范围＝最大可能数值－最小可能数值＝32000（单极数值）或 64000（双极数值）

偏移量：对单极数值取 0.0，对双极数值取 0.5。单极（0～32000），双极（－32000～32000）。

如将上述 AC0 中的双极数值（间距为 64000）标准化：

/R64000.0，AC0//使累加器中的数值标准化

＋R0.5，AC0//加偏移量 0.5

MOVR AC0，VD100//将标准化数值写入 PID 回路参数表中

(4) PID 回路输出转换为成比例的整数

程序执行后，PID 回路输出 0.0 和 1.0 之间的标准化实数数值，必须被转换成 16 位成比例整数数值，才能驱动模拟输出。

程序如下：

VD108，AC0		//将 PID 回路输出送入 AC0
MOVR	0.5，AC0	//双极数值减偏移量 0.5
－R	64000.0，AC0//AC0 的值 x 取值范围，变为成比例实数数值	
＊R	AC0.AC0	//将实数四舍五入取整，变为 32 位整数
ROUND	AC0.AC0	//32 位整数转换成 16 位整数

PID 回路输出成比例实数数值＝（PID 回路输出标准化实数值－偏移量）×取值范围

(5) PID 指令

PID 指令：使能端有效时，根据回路参数表（TBL）中的输入测量值、控制设定值及 PID 参数进行 PID 计算。格式及功能如表 6-28 所示。

说明：

① 程序中可使用八条 PID 指令，分别编号 0～7，不能重复使用。

② 使 ENO＝0 的错误条件：0006（间接地址），SM1.1（溢出，参数表起始地址或指令中指定的 PID 回路指令号码操作数超出范围）。

③ PID 指令不对参数表输入值进行范围检查。必须保证过程变量和给定值积分项前值和过程变量前值在 0.0 和 1.0 之间。

· 表 6-28　PID 指令格式及功能

LAD	STL	功能说明
PID EN　ENO TBL LOOP	PID TBL,LOOP	TBL:参数表起始地址 VB 数据类型:字节 LOOP:回路号,常量(0~7) 数据类型:字节

6.12.2　PID 控制功能的应用

(1) 控制任务

一恒压供水水箱,通过变频器驱动的水泵供水,维持水位在满水位的 70%。过程变量 PV_n 为水箱的水位(由水位检测计提供),设定值为 70%,PID 输出控制变频器,即控制水箱注水调速电机的转速。要求开机后,先手动控制电机,水位上升到 70% 时,转换到 PID 自动调节。

(2) PID 控制回路参数表

如表 6-29 所示。

· 表 6-29　恒压供水 PID 控制回路参数表

地址	参数	数值
VD100	过程变量当前值 PV_n	水位检测计提供的模拟量经 A/D 转换后的标准化数值
VD104	给定值 SP_n	0.7
VD108	输出值 M_n	PID 回路的输出值(标准化数值)
VD112	增益 K_c	0.3
VD116	采样时间 T_s	0.1
VD120	积分时间 T_i	30
VD124	微分时间 T_d	0(关闭微分作用)
VD128	上一次积分值 M_x	根据 PID 运算结果更新
VD132	上一次过程变量 PV_{n-1}	最近一次 PID 的变量值

(3) 程序分析

① I/O 分配　手动/自动切换开关 I0.0;模拟量输入 AIW0;模拟量输出 AQW0。

② 程序结构　由主程序、子程序、中断程序构成。主程序用来调用初始化子程序,子程序用来建立 PID 回路初始参数表和设置中断,由于定时采样,所以采用定时中断(中断事件号为 10),设置周期与采样时间相同(0.1s),并写入 SMB34。中断程序用于执行 PID 运算,I0.0=1 时,执行 PID 运算,本例标准化时采用单极性(取值范围 32000)。

恒压供水 PID 控制梯形图如图 6-46 和图 6-47 所示。

主程序

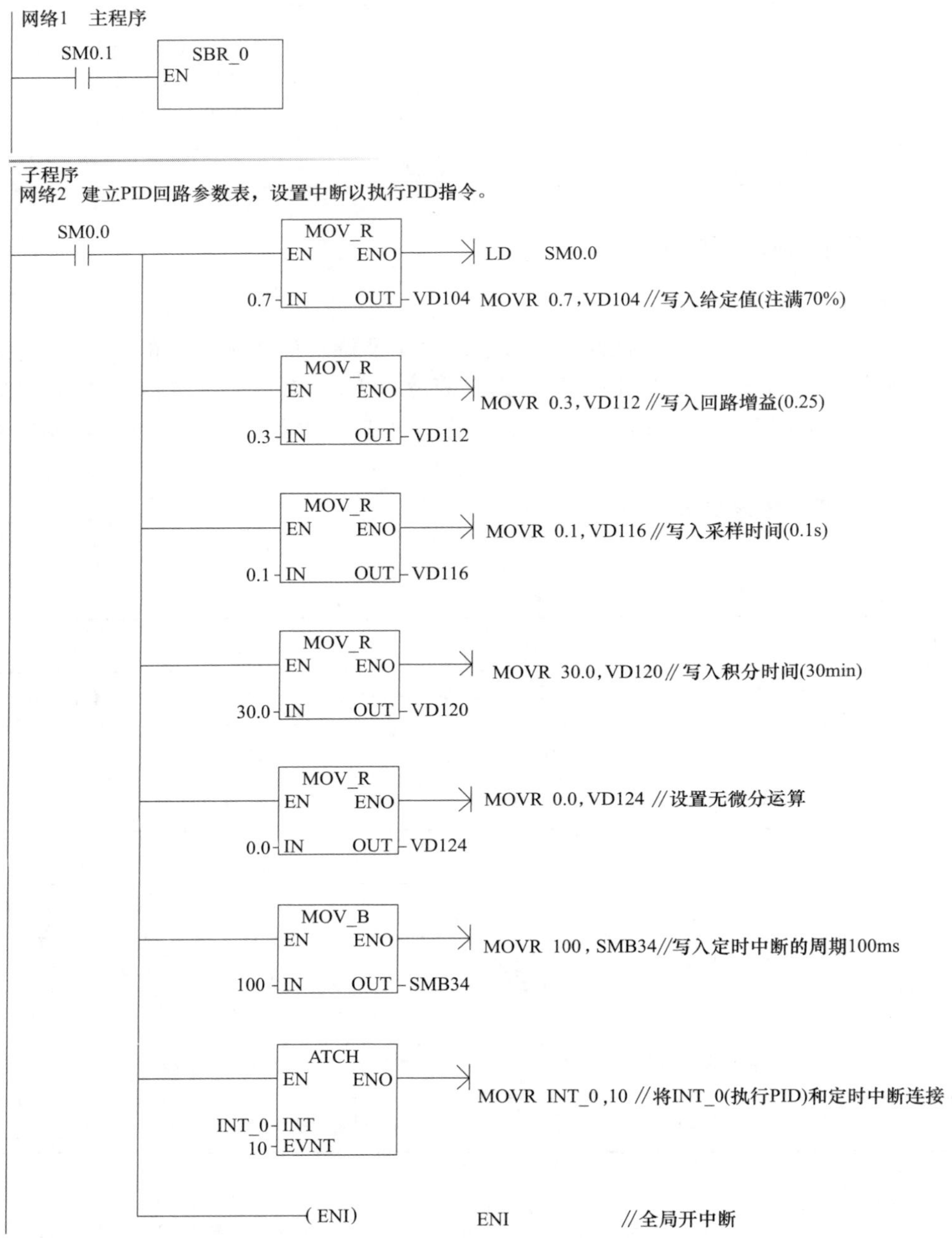

网络1　主程序

```
     SM0.1          SBR_0
  ─────┤├─────    ┌────────┐
                  │ EN     │
                  └────────┘
```

子程序
网络2　建立PID回路参数表，设置中断以执行PID指令。

```
     SM0.0            MOV_R
  ─────┤├───────┬──┌────────┐
                │  │EN   ENO├──→   LD    SM0.0
                │  │        │
          0.7 ──┤IN    OUT├─ VD104   MOVR  0.7,VD104 //写入给定值(注满70%)
                │  └────────┘
                │     MOV_R
                ├──┌────────┐
                │  │EN   ENO├──→   MOVR  0.3,VD112 //写入回路增益(0.25)
                │  │        │
          0.3 ──┤IN    OUT├─ VD112
                │  └────────┘
                │     MOV_R
                ├──┌────────┐
                │  │EN   ENO├──→   MOVR  0.1,VD116 //写入采样时间(0.1s)
                │  │        │
          0.1 ──┤IN    OUT├─ VD116
                │  └────────┘
                │     MOV_R
                ├──┌────────┐
                │  │EN   ENO├──→   MOVR  30.0,VD120 //写入积分时间(30min)
                │  │        │
         30.0 ──┤IN    OUT├─ VD120
                │  └────────┘
                │     MOV_R
                ├──┌────────┐
                │  │EN   ENO├──→   MOVR  0.0,VD124 //设置无微分运算
                │  │        │
          0.0 ──┤IN    OUT├─ VD124
                │  └────────┘
                │     MOV_B
                ├──┌────────┐
                │  │EN   ENO├──→   MOVR  100,SMB34 //写入定时中断的周期100ms
                │  │        │
          100 ──┤IN    OUT├─ SMB34
                │  └────────┘
                │     ATCH
                ├──┌────────┐
                │  │EN   ENO├──→   MOVR  INT_0,10 //将INT_0(执行PID)和定时中断连接
                │  │        │
        INT_0 ──┤INT      │
           10 ──┤EVNT     │
                │  └────────┘
                │
                └───────( ENI )         ENI           //全局开中断
```

图 6-46　恒压供水 PID 控制主程序梯形图

中断程序

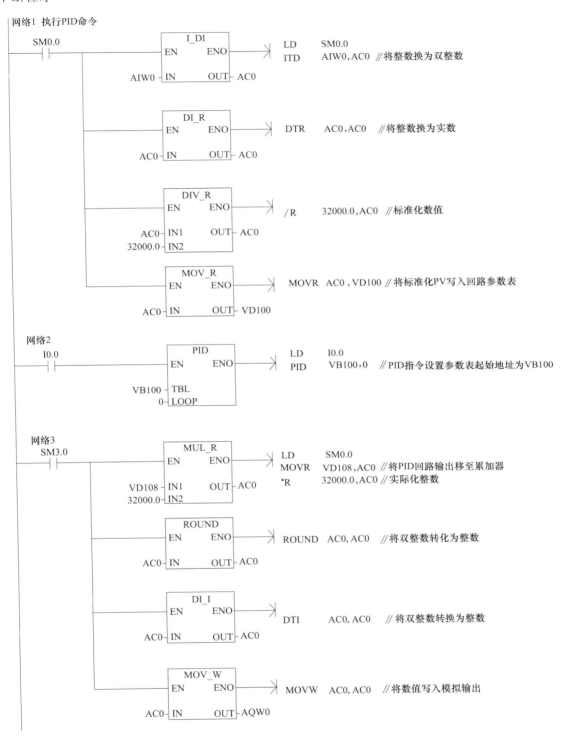

图 6-47　恒压供水 PID 控制中断程序梯形图

1. 将实数 0.75 转换为一个有符号整数 (INT)，结果存入 AQW2 中。

2. 用整数除法将 VW100 中的 (240) 除以 8 后到 AC0 中。

3. 在 I0.2 的下降沿，将变量存储区 VW20～VW40 清零。

4. 用数据类型转换指令实现将厘米转换为英寸。已知 1in＝2.54cm。

5. 在 I0.3 的上升沿，用 WAND 指令将 VW10 的最高 3 位清零，其余各位保持不变。

6. 编程实现下列控制功能，假设有 8 个指示灯，从右到左以 0.5s 的速度依次点亮，任意时刻只有一个指示灯亮，到达最左端，再从右到左依次点亮。

7. 用循环指令设计，在 I0.0 的上升沿，求地址 VD100 开始存放的 10 个实数的和，结果存放于 VD200。

8. 用算术运算指令完成下列的运算。

① 5^3；② $\cos 30°$。

9. 将 VW100 开始的 20 个字的数据送到 VW200 开始的存储区。

10. 编写程序完成数据采集任务，要求每 100ms 采集一个数。

11. 编写定时中断程序，要求实现：

① 从 0 到 255 的计数。

② 当输入端 I0.0 为上升沿时，执行中断程序 0，程序采用加计数。

③ 当输入端 I0.0 为下降沿时，执行中断程序 1，程序采用减计数。

④ 计数脉冲为 SM0.5。

PLC控制系统设计与应用实例

本章介绍 PLC 控制系统设计的内容和步骤，详细介绍系统的硬件配置和设备选型方法。以典型的顺序控制系统为例，介绍顺序功能图和根据顺序功能图设计梯形图程序的方法，介绍通用的置位、复位指令设计法和"SCR"指令编程法，并通过具体的应用实例介绍具有多种工作方式的控制系统程序设计方法。在此基础上，较详细地介绍几个典型工程应用实例。通过学习，应掌握 PLC 控制系统的硬件、软件设计方法，学会针对不同的被控对象和要求，合理选择硬件模块和程序设计方法，还应掌握顺序功能图的设计以及顺序控制梯形图设计方法。

7.1 PLC 控制系统设计的内容与步骤

PLC 控制系统的设计原则：在最大限度地满足被控对象控制要求的前提下，力求使控制系统简单、经济、安全可靠；并考虑到今后生产的发展和工艺的改进，在选择 PLC 机型时，应适当留有余地。

7.1.1 PLC 控制系统设计的内容

① 分析控制对象、明确设计任务和要求是整个设计的依据。

② 选定 PLC 的型号及所需的输入/输出模块，对控制系统的硬件进行配置。

③ 编制 PLC 的输入/输出分配表和绘制输入/输出端子接线图。

④ 根据系统设计的要求编写软件规格要求说明书，然后再用相应的编程语言（常用梯形图）进行程序设计。

⑤ 设计操作台和电气柜，选择所需的电气元器件。

⑥ 编写设计说明书和操作使用说明书。

根据具体控制对象，上述内容可适当调整。

7.1.2　PLC 控制系统设计的步骤

PLC 控制系统设计可以按照图 7-1 所示的步骤进行。设计一般分为系统规划、硬件设计、软件设计、系统调试以及技术文件编制五个阶段。

(1) 系统规划

系统规划是设计的第一步，内容包括确定控制系统方案与系统总体设计两部分。确定控制系统方案时，应对被控对象（如机械设备、生产线或生产过程）工艺流程的特点和要求做深入了解、详细分析、认真研究，明确控制的任务、范围和要求，根据工业指标，合理地制定和选取控制参数，使 PLC 控制系统最大限度地满足被控对象的工艺要求。

控制要求主要指控制的基本方式、必须完成的动作时序和动作条件、应具备的操作方式（手动、自动、间断和连续等）、必要的保护和联锁等，可用控制流程图或系统框图的形式描述。

系统规划的具体内容包括：明确控制要求，确定系统类型，确定硬件配置要求；选择 PLC 的型号、规格，确定 I/O 模块的数量与规格，选择特殊功能模块；选择人机界面、伺服驱动器、变频器和调速装置等。

(2) 硬件设计

硬件设计是在系统规划完成后的技术设计。在这一阶段，设计人员需要根据总体方案完成电气控制原理图、连接图、元器件布置图等基本图样的设计工作。

在此基础上，应汇编完整的电气元件目录与配套件清单，提供给采购供应部门购买相关的组成部件。同时，根据 PLC 的安装要求与用户的环境条件，结合所设计的电气原理图、连接图与元器件布置图，完成用于安装以上电气元件的控制柜、操作台等零部件的设计。

硬件设计完成后，将全部图样与外购元器件、标准件等汇编成统一的基本件、外购件、标准件明细表（目录），提供给生产和供应部门组织生产与采购。

(3) 软件设计

PLC 控制系统的软件设计主要是编制 PLC 用户程序、特殊功能模块控制软件，确定 PLC 以及功能模块的设置参数等。它可以与系统电气元件安装柜、操作台的制作、元器件的采购同步进行。

软件设计应根据所确定的总体方案与已经完成的电气控制原理图，按照原理图所确定的 I/O 地址，编写实现控制要求与功能的 PLC 用户程序。为了方便调试和维修，通常需要在软件设计阶段编写出程序说明书、I/O 地址表和注释表等辅助文件。

在程序设计完成后，一般应通过 PLC 编程软件所具备的自诊断功能对 PLC 程序进行基本的检查，排除程序中的语法错误。有条件时，应通过必要的模拟与仿真手段，对程序进行模拟与仿真试验。对于初次使用的伺服驱动器和变频器等部件，可以通过检查与运行的方法，事先进行离线调试，以缩短现场调试的周期。

(4) 系统调试

PLC 的系统调试是检查、优化 PLC 控制系统硬件和软件设计，提高控制系统可靠性的重要步骤。为了防止调试过程中可能出现的问题，确保调试工作的顺利进行，系统调试应在完成控制系统的安装、连接和用户程序编制后，按照调试前的检查、硬件调试、软件调试、

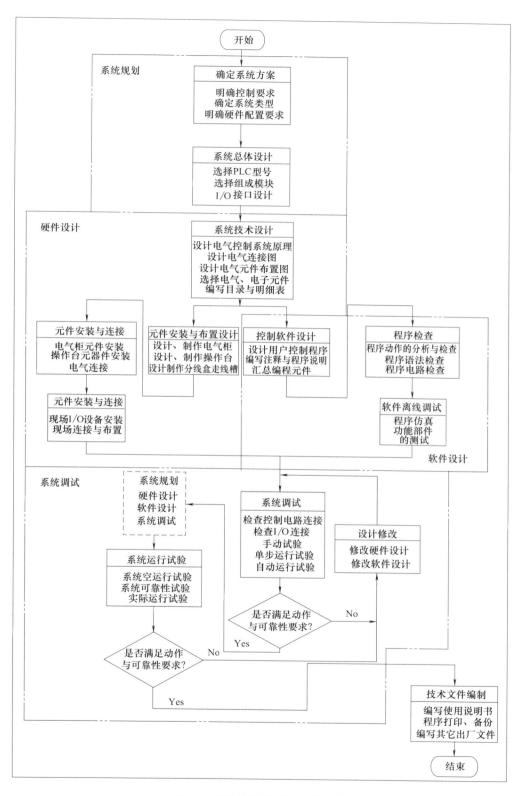

图 7-1　PLC 控制系统设计的步骤

空运行试验、可靠性试验、实际运行试验等规定的步骤进行。

在调试阶段，一切均应以满足控制要求、确保系统安全和可靠运行为最高准则，它是检验硬件、软件设计正确性的唯一标准，任何影响系统安全性与可靠性的设计，都必须予以修改，绝不可以遗留事故隐患，以免导致严重后果。

(5) 技术文件编制

在设备安全、可靠运行得到确认后，设计人员可以着手进行系统技术文件的编制工作。例如，修改电气原理图、连接图；编写设备操作、使用说明书，备份 PLC 使用程序；记录调整、设置参数等。

7.2 PLC 控制系统的硬件配置

7.2.1 PLC 机型的选择

选择合适的机型是 PLC 控制系统硬件配置的关键问题。目前，生产的 PLC 品牌有很多，如西门子、欧姆龙、三菱、松下、罗克韦尔、ABB 等，不同厂家的 PLC 产品虽然基本功能相似，但使用的编程指令和编程软件等都不相同。而同一厂家生产的 PLC 产品又有不同的系列，同一系列中又有不同的 CPU 型号，不同系列、不同型号的产品在功能上有较大差别。因此，如何选择合适的机型至关重要。

对于工艺过程比较固定、环境条件较好（维修量较小）的场合，建议选用整体式结构的PLC；反之应考虑选用模块式结构的机型。PLC 机型选择的基本原则是，在功能满足要求的前提下，选择最可靠、维护使用最方便以及性能价格比最优的机型。具体应考虑以下 4 方面的要求。

(1) 性能与任务相适应

开关量控制的应用系统对控制速度要求不高，如对小型泵的顺序控制、单台机械的自动控制，选用小型 PLC（如西门子公司的 S7-200 SMART PLC、S7-1200 PLC、三菱公司的FX2N 系列）就能满足要求。

对于以开关量控制为主，带有部分模拟量控制的应用系统，如工业生产中常遇到的温度、压力、流量、液位等连续量的控制，应选用带有 A-D 转换的模拟量输入模块和带 D-A转换的模拟输出模块，配接相应的传感器、变送器（对温度控制系统可选用温度传感器直接输入的温度模块）和驱动装置，并且选择运算功能较强的小型 PLC（如欧姆龙公司的 CQM型 PLC）。西门子公司的 S7-200 SMART PLC、S7-1200 PLC 在进行小型数字、模拟混合系统控制时具有较高的性价比，实施起来也较为方便。

对于比较复杂、控制功能要求较高的应用系统，如需要 PID 调节、闭环控制、通信联网等功能时，可选用中、大型 PLC（如西门子公司的 S7-1500、罗克韦尔公司 Compact Logix 系列等）。当系统的各个部分分布在不同的地域时，应根据各部分的要求来选择 PLC，以组成一个分布式的控制系统，可考虑选择施耐德 MODICON 的 QUANTUM 系列 PLC产品。

(2) PLC 的处理速度应满足实时控制的要求

PLC 工作时，从输入信号到输出控制存在着滞后现象，即输入量的变化一般要在 1～2

个扫描周期之后才能反映到输出端，这对于一般的工业控制是允许的。通常 PLC 的 I/O 点数在几十到几千点范围内，用户应用程序的长短也有较大的差别，但滞后时间一般应控制在几十毫秒之内（相当于普通继电器的时间）。但有些设备的实时性要求较高，不允许有较大的滞后时间。

改进实时速度的途径有以下几种：

① 选择 CPU 速度比较快的 PLC，使执行一条基本指令的时间不超过 $0.5\mu s$。

② 优化应用软件，缩短扫描周期。

③ 采用高速响应模块，其响应的时间不受 PLC 周期的影响，而只取决于硬件的延时。

（3）PLC 机型尽可能统一

一个大型企业，应尽量做到机型统一。因为同一机型的 PLC，其模块可互为备用，便于备品备件的采购和管理，这不仅使模块通用性好，减少备件量，而且给编程和维修带来极大的方便，也给扩展、升级系统留有余地；其功能及编程方法统一，有利于技术力量的培训、技术水平的提高和功能的开发；其外部设备通用，资源可共享，配以上位计算机后，可把控制各独立系统的多台 PLC 连成一个多级分布式控制系统，相互通信，集中管理。

（4）指令系统

由于 PLC 应用的广泛性，各种机型所具备的指令系统也不完全相同。从工程应用角度看，有些场合仅需要逻辑运算，有些场合需要复杂的算术运算，而另一些特殊场合还需要专用指令功能。从 PLC 本身来看，各厂家的指令系统差异较大，但整体而言，指令系统均是面向工程技术人员的语言，其差异主要表现在指令的表达方式和完整性上。有些厂家在控制指令方面开发得较强，有些厂家在数字运算指令方面开发得较全，而大多数厂家在逻辑指令方面都开发得较细。

在选择机型时，从指令方面应注意下述内容：

① 指令系统的总语句数。它反映了整个指令所包括的全部功能。

② 指令系统种类。它主要应包括逻辑指令、运算指令和控制指令。具体要求与实际要完成的控制功能有关。

③ 指令系统的表达方式。

④ 应用软件的程序结构。程序结构有模块化和子程序式两种。前一种有利于应用软件的编写和调试，但处理速度较慢；后一种响应速度快，但不利于编写和调试。

除考虑上述四点要素外，还要根据工程应用的实际情况，考虑一些其它因素，如性价比和技术支持情况等内容。总之，选择机型时要按照 PLC 本身的性能指标对号入座，选取合适的系统。有时这种选择并不是唯一的，需要在几种方案中综合各种因素做出选择。

7.2.2 开关量 I/O 模块的选择

为了适应各种各样的控制信号，PLC 有多种 I/O 模块以供选择，包括数字量输入/输出模块、模拟量输入/输出模块及各种智能模块。

（1）开关量输入模块的选择

开关量输入模块的种类有很多，按输入点数可分为 8 点、16 点和 32 点等；按工作电压可分为直流 5V、24V，交流 110V、220V 等；按外部接线方式又可分为漏型输入和源型输入等。

选择开关量输入模块时主要考虑以下几点：

① 选择工作电压等级 电压等级主要根据现场检测元件与模块之间的距离来选择。距

离较远时，可选用较高电压的模块来提高系统的可靠性，以免信号衰减后造成误差。距离较近时，可选择电压等级低一些的模块，如 5V、12V、24V 的模块。

② 选择模块密度　模块密度主要根据分散在各处输入信号的多少和信号动作的时间来选择。集中在一处的输入信号尽可能集中在一块或几块模块上，以便于电缆安装和系统调试。对于高密度输入模块，如 32 点或 64 点，允许同时接通点数取决于公共汇流点的允许电流和环境温度。一般来讲，同时接通点数最好不超过模块总点数的 60%，以保证输入/输出点承受负载能力在允许范围内。

③ 门坎电平　为了提高控制系统的可靠性，必须考虑门坎电平的大小。门坎电平是指接通电平和关门电平的差值。门坎电平值越大，抗干扰能力越强，传输距离也就越远。

目前许多型号的 PLC 都提供 DC 24V 电源，用作集电极开路传感器的电源。但该电源容量较小，当用作本机输入信号的工作电源时，需考虑电源的容量。如果电源容量要求超出了内部 DC 24V 电源的定额，必须采用外接电源，建议采用稳压电源。

(2) 开关量输出模块的选择

① 输出方式的选择　继电器输出方式价格便宜，使用电压范围广，导通压降小，承受瞬时过电压和过电流的能力较强，且有隔离作用。但继电器有触点，寿命较短，且响应速度较慢，适用于动作不频繁的交直流负载。当驱动感性负载时，最大开闭频率不得超过 1Hz。

固态 MOSFET 输出方式（源型）属于无触点开关输出，使用寿命长，适用于通断频繁的感性负载。

② 输出电流的选择　模块的输出电流必须大于负载电流的额定值，如果负载电流较大，输出模块不能直接驱动，应增加中间放大环节。对于电容性负载和热敏电阻负载，考虑到接通时有冲击电流，要留有足够的余量。选用输出模块还应注意同时接通点数的电流累计值必须小于公共端所允许通过的电流值。

为防止由于负载短路等原因而烧坏 PLC 的输出模块，输出回路必须外加熔断器作短路保护。对于继电器输出方式，可选用普通熔断器；对于晶体管输出方式和晶闸管输出方式，应选用快速熔断器。

当 PLC 基本单元所提供的输入/输出点数不能满足应用系统 I/O 总点数需求时，可增加输入/输出扩展模块。对于 S7-200 SMART PLC，可选的扩展模块有 EM DE08 数字量输入模块，EM DR08 或 EM DT08 数字量输出模块，EM DR16、EM DT16、EM DR32 或 EM DT32 数字量输入/输出模块等。这些扩展模块通过扁平电缆与主机单元直接相连，安装方便。

7.2.3　模拟量 I/O 模块的选择

(1) 模拟量输入模块的选择

① 模拟量值的输入范围。模拟量的输入可以是电压信号，也可以是电流信号。电压输入范围为 ±10V、±5V、±2.5V，电流输入范围为 0～20mA。在选用时一定要注意与现场过程检测信号范围相对应。

② 模拟量输入模块的分辨率、输入精度和转换时间等参数指标应符合具体的系统要求。

③ 在应用中要注意抗干扰措施。其主要方法：注意与交流信号和可产生干扰源的供电电源保持一定距离；模拟量输入信号线要采用屏蔽措施；采用一定的补偿措施，减少环境变化对模拟量输入信号的影响。

（2）模拟量输出模块的选择

模拟量输出模块的输出类型有电压输出和电流输出两种，电压输出范围为±10V，电流输出范围为0～20mA。一般的模拟量输出模块都同时具有这两种输出类型，只是在与负载连接时接线方式不同。另外，模拟量输出模块还有不同的输出功率，在使用时要根据负载情况选择。

模拟量输出模块的输出精度、分辨率和抗干扰措施等都与模拟量输入模块的情况类似。S7-200 SMART PLC 提供了型号为 EM AE04 的 4 路模拟量输入模块、EM AQ02 2 路模拟量输出模块、EM AM06 4 输入/2 输出组合模块，可根据实际需要选用。

除了开关量 I/O 模块和模拟量 I/O 模块之外，还有 PROFIBUS-DP 模块（如 EM DP01 模块）、热电阻模块（EM AR02、EM AR04）、热电偶模块（EM A04）、电池信号板（SB BA01）、RS485/232 信号板（SB CM01）、电源模块（PM207 3A、PM207 5A）等，应根据实际情况决定取舍。

对 PLC 机型、开关量 I/O 模块、模拟量 I/O 模块以及其它模块进行选择后，就粗略地完成了 PLC 系统的硬件配置工作。根据控制要求，如果有些参数需要监控和设置，则可以选择文本编辑器（如 TD400C）、触摸屏（如 Smart 700 IE）等人机接口单元。硬件设计还包括画出 I/O 硬件接线图，它表明 PLC 输入/输出模块与现场设备之间的连接。I/O 硬件接线图的具体画法可参见本章相关内容。

7.3　PLC 控制系统梯形图程序的设计

应用程序设计过程中，应正确选择能反映生产过程的变化参数作为控制参量进行控制；应正确处理各执行电器、各编程元件之间的互相制约、互相配合的关系，即联锁关系（参见第 2 章相关内容）。应用程序的设计方法有多种，常用的设计方法有经验设计法和顺序功能图法等。

7.3.1　经验设计法

某些简单的开关量控制系统可以沿用继电器-接触器控制系统的设计方法来设计梯形图程序，即在某些典型电路的基础上，根据被控对象的具体要求，不断地修改和完善梯形图。有时需要多次反复地进行调试和修改梯形图，不断增加中间编程元件和辅助触点，最后才能得到一个较为满意的结果。

这种方法没有普遍的规律可循，具有很大的试探性和随意性，最后的结果不是唯一的，设计所用的时间和设计的质量与编程者的经验有很大的关系，所以有人把这种设计方法称为经验设计法，它可以用于逻辑关系较简单的梯形图程序设计。经验设计法设计 PLC 程序时大致可以按下面几步来进行：分析控制要求、选择控制原则；设计主令元件和检测元件，确定输入/输出设备；设计执行元件的控制程序；检查修改和完善程序。

下面以运料小车为例来介绍经验设计法。运料小车运行示意图如图 7-2（a）所示，图 7-2（b）为 PLC 控制系统的外部接线图。

控制要求：系统启动后，首先在左限位开关 SQ1 处进行装料；15s 后装料停止，开始右行；右行碰到右限位开关 SQ2 后停下，进行卸料；10s 后，卸料停止，小车左行；左行碰到

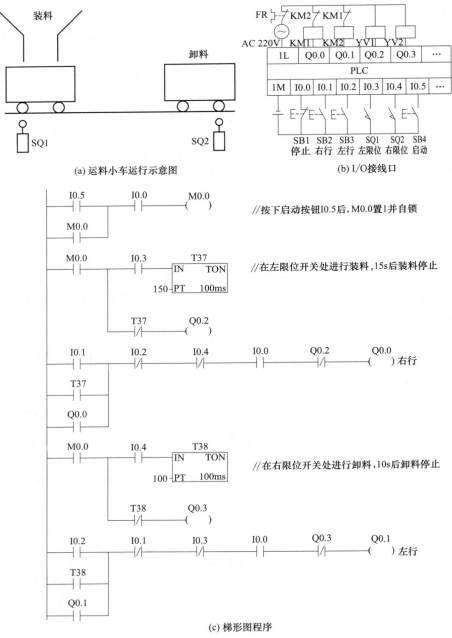

(a) 运料小车运行示意图　　　　　　　　(b) I/O接线口

(c) 梯形图程序

图 7-2　运料小车控制系统

左限位开关 SQ1 后又停下来进行装料；如此一直循环进行下去，直至按下停止按钮 SB1。按钮 SB2 和 SB3 分别用来启动小车右行和左行。

　　以电动机正反转控制的梯形图为基础，设计出的小车控制梯形图程序如图 7-2（c）所示，为使小车自动停止，将左限位开关控制的 I0.3 和右限位开关 I0.4 的触点分别与控制右行的 Q0.0 和控制左行的 Q0.1 的线圈串联。为使小车自动启动，将控制装、卸料延时的定时器 T37 和 T38 的常开触点，分别与控制右行启动和左行启动的 I0.1、I0.2 的常开触点并联，并用两个限位开关 I0.3 和 I0.4 的常开触点分别接通装料、卸料电磁阀和相应的定时器。

　　经验设计法对于一些比较简单程序的设计是可行的，可以收到快速、简单的效果。但是，由于这种方法主要是依靠设计人员的经验进行设计的，所以对设计人员的要求也就比较高，特别是要求设计者有一定的实践经验，对工业控制系统和工业上常用的各种典型环节比较熟悉。经验设计法往往需经多次反复修改和完善才能符合设计要求，一般适合于设计一些简单的梯形图程序或复杂系统的某一局部程序（如手动程序等）。如果用来设计复杂系统梯形图程序，经验设计法存在以下问题：

① 考虑不周、设计麻烦、设计周期长。用经验设计法设计复杂系统的梯形图程序时，要用大量的中间元件来完成记忆、联锁和互锁等功能，由于需要考虑的因素很多，它们往往又交织在一起，分析起来非常困难，并且很容易遗漏一些问题。修改某一局部程序时，很可能会对系统其它部分程序产生意想不到的影响，往往花了很长时间，还得不到一个满意的结果。

② 梯形图的可读性差、系统维护困难。用经验设计法设计的梯形图程序是按设计者的经验和习惯的思路进行设计的。因此，即使是设计者的同行，要分析这种程序也非常困难，更不用说维修人员了，这给 PLC 系统的维护和改进带来许多困难。

7.3.2 顺序控制设计法与顺序功能图

如果一个控制系统可以分解成几个独立的控制动作，且这些动作必须严格按照一定的先后次序执行才能保证生产过程的正常运行，这样的控制系统称为顺序控制系统，也称为步进控制系统，其控制总是一步步按顺序进行的。在工业控制领域中，顺序控制系统的应用很广，尤其在机械行业，几乎无例外地利用顺序控制来实现加工的自动循环。

所谓顺序控制设计法，就是针对顺序控制系统的一种专门的设计方法。使用顺序控制设计法时，首先根据系统的工艺过程画出顺序功能图，然后根据顺序功能图画出梯形图。有的PLC 为用户提供了顺序功能图语言，在编程软件中生成顺序功能图后便完成了编程工作。这种先进的设计方法很容易被初学者接受，对于有经验的工程师，也会提高设计的效率，程序的调试、修改和阅读也很方便。

7.3.2.1 顺序功能图的组成要素

顺序功能图（Sequence Function Chart，SFC）是 IEC 标准规定的用于顺序控制的标准化语言。顺序功能图用以全面描述控制系统的控制过程、功能和特性，而不涉及系统所采用的具体技术，这是一种通用的技术语言，可供进一步设计和不同专业的人员之间进行技术交流使用。顺序功能图以功能为主线，表达准确、条理清晰、规范、简洁，是设计 PLC 顺序控制程序的重要工具。

顺序功能图主要由步、有向连线、转换和转换条件及动作（或命令）组成。

(1) 步与动作

① 步的基本概念　顺序控制设计法最基本的思想是将系统的一个工作周期划分为若干个顺序相连的阶段，这些阶段称为"步"，并用编程元件（如位存储器 M 和顺序控制继电器 S）来代表各步。步是根据输出量的状态变化来划分的，在任何一步之内，各输出量的位值状态不变，但是相邻两步输出量总的状态是不同的。步的这种划分方法使代表各步的编程元件的状态与各输出量的状态之间有着极为简单的逻辑关系。

② 初始步　与系统初始状态对应的步称为初始步，初始状态一般是系统等待启动命令的相对静止的状态。初始步用双线方框表示，每一个功能图至少应该有一个初始步。

③ 与步对应的动作或命令　控制系统中的每一步都有要完成的某些"动作（或命令）"，当该步处于活动状态时，该步内相应的动作（或命令）即被执行；反之，不被执行。

与步相关的动作（或命令）用矩形框表示，框内的文字或符号表示动作（或命令）的内容，该矩形框应与相应步的矩形框相连。在顺序功能图中，动作（或命令）可分为"非存储型"和"存储型"两种。当相应步活动时，动作（或命令）即被执行。当相应步不活动时，如果动作（或命令）返回到该步活动前的状态，是"非存储型"的；如果动作（或命令）继续保持它的状态，则是"存储型"的。当"存储型"的动作（或命令）被后续的步失励复位时，仅能返回到它的原始状态。顺序功能图中表达动作（或命令）的语句应清楚地表明该动作（或命令）是"存储型"或是"非存储型"的，例如，"启动电动机 M1"与"启动电动机 M1 并保持"两条命令语句，前者是"非存储型"命令，后者是"存储型"命令。

（2）有向连线

在顺序功能图中，会发生步的活动状态的转换。步的活动状态的转换，采用有向连线表示，它将步连接到"转换"并将"转换"连接到步。步的活动状态的转换按有向连线规定的路线进行，有向连线是垂直的或水平的，按习惯转换的方向总是从上到下或从左到右，如果不遵守上述习惯必须加箭头，必要时为了更易于理解也可加箭头。箭头表示步转换的方向。

（3）转换和转换条件

在顺序功能图中，步的活动状态的转换是由一个或多个转换条件的实现来完成的，并与控制过程的发展相对应。转换的符号是一根与有向连线垂直的短画线，步与步之间由"转换"分隔。转换条件在转换符号短画线旁边用文字表达或符号说明。当两步之间的转换条件得到满足时，转换得以实现，即上一步的活动结束而下一步的活动开始，因此不会出现步的重叠，每个活动步持续的时间取决于步之间转换的实现。

下面以三台电动机的启停为例说明顺序功能图的几个要素，要求第一台电动机启动 30s后，第二台电动机自动启动，运行 15s 后，第二台电动机停止并同时使第三台电动机自动启动，再运行 45s 后，电动机全部停止。

显然，三台电动机的一个工作周期可以分为 3 步，分别用 M0.1～M0.3 来代表这 3 步，另外还需有一个等待启动的初始步。图 7-3（a）所示为三台电动机周期性工作的时序图，图7-3（b）所示为相应的顺序功能图，图中用矩形框表示步，框中可以用数字表示该步的编号，也可以用代表该步的编程元件的地址作为步的编号，如 M0.1 等，这样再根据顺序功能图设计梯形图时比较方便。

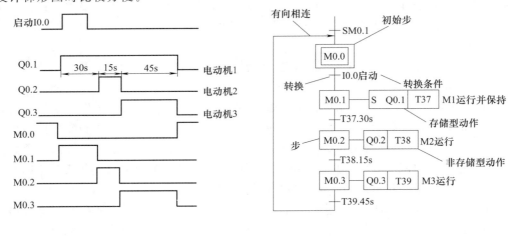

(a) 时序图 (b) 顺序功能图

图 7-3 顺序功能图举例

从时序图可以发现，按下启动按钮 I0.0 后第一台电动机工作并保持至周期结束，因此，由 M0.1 标志的第一步中对应的动作是存储型动作，存储型动作或命令在编程时，通常采用置位 "S" 指令对相应的输出元件进行置位，在工作结束或停止时再对其进行复位。

7.3.2.2　顺序功能图的基本结构

依据步之间的进展形式，顺序功能图有以下 3 种基本结构。

（1）单序列结构

单序列由一系列相继激活的步组成。每步的后面仅有一个转换条件，每个转换条件后面仅有一步，如图 7-4 所示。

（2）选择序列结构

选择序列的开始称为分支。某一步的后面有几个步，当满足不同的转换条件时，转向不同的步。如图 7-5（a）所示，当步 5 为活动步时，若满足条件 e＝1，则步 5 转向步 6；若满足条件 f＝1，则步 5 转向步 8；若满足条件 g＝1，则步 5 转向步 12。

选择序列的结束称为合并。几个选择序列合并到同一个序列上，各个序列上的步在各自转换条件满足时转换到同一个步。如图 7-5（b）所示，当步 7 为活动步，且满足条件 h＝1 时，则步 7 转向步 16；当步 9 为活动步，且满足条件 j＝1 时，则步 9 转向步 16；当步 12 为活动步，且满足条件 k＝1 时，则步 12 转向步 16。

（3）并行序列结构

并行序列的开始称为分支。当转换的实现导致几个序列同时激活时，这些序列称为并行序列，它们被同时激活后，每个序列中的活动步的进展将是独立的。如图 7-6（a）所示，当步 11 为活动步时，若满足条件 b＝1，步 12、14、18 同时变为活动步，步 11 变为不活动步。并行序列中，水平连线用双线表示，用以表示同步实现转换。并行序列的分支中只允许有一个转换条件，并标在水平双线之上。

并行序列的结束称为合并。在并行序列中，处于水平双线以上的各步都为活动步，且转换条件满足时，同时转换到同一个步。如图 7-6（b）所示，当步 13、15、17 都为活动步，且满足条件 d＝1 时，则步 13、15、17 同时变为不活动步，步 18 变为活动步。并行序列的合并只允许有一个转换条件，并标在水平双线之下顺序功能图法首先根据系统的工艺流程设计顺序功能图，然后依据顺序功能图设计顺序控制程序。在顺序功能图中，实现转换时使前级步的活动结束而使后续步的活动开始，步之间没有重叠，这使系统中大量复杂的联锁关系在步的转换中得以解决。而对于每步的程序段，只需处理极其简单的逻辑关系。因而这种编

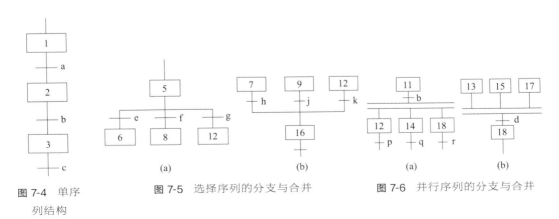

图 7-4　单序
列结构

图 7-5　选择序列的分支与合并

图 7-6　并行序列的分支与合并

程方法简单易学、规律性强，设计出的控制程序结构清晰、可读性好，程序的调试和运行也很方便，可以极大地提高工作效率。S7-200 SMART PLC 采用顺序功能图法设计时，可用置位/复位指令（S/R）、顺序控制继电器指令（SCR）、移位寄存器指令（SHRB）等实现编程。

7.4 顺序控制梯形图的设计方法

7.4.1 置位/复位指令编程

置位/复位（S/R）指令是一类常用的指令，任何一种 PLC 都有这一类指令，因此这是一种通用的编程方法，可以用于任意型号的 PLC。在采用置位/复位指令编程时，通过转换条件和当前活动步的标志位相串联，作为使所有后续步对应的存储器位置位和使用当前级步对应的存储器位复位的条件，每个转换对应一个这样的控制置位和复位的梯形图块。这种设计方法很有规律，梯形图与顺序功能图有着严格的对应关系，在设计复杂的顺序功能图的梯形图程序时既容易掌握，又不容易出错。

下面以十字路口交通信号灯的 PLC 控制为例，采用置位/复位指令编程。

（1）控制要求

交通信号灯设置示意图如图 7-7（a）所示，其工作时序图如图 7-7（b）所示，控制要求如下：

① 接通启动按钮后，信号灯开始工作，南北向红灯、东西向绿灯同时亮。

② 东西向绿灯亮 25s 后，闪烁 3 次（1s/次），接着东西向黄灯亮，2s 后东西向红灯亮，30s 后东西向绿灯又亮，如此不断循环，直至停止工作。

③ 南北向红灯亮 30s 后，南北向绿灯亮，25s 后南北向绿灯闪烁 3 次（1s/次），接着南北向黄灯亮，2s 后南北向红灯又亮，如此不断循环，直至停止工作。

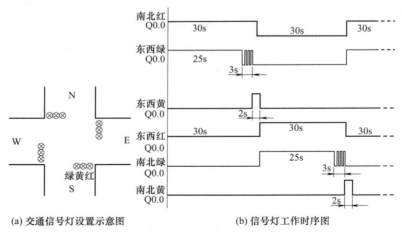

(a) 交通信号灯设置示意图　　　　　　(b) 信号灯工作时序图

图 7-7　交通信号灯控制示意图

（2）输入/输出信号地址分配

根据控制要求对系统输入/输出信号进行地址分配。I/O 地址分配表见表 7-1。将南北红灯 HL1、HL2，南北绿灯 HL3、HL4，南北黄灯 HL5、HL6，东西红灯 HL7、HL8，东西绿灯 HL9、HL10，东西黄灯 HL11、HL12 均并联后共用一个输出点，I/O 接线图如图 7-8 所示。

表 7-1 交通信号灯控制 I/O 地址分配表

输入信号及地址		输出信号及地址	
启动按钮 SB1	I0.1	南北红灯 HL1、H12	Q0.0
停止按钮 SB2	I0.2	南北绿灯 HL3、HL4	Q0.4
		南北黄灯 HL5、HL6	Q0.5
		东西红灯 HL7、HL8	Q0.3
		东西绿灯 HL9、HL10	Q0.1
		东西黄灯 HL11、HL12	Q0.2

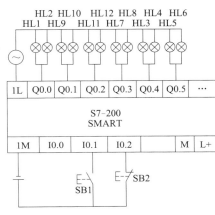

图 7-8　I/O 接线图

（3）设计顺序功能图和梯形图程序

根据交通信号灯时序图设计顺序功能图，如图 7-9 所示。

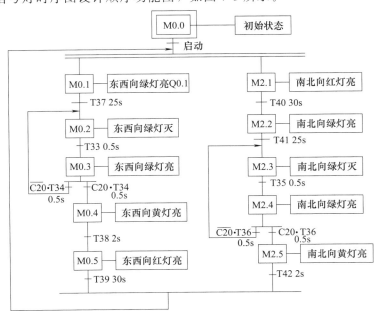

图 7-9　交通信号控制顺序功能图

从图 7-9 中可以看出，该顺序功能图是典型的并列序列结构，东西向和南北向信号灯并行循环工作，只是在时序上错开了一个节拍。因此，东西向和南北向梯形图程序的编程思路是一样的，掌握了东西向交通信号灯的编程方法，就能轻松写出南北向交通信号灯的控制程序。此处，以东西向交通信号灯为例编写相应的梯形图程序，如图 7-10 所示。

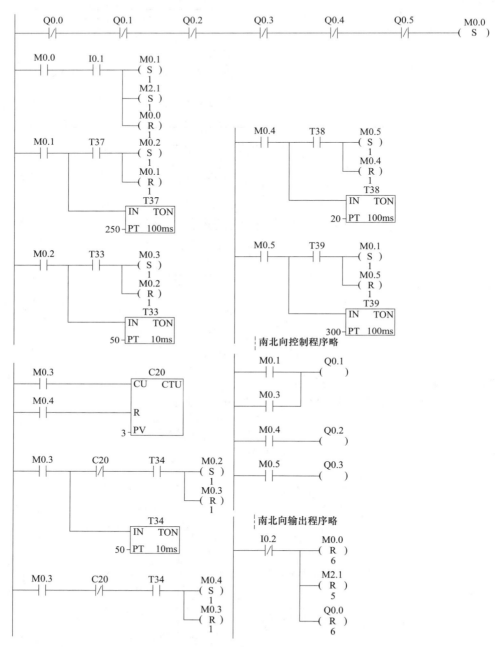

图 7-10 交通信号灯梯形图程序

7.4.2 顺序控制继电器指令编程

S7-200 SMART PLC 的顺序控制继电器（SCR）指令是基于顺序功能图（SFC）的编程

方式，专门用于编制顺序控制程序。顺序控制程序被顺序控制继电器指令（LSCR）划分为若干个 SCR 段，一个 SCR 段对应于顺序功能图中的一步。

当顺序控制继电器 S 位的状态为"1"（如 S0.1＝1）时，对应的 SCR 段被激活，即顺序功能图对应的步被激活，成为活动步，否则是非活动步。SCR 段中执行程序所完成的动作（或命令）对应着顺序功能图中该步相关的动作（或命令）。程序段的转换（SCRT）指令相当于实施了顺序功能图中步的转换功能。由于 PLC 周期性循环扫描执行程序，编制程序时各 SCR 段只要按顺序功能图有序地排列，各 SCR 段活动状态的进展就能完全按照顺序功能图中有向连线规定的方向进行。

下面以深孔钻组合机床的 PLC 控制程序为例介绍程序设计步骤和 SCR 指令编程方法。

(1) 深孔钻组合机床控制要求

深孔钻组合机床在进行深孔钻削时，为利于钻头排屑和冷却，需要周期性地从工件中退出钻头，刀具进退与行程开关示意图如图 7-11 所示。

在起始位置 0 点时，行程开关 SQ1 被压合，按启动按钮 SB2，电动机正转启动，刀具前进。退刀由行程开关控制，当动力头依次压在 SQ3、SQ4、SQ5 上时，电动机反转，刀具会自动退刀，退刀到起始位置时，SQ1 被压合，退刀结束，又自动进刀，直到三个过程全部结束。

(2) I/O 地址分配表和接线图

I/O 地址分配表见表 7-2，I/O 接线图如图 7-12 所示。

⊡ 表 7-2　深孔钻控制 I/O 地址分配表

输入信号及地址	SB1 停止按钮	10.1	SQ4 退刀行程开关	10.4
	SB2 启动按钮	10.2	SQ5 退刀行程开关	10.5
	SQ1 原始位置行程开关	10.6	SB3 正向调整点动按钮	10.7
	SQ3 退刀行程开关	10.3	SB4 反向调整点动按钮	10.0
输出信号及地址	KM1 钻头前进接触器线圈	Q0.1	KM2 钻头后退接触器线圈	Q0.2

(3) 画出顺序功能图

根据深孔钻组合机床工作示意图画出顺序功能图，如图 7-13 所示。

(4) 由顺序功能图设计梯形图程序

由顺序功能图所设计的梯形图程序如图 7-14 所示。

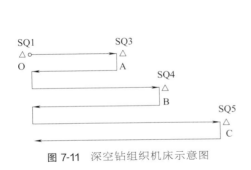

图 7-11　深空钻组织机床示意图

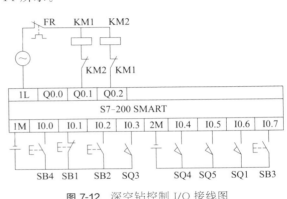

图 7-12　深空钻控制 I/O 接线图

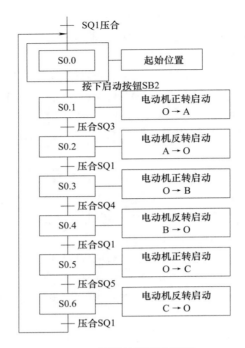

SQ1压合

| S0.0 | — | 起始位置 |

按下启动按钮SB2

| S0.1 | — | 电动机正转启动 O→A |

压合SQ3

| S0.2 | — | 电动机反转启动 A→O |

压合SQ1

| S0.3 | — | 电动机正转启动 O→B |

压合SQ4

| S0.4 | — | 电动机反转启动 B→O |

压合SQ1

| S0.5 | — | 电动机正转启动 O→C |

压合SQ5

| S0.6 | — | 电动机反转启动 C→O |

压合SQ1

图 7-13 深孔钻顺序功能图

```
 I0.2          I0.6    Q0.1    Q0.2         S0.1
──┤├──── P ────┤├──────┤/├─────┤/├─────────( S )
                                               1
                      //原位置启动，置位步序1

 S0.1
┌────────┐
│  SCR   │                //步序1控制开始
└────────┘
 SM0.0        M0.1
──┤├──────────( )         // 电动机正转O→A

 I0.3         S0.2
──┤├─────────(SCRT)       //到A后切换到步序2

─────────────(SCRE)       //步序1结束

 S0.2
┌────────┐
│  SCR   │                //步序2控制开始
└────────┘
 SM0.0        M0.2
──┤├──────────( )         // 电动机反转A→O

 I0.6         S0.3
──┤├─────────(SCRT)       //到O后切换到步序3

─────────────(SCRE)       //步序2结束

 S0.3
┌────────┐
│  SCR   │
└────────┘
 SM0.0        M0.3
──┤├──────────( )         //步序3控制开始
                          // 电动机正转O→B
 I0.4         S0.4
──┤├─────────(SCRT)       //到B后切换到步序4

─────────────(SCRE)
```

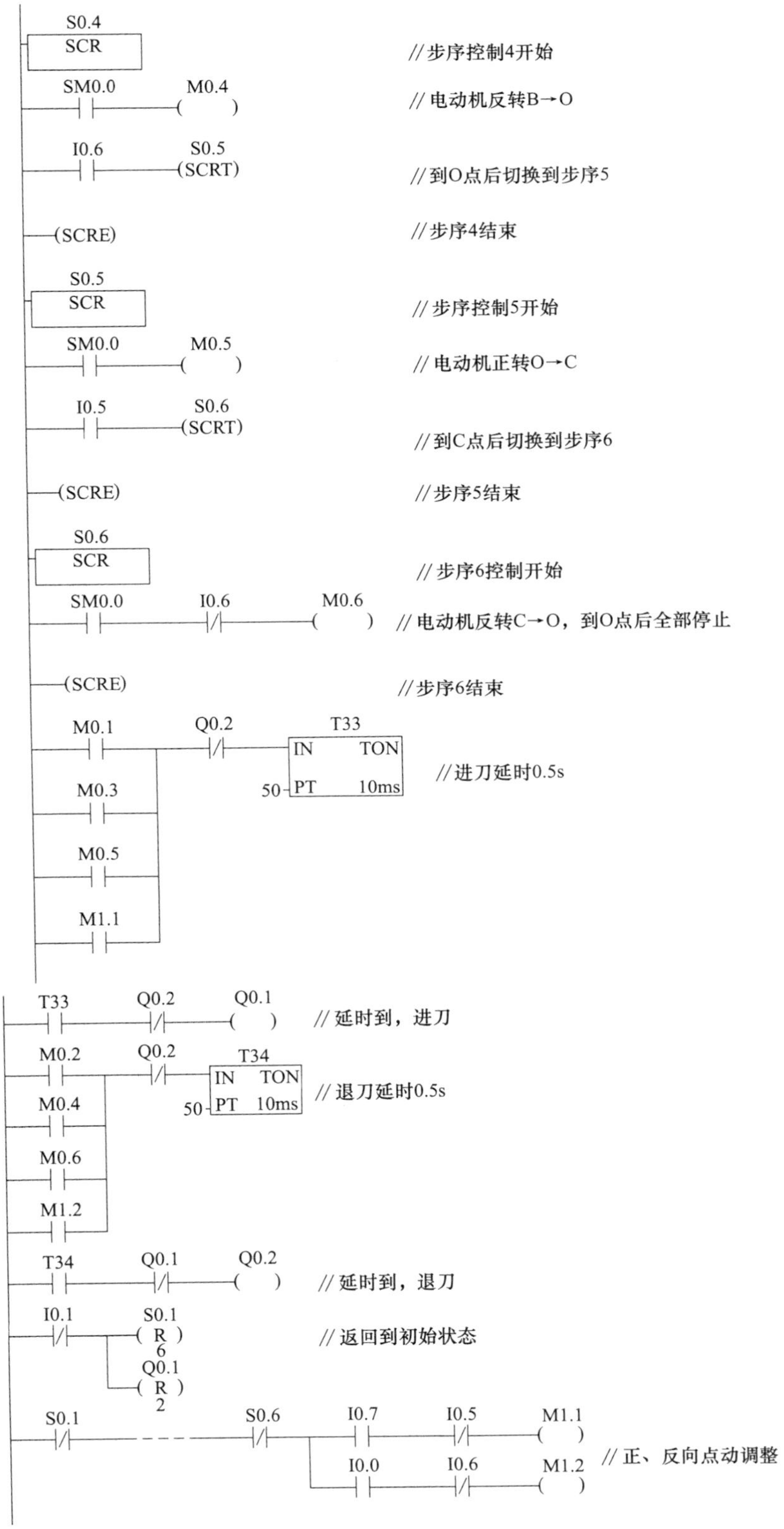

```
         S0.4
        ┌─────┐
        │ SCR │                        //步序控制4开始
        └─────┘
       SM0.0      M0.4
      ──┤├────────(   )                //电动机反转B→O

        I0.6      S0.5
      ──┤├───────(SCRT)                //到O点后切换到步序5

      ──(SCRE)                         //步序4结束

         S0.5
        ┌─────┐
        │ SCR │                        //步序控制5开始
        └─────┘
       SM0.0      M0.5
      ──┤├────────(   )                //电动机正转O→C

        I0.5      S0.6
      ──┤├───────(SCRT)                //到C点后切换到步序6

      ──(SCRE)                         //步序5结束

         S0.6
        ┌─────┐
        │ SCR │                        //步序6控制开始
        └─────┘
       SM0.0      I0.6      M0.6
      ──┤├──────┤/├────────(   )       //电动机反转C→O，到O点后全部停止

      ──(SCRE)                         //步序6结束

        M0.1      Q0.2          T33
      ──┤├───────┤/├──────┤IN    TON│
        M0.3                │         │  //进刀延时0.5s
      ──┤├──             50─┤PT  10ms│
        M0.5                └─────────┘
      ──┤├──
        M1.1
      ──┤├──

        T33       Q0.2      Q0.1
      ──┤├───────┤/├────────(   )       //延时到，进刀

        M0.2      Q0.2          T34
      ──┤├───────┤/├──────┤IN    TON│
        M0.4                │         │  //退刀延时0.5s
      ──┤├──             50─┤PT  10ms│
        M0.6                └─────────┘
      ──┤├──
        M1.2
      ──┤├──

        T34       Q0.1      Q0.2
      ──┤├───────┤/├────────(   )       //延时到，退刀

        I0.1      S0.1
      ──┤/├──────( R )                  //返回到初始状态
                   6
                 Q0.1
                 ( R )
                   2

        S0.1           S0.6      I0.7      I0.5      M1.1
      ──┤/├──── ─ ─ ──┤/├──────┤├────────┤/├────────(   )
                                I0.0      I0.6      M1.2    //正、反向点动调整
                              ──┤├────────┤/├────────(   )
```

图 7-14　深孔钻控制梯形图程序

第 7 章　PLC 控制系统设计与应用实例　**169**

注意：钻头进刀和退刀是由电动机正转和反转实现的，电动机的正、反转切换是使用两只接触器 KM1（正转）、KM2（反转）切换三相电源中的任意两相实现的。在设计时，为防止由于电源换相所引起的短路事故，减少换相对电动机的冲击，软件上采用了换相延时措施，梯形图中 T33 和 T34 的延时时间通常设置为 0.1～0.5s，同时在硬件电路上也采取了互锁措施。I/O 接线图中的 FR 用于过载保护。为便于调整，程序中具有点动控制功能。

7.4.3　具有多种工作方式的顺序控制梯形图设计方法

为了满足生产的需要，很多设备要求设置多种工作方式，如手动方式和自动方式，后者包括连续、单周期、步进和自动返回初始状态几种工作方式。

(1) 控制要求与工作方式

如图 7-15 所示，某机械手用来将工件从 A 点搬运到 B 点，一共 6 个动作，分 3 组，即上升/下降、左移/右移和放松/夹紧。

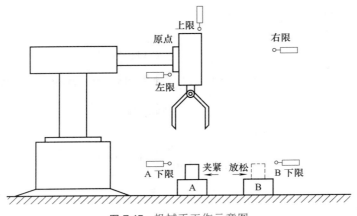

图 7-15　机械手工作示意图

机械手的全部动作由气缸驱动，而气缸又由相应的电磁阀控制。其中，上升/下降和左移/右移分别由双线圈的两位电磁阀控制。例如，当下降电磁阀通电时，机械手下降；当下降电磁阀断电时，机械手下降停止。机械手的放松/夹紧动作由一个单线圈的两位电磁阀控制，当该线圈通电时，机械手夹紧；当该线圈断电时，机械手放松。

当机械手右移到位并准备下降时，为了确保安全，必须在右工作台上无工件时才允许机械手下降。也就是说，若上一次搬运到右工作台上的工件尚未搬走，机械手应自动停止下降，用光电开关进行无工件检测。

系统设有手动操作方式和自动操作方式。自动操作方式又分为步进、单周期和连续操作方式。机械手在最上面和最左边且松开时，称系统处于原点状态（或初始状态）。进入单周期、步进和连续工作方式之前，系统应处于原点状态，如果不满足这一条件，可以选择手动工作方式，进行手动操作控制，使系统返回原点状态。

手动操作：就是用按钮操作对机械手的每步运动单独进行控制。例如，当按下上升启动按钮时，机械手上升；当按下下降启动按钮时，机械手下降。

单周期工作方式：机械手从原点开始，按一下启动按钮，机械手自动完成一周期的动作后停止。

连续工作方式：机械手从初始步开始一个周期接一个周期地反复连续工作。按下停止按钮，并不马上停止工作，完成最后一个周期的工作后，系统才返回并停留在初始步。

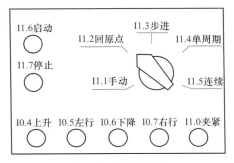

图 7-16 操作面板

（2）操作面板布置与外部接线

操作面板如图 7-16 所示，工作方式选择开关的 5 个位置分别对应 5 种工作方式，操作面板下部的 5 个按钮是手动按钮。图 7-17 所示为 PLC 的外部接线图。

（3）整体程序结构

多种工作方式的顺序控制编程常采用模块式编程方法，即主程序＋子程序。由于单周期、步进和连续这三种工作方式工作的条件都必须要在原点位置，另外都是按顺序执行的，所以可以将它们放在同一个子序中，统称为自动运行。这样就是编写手动和回原点以及自动运行模式三个子程序。

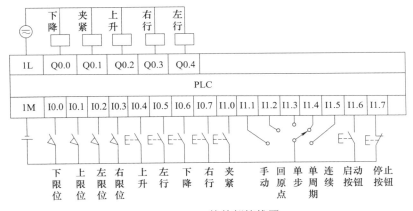

图 7-17 PLC 的外部接线图

① 主程序　主程序主要完成对各个子程序的调用，以及不同工作方式之间的切换处理，如图 7-18 所示。

单周期、步进和连续运行都必须使机械手要停留在初始位置且 Q0.1 为 0，因此设置一个原点标志位 M0.5，当左限位开关 I0.2、上限位开关 I0.1 的常开触点和表示机械手松开的 Q0.1 的常闭触点的串联电路接通时，"原点条件"存储器位 M0.5 变为 ON。设置 M0.0 为自动运行的初始步标志位，在开始执行用户程序（SM0.1 为 ON）或系统处于手动或回原点状态时，且当机械手处于原点位置（M0.5 为 ON）时，初始步对应的 M0.0 被置位，为进入单周期、步进和连续工作方式做好准备。

当系统运行于手动和回原点工作方式时，必须将图 7-21 中除初始步之外的各步对应的存储器位（M2.0～M2.7）复位，否则，当系统从自动工作方式切换到手动工作方式，然后又切换回自动工作方式时，可能会出现同时有两个活动步的情况，导致系统出错。M0.6 设置为连续工作方式时的内部标志位，当在连续工作方式下 M0.6 为 ON，否则 M0.6 被复位。

② 手动程序　图 7-19 所示为手动程序，手动操作时用 I0.4～I1.0 对应的 5 个按钮控制机械手的上升、左行、下降、右行和夹紧。为了保证系统的安全运行，在手动程序中设置了一些必要的联锁，如限位开关对运动极限位置的限制，上升与下降之间、左行与右行之间的

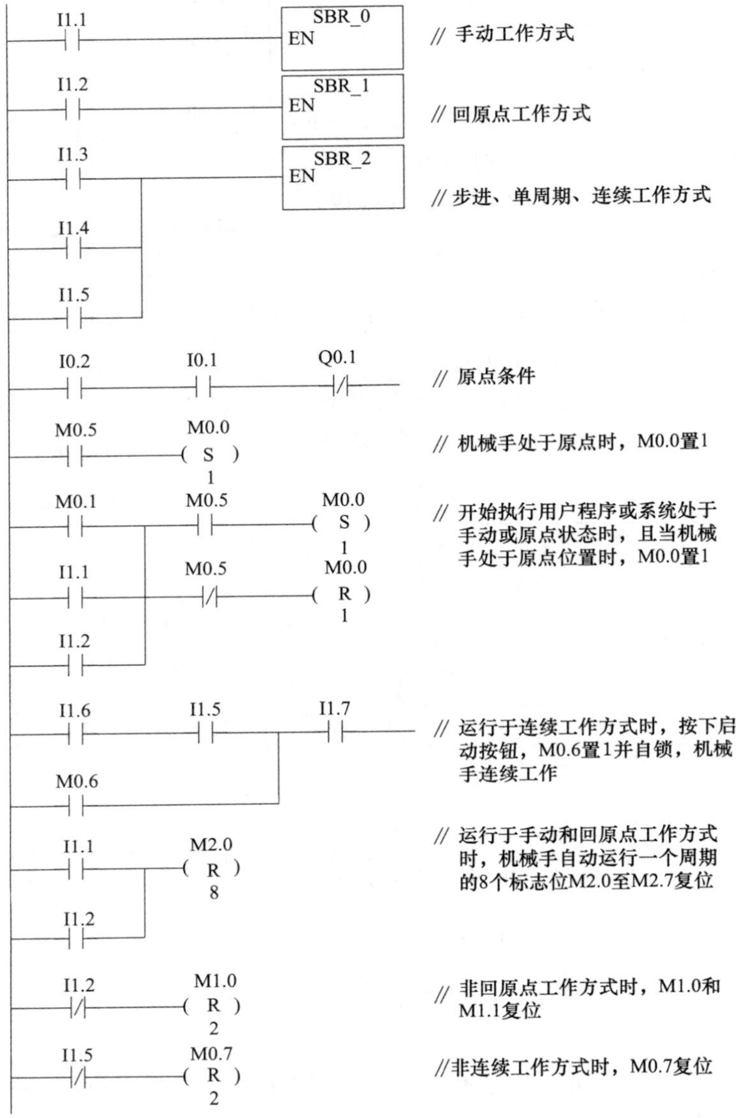

```
    I1.1              SBR_0
────┤ ├──────────────┤EN      //手动工作方式

    I1.2              SBR_1
────┤ ├──────────────┤EN      //回原点工作方式

    I1.3              SBR_2
─┬──┤ ├──────────────┤EN      //步进、单周期、连续工作方式
 │
 │  I1.4
 ├──┤ ├
 │
 │  I1.5
 └──┤ ├

    I0.2      I0.1      Q0.1
────┤ ├──────┤ ├──────┤/├      //原点条件

    M0.5      M0.0
────┤ ├──────( S )              //机械手处于原点时，M0.0置1
               1

    M0.1      M0.5      M0.0
─┬──┤ ├──────┤ ├──────( S )    //开始执行用户程序或系统处于
 │                       1       手动或原点状态时，且当机械
 │  I1.1      M0.5      M0.0     手处于原点位置时，M0.0置1
 ├──┤ ├──────┤/├──────( R )
 │                       1
 │  I1.2
 └──┤ ├

    I1.6      I1.5      I1.7
─┬──┤ ├──────┤ ├──────┤ ├      //运行于连续工作方式时，按下启
 │                               动按钮，M0.6置1并自锁，机械
 │  M0.6                         手连续工作
 └──┤ ├

    I1.1              M2.0
─┬──┤ ├──────────────( R )      //运行于手动和回原点工作方式
 │                     8          时，机械手自动运行一个周期
 │  I1.2                          的8个标志位M2.0至M2.7复位
 └──┤ ├

    I1.2              M1.0
────┤/├──────────────( R )      //非回原点工作方式时，M1.0和
                       2          M1.1复位

    I1.5              M0.7
────┤/├──────────────( R )      //非连续工作方式时，M0.7复位
                       2
```

图 7-18 机械手工作主程序

互锁用来防止功能相反的两个输出同时为 ON。为了使机械手上升到最高位置时才能左右移动，应将上限位开关 I0.1 的常开触点与控制左、右行的 Q0.4 和 Q0.3 的线圈串联，以防止机械手在较低位置运行时与别的物体碰撞。

③ 回原点程序　图 7-20 所示为回原点程序。在回原点工作方式时，I1.2 为 ON。按下启动按钮 I1.6 时，机械手上升，升到上限位开关时，机械手左行，到左限位开关时，将 Q0.1 复位，机械手松开。这时原点条件满足，M0.5 为 ON，在主程序中，自动运行的初始步 M0.0 被置位，为进入单周期、步进和连续工作方式做好了准备。

④ 自动运行程序　图 7-21 所示为处理单周期、连续和步进工作方式的顺序功能图。其中，M0.0 为初始步标志位，其状态位在主程序中控制；M0.5 为原点标志位；M0.6 为是否连续运行标志位；M2.0～M2.7 为机械手自动运行一个周期的 8 个标志位。

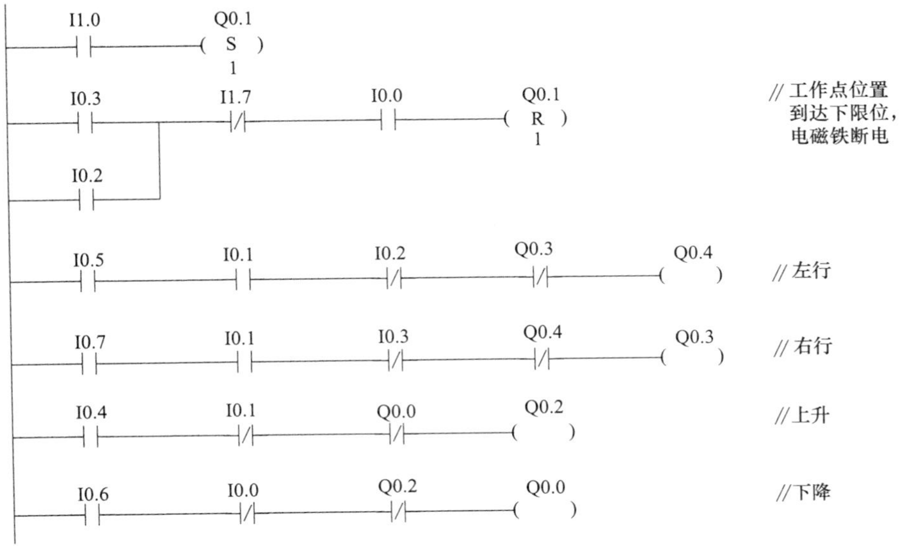

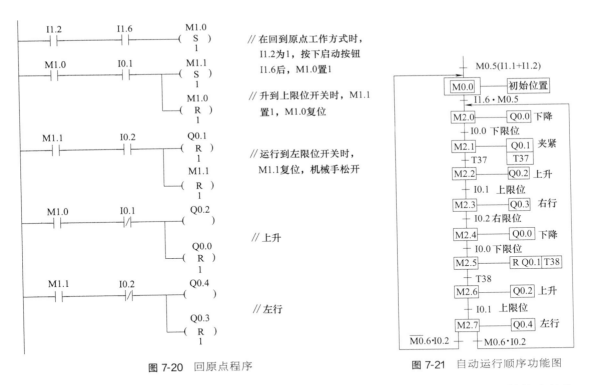

图 7-19 机械手工作手动程序

图 7-20 回原点程序

图 7-21 自动运行顺序功能图

　　单周期、步进和连续这三种工作方式主要是通过"连续"标志位 M0.6 和"转换允许"标志位 M0.7 来区分的。图 7-22 所示为自动运行程序。

　　① 步进与非步进的区分。通过设置一个存储器位 M0.7 来区别步进与非步进，并把 M0.7 的常开触点接在每个控制代表步的存储器位的程序中，它们断开时禁止步的活动状态的转换。

```
  I1.6                          M0.7
──┤├────────────────┬──────────┤P├──( )──          // M0.7为步进工作1方式的标志位
  I1.3               │
──┤/├───────────────┘

  M0.0   I1.6   M0.5   M0.7      M0.0
──┤├─────┤├─────┤├─────┤├───────( R )──            //原点位置处按下启动按钮I1.6，M0.0
                                   1                复位，M2.0置1
                                 M2.0
                                ( S )
                                   1

  M2.0   I0.0   M0.7      M2.1
──┤├─────┤├─────┤├───────( S )──                    //下降到下限位开关时，M2.0复位，
                            1                          M2.1置1
                          M2.0
                         ( R )
                            1

  M2.1   T37    M0.7      M2.2
──┤├─────┤├─────┤├───────( S )──                    // 1s计时到，M2.1复位，M2.2置1
                            1
                          M2.1
                         ( R )
                            1

  M2.2   I0.1   M0.7      M2.3
──┤├─────┤├─────┤├───────( S )──                    //上升到上限位开关时，M2.3复位，
                            1                          M2.4置1
                          M2.2
                         ( R )
                            1

  M2.3   I0.3   M0.7      M2.4
──┤├─────┤├─────┤├───────( S )──                    //右行到右限位开关时，M2.3复位，
                            1                          M2.4置1
                          M2.3
                         ( R )
                            1

  M2.4   I0.0   M0.7      M2.5
──┤├─────┤├─────┤├───────( S )──                    //下降到下限位开关时，M2.4复位，
                            1                          M2.5置1
                          M2.4
                         ( R )
                            1

  M2.5   T38    M0.7      M2.6
──┤├─────┤├─────┤├───────( S )──                    // 1s计时到，M2.5复位，M2.6置1
                            1
                          M2.5
                         ( R )
                            1

  M2.6   I0.1   M0.7      M2.7
──┤├─────┤├─────┤├───────( S )──                    //上升到上限位开关时，M2.6复位，
                            1                          M2.7置1
                          M2.6
                         ( R )
                            1

  M2.7   I0.2   M0.6   M0.7      M0.0
──┤├─────┤├─────┤/├─────┤├───────( S )──            //左行到左限位开关时，连续
                                   1                  标志位M0.6为0时，M2.7复位，
                                 M2.7                 M0.0置1
                                ( R )
                                   1

  M2.7   I0.2   M0.6   M0.7      M2.0
──┤├─────┤├─────┤├─────┤├───────( S )──             //左行到左限位开关时，连续标志
                                   1                  位M0.6为1时，M2.7复位，M2.0置1
                                 M2.7
                                ( R )
                                   1

  M2.0   I0.0          Q0.0
──┤├─────┤/├──────────( )──                         // 下降
  M2.4
──┤├

  M2.1                 Q0.1
──┤├─────┬───────────( S )──                        // 机械手夹紧，并开始1s计
          │              1
          │            T37
          └──────┌──────────────┐
                 │IN    TON      │
              10─┤PT  100ms      │
                 └──────────────┘
```

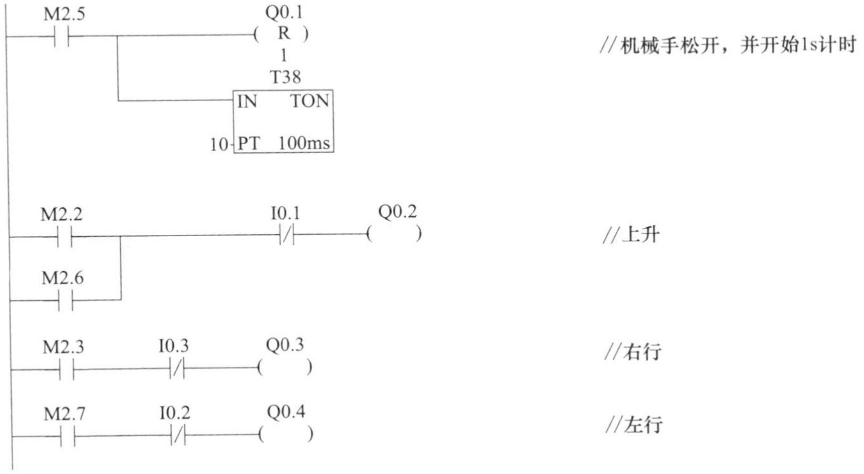

图 7-22 自动运行程序

如果系统处于步进工作方式，I1.3 为 ON 状态，则常闭触点断开，"转换允许"存储器位 M0.7 在一般情况下为 0 状态，不允许步与步之间的转换。当某一步的工作结束后，转换条件满足，如果没有按启动按钮 I1.6，M0.7 处于 0 状态，不会转换到下一步。一直要等到 M0.7 的常开触点接通，系统才会转换到下一步。

如果系统处于连续、单周期（非步进）工作方式，I1.3 的常闭触点接通，使 M0.7 为 1 状态，串联在各电路中的 M0.7 的常开触点接通，允许步与步之间的正常转换。

② 单周期与连续的区分。在连续工作方式时，I1.5 为 1 状态。在初始状态下按下启动按钮 I1.6，M2.0 变为 1 状态，机械手下降。与此同时，控制连续工作的 M0.6 的线圈"通电"并自锁。

当机械手在步 M2.7 返回最左边时，I0.2 为 1 状态，因为"连续"标志位 M0.6 为 1 状态，转换条件 $\overline{M0.6} \cdot I0.2$ 满足，系统将返回步 M2.0，反复连续地工作下去。

按下停止按钮 I1.7 后，M0.6 变为 0 状态，但是系统不会立即停止工作，在完成当前工作周期的全部操作后，步 M2.7 返回最左边，左限位开关 I0.2 为 1 状态，转换条件 $\overline{M0.6} \cdot I0.2$ 满足，系统才返回并停留在初始步。

在单周期工作方式时，M0.6 一直处于 0 状态。当机械手在最后一步 M2.7 返回最左边时，左限位开关 I0.2 为 1 状态，转换条件 M0.6 · I0.2 满足，系统返回并停留在初始步。按一次启动按钮，系统只工作一个周期。

7.5 PLC 在工业控制系统中的典型应用实例

7.5.1 节日彩灯的 PLC 控制

用 PLC 实现对节日彩灯的控制，结构简单、工作稳定、变换形式多样且价格低。彩灯形式及变换尽管花样繁多，但其负载不外乎三种：长通类负载、变换类负载及流水闪烁类负载。长通类负载是指彩灯中用以照明或起衬托底色作用之类的负载，其特点是只要彩灯投入工作，则这类负载长期接通；变换类负载则是指某些在整个工作过程中定时进行花样变换的负载，如字形的变换、色彩的变换或闪烁的变换之类，其特点是定时通断，但频率不高；流水闪烁类负载则是指变换速度快，犹如行云流水、星光闪烁、万马奔腾，其特点虽也是定时通断，但频率较高（通常间隔几十毫秒至几百毫秒）。

图 7-23　环形分配器示意"钟"

（1）彩灯闪烁的一般控制方法——环形分配器原理

对于长通类负载，其控制十分简单，只需一次接通或断开即可。虽然变换类及流水闪烁类负载的控制方法多种多样，但只要彩灯能按预定节拍和花式闪烁就可以满足控制要求。比较规范的彩灯设计方法是"环形分配器法"。该法即相当于产生一个节拍"钟"（见图 7-23）和"花式"节拍输出分配表（见表 7-3）。节拍"钟"内的"长针"按节拍步进，步进时间长短按灯闪烁时间间隔需要设置，图 7-23 中一圈设为 8 步，如果每步安排不同的输出，由输出带动的彩灯就可按一定"花式"闪烁；如果彩灯有两种以上的花式闪烁，则"钟"内还有"短针"，"短针"的步进规律与一般时钟大同小异，即长针走一圈短针步进一步，本例与一般时钟不同的是短针只走两步就为一圈，只安排两种花式的转换，也就是有几种花式，"短针"就为几步一圈。"花式"节拍输出分配表的功能是将"长针"指向的位（本例为 V2.0～V2.7）与"中间输出"MB1 相对应（见表 7-3）。

☑ 表 7-3　节日彩灯"步进单闪"花式节拍输出分配表

中间输出	针节拍							
	V2.0	V2.1	V2.2	V2.3	V2.4	V2.5	V2.6	V2.7
M1.0		+	+	+	+	+	+	+
M1.1	+		+	+	+	+	+	+
M1.2	+	+		+	+	+	+	+
M1.3	+	+	+		+	+	+	+
M1.4	+	+	+	+		+	+	+
M1.5	+	+	+	+	+		+	+
M1.6	+	+	+	+	+	+		+
M1.7	+	+	+	+	+	+	+	

注：以上分配表是在 V2.0～V2.7 为"非零"时的状态。

当"长针"指向 V2.0 时，中间输出 M1.0 为 0；当"长针"指向 V2.1 时，中间输出 M1.1 为 0，以此类推。表 7-3 中"＋"表示对应的彩灯"亮"，否则，对应的彩灯"灭"。如果将中间输出状态写入输出线圈，再由输出线圈驱动彩灯闪烁，彩灯即可出现表 7-3 中设计的"花式"闪烁。如果彩灯闪烁安排有两种以上的花式，就有两种以上的彩灯花式动作时序表与之对应；各种花式的步进如前所述，也按环形分配器方式进行。如本例，当短针指向 V3.0（V3.0 为 1）时，执行表 7-3 的花式；当短针指向 V3.1（V3.1 为 1）时，执行表 7-4 的花式。

本例所选彩灯变换的第一种花样为"步进单闪"方式：当程序上电还未启动运行时，VB2 全为 0，则 MB1 全为 1；如果启动运行程序，VB2 从 V2.0～V2.7 依次逐个置 1，从表 7-3 中"＋"可知，MB1 从 M1.0～M1.7 依次逐个置 0……MB1 状态通过 QB0 输出到彩灯上，就体现"步进单闪"花式。

表 7-4 节日彩灯"奇偶跳变"花式节拍输出分配表

中间输出	针节拍							
	V2.0	V2.1	V2.2	V2.3	V2.4	V2.5	V2.6	V2.7
M2.0		+		+		+		+
M2.1	+		+		+		+	
M2.2		+		+		+		+
M2.3	+		+		+		+	
M2.4								+
M2.5					+		+	
M2.6		+		+		+		+
M2.7	+		+		+		+	

注：以上分配表是在 V2.0～V2.7 为"非零"时的状态。

本例的第二种"花式"为"奇偶跳变"方式：当第一种"花式"运行完时，第二种"花式"被调用，"花式"节拍输出分配表见表 7-4。在这种"花式"中，VB2 为第二个周期，仍从 V2.0～V2.7 依次逐个置 1，从表 7-4 中"＋"可知，VB2 中的"奇"位为 1 时，MB2 中的"偶"位为 1；反过来，VB2 中的"偶"位为 1 时，MB2 中的"奇"位为 1，从而出现"奇偶跳变"花式。

通过执行表 7-3 和表 7-4，彩灯"花式"通过 MB1 和 MB2 体现，再分别按位将 MB1 和 MB2 的状态输出到 QB0 上，即完成环形分配器法彩灯控制的过程。

（2）环形分配器法编程

根据上面介绍的原理编写出的控制程序如图 7-24 所示。该控制程序首先要写"启动行"，再做"环形分配器"的"钟"，做"钟"有三个要素：时基、单步环形移位（"长针"）和"长针"周期触发、"短针"单步环形移位。

① 时基　在 M0.0 线圈启动以后用定时器 T37 作"长针"时基的脉冲发生器（本例为 0.4s 一拍），即用 T37 的常闭触点控制定时器 T37 计时，定时器 T37 就产生 0.4s 定时脉冲。

② 单步环形移位　在启动的一瞬间将 VB2 置 1，用 T37 定时脉冲驱动环形移位器 ROL-B 移位。这样就产生了如图 7-23 所示的 8 位节拍为一周、步进频率为 1.25Hz 的"钟"的"长针"。

③ "长针"周期触发、"短针"单步环形移位　按上面原理所述，短针也是环形移位，本例有两种灯闪"花式"，如用环形移位（ROL-B）指令来设计，将 N 设为 4，输出用 V3.0 和 V3.4 即可；如用移位寄存器 SHRB 来设计，则更加灵活，因为环形移位（ROL-B）指令的 8 位不能被 3、5、6、7 整除，所以只能完成 2、4、8 种三组花式的转换，而移位寄存器 SHRB 的 N 可以是 -31～-1、$+1$～$+31$ 的任意整数，因此一个移位寄存器能够完成 30 以内的任意种花式转换。

图 7-23 中，"长针"每转一圈产生一个移位脉冲的上升沿，即当 V2.7 在下降沿时由负跳变触点产生一个移位脉冲的上升沿。如果要将移位寄存器做成 2 位一周的环形移位器，则移位数端 N 置 2，DATA 端由 M0.1 输入，起始位为 V3.0；对 M0.1 的编码要求保证移位寄存器内只有一个"1"，而且不能少于一个"1"，即为一个 N 位的任意整数环形移位器。编程时须将移位寄存器的 N-1 位的常闭触点串联后，激励 M0.1 线圈就能满足编码要求。

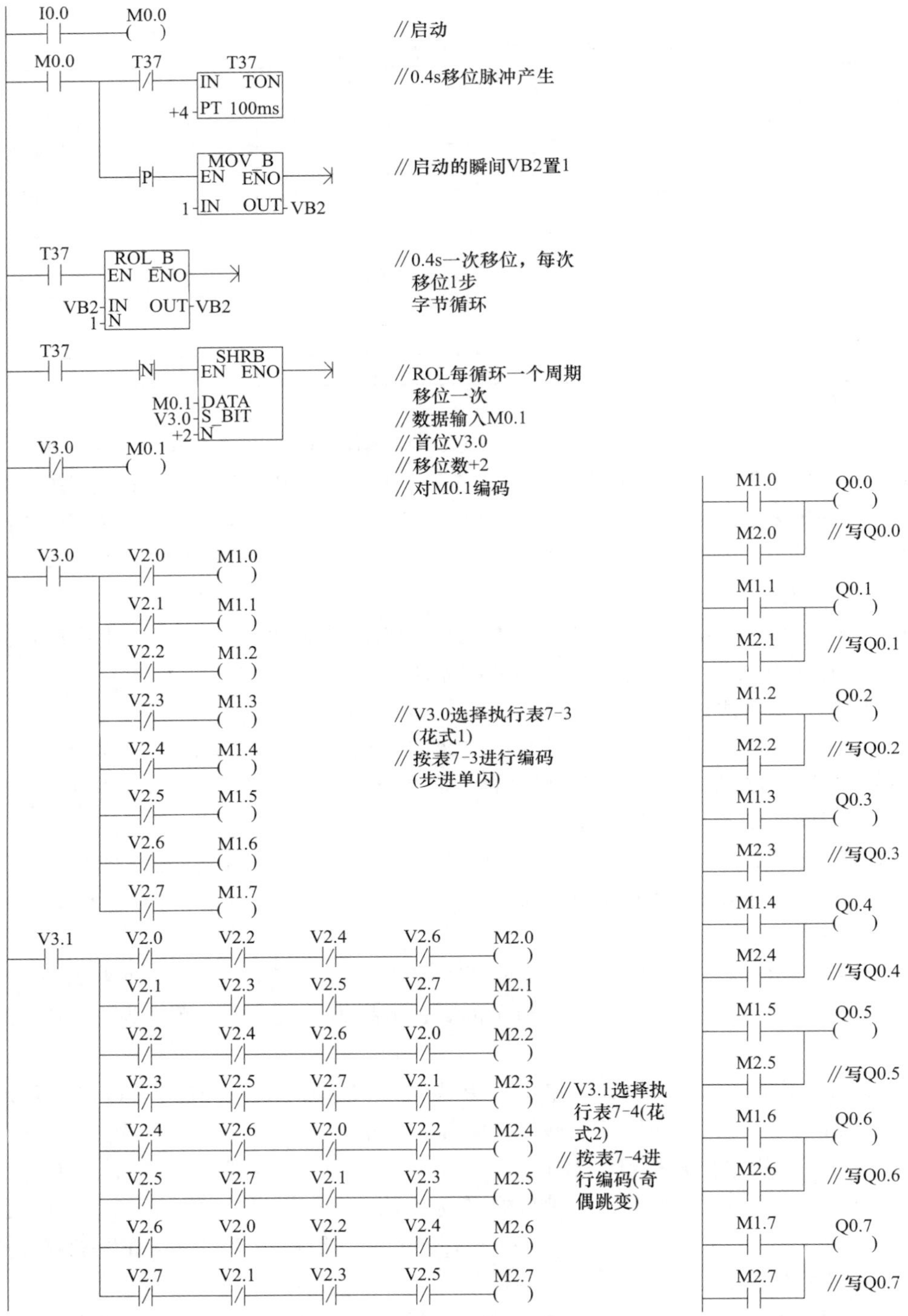

图 7-24　节日彩灯控制程序

（3）彩灯"花式"节拍输出分配表程序

　　节日彩灯"步进单闪"和"奇偶跳变"两种花式的梯形图程序如图 7-24 所示。"步进单闪"节拍输出按表 7-3 设置中间输出状态，该表在 V3.0 为 1 时被调用。"奇偶跳变"节拍输出按表 7-4 设置中间输出状态，该表在 V3.1 为 1 时被调用。

程序执行后，将表 7-3 和表 7-4 中"中间输出"按位汇点输出到 QB0 上各位，由输出位驱动彩灯或执行器即可完成对彩灯闪烁的控制，最终彩灯按表预设的花式循环闪烁。

7.5.2 恒温控制

过程控制中常常需要对温度进行控制。温度控制也是一种典型的模拟量控制。本节主要采用 PID 回路指令进行恒温控制程序设计，重点介绍实际应用中信号的转换方法和编程思路等。

(1) 恒温控制的基本思路

温度闭环控制系统示意图如图 7-25 所示。点画线框内为被加热体——"加热器总成"，其中在铝块上布有加热丝和 Pt100 温度传感器；变送器将传感器输出的温度信号转换成 4～20mA 的标准信号；EM AM06 * S7-200 SMART PLC 的 AI4/AQ2 模拟量扩展模块，接收该系统 4～20mA 的温度信号输入，输入信号经过 EM AM06 的 A-D 转换和程序处理变成"过程变量（PV）"，经 PLC 的 PID 回路指令处理后输出 4～20mA 的"调节量"到"晶闸管调功器"控制"加热器"的加热量；再由 Pt100 温度传感器检测温度，这样形成温度闭环控制系统。

(2) 数据的变换与处理

为实现温度的 PID 控制，采用 PID 回路指令。为此，需对回路输入/输出变量进行转换和标准化。将变送器送来的 4～20mA 的温度信号检测值转换成 0.0～1.0 的过程变量；将 PID 输出的 0.0～1.0 的输出值转换成 EM AM06 模块 0M 和两端输出的 4～20mA 信号，并作为晶闸管调功器的调节量。模拟量输入/输出是电流量还是电压量由模拟量组态时设定。A-D、D-A 的数据转换如图 7-26 所示，这里模拟量信号范围为 4～20mA，4mA 对应的 PLC 内部的刻度值为 5530。在数据转换时直接将 AIW16 的输入值减去 5530，即将坐标原点由"自然 0"转到"数据 0"，这样刻度值由 5530～27648 变为 0～22118。初学者最容易出错的是按"虚线"对应进行数据转换，这样就会出现较大的数据误差，数据越小。

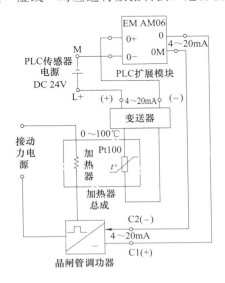

图 7-25 S7-200 SMART 温度闭环控制系统示意图

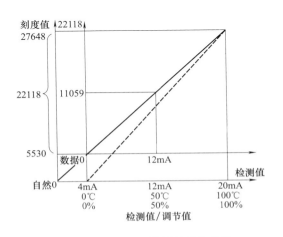

图 7-26 4～20mA 模拟量变换坐标

① 数据输入转换过程　加热器总成温度变化范围为 0～100℃，通过 Pt100 及变送器输出的 4～20mA 模拟量信号，输入到 EM AM06，A-D 转换得 5530～27648 范围刻度值，减去 5530 后，得到 0～22118 范围刻度值，存入 VW162，高 16 位补 0 后转换成实数，为 0～22118.0，存入 AC0，再除以 22118，得到 0.0～1.0 范围的实数，根据偏移地址存入 VD100，即完成温度变化到过程变量的转换。

② 控制量输出转换过程　PID 算法输出值为 0 范围的实数，根据偏移地址将其存在 VD108 中，再乘以 22118，变成 0～22118.0 范围的实数，存入 AC0，转换成双字整数 0～22118 存入 AC0，再转换成整数 0～22118 存入 AC0，加上 5530，得到 5530～27648 值存入 AC0，写入 AQW16，即为 0M 和 0 两端输出的 4～20mA 控制量。

（3）设计梯形图程序

根据控制要求，设计的恒温控制梯形图程序如图 7-27 所示，该程序共有主程序（MAIM）、子程序 0（SBR0）、子程序 1（SBR1）、中断 0（INT0）四部分。

① 主程序（MAIM）　网络 1 将温度信号输入值转换成 0～22118 存入 VW162；网络 3 则每 0.1s 将双字的温度信号输入累加到 VD264，并在 VW252 中记录累加次数。网络 4 首先是在累加次数大于等于 8 时，操作温度值 8 次采样用移位法取平均值，再转换成 0～100℃ 范围最终存入 VW180，如果温度值改成除以 22.118，则数码管可显示 0～100.0℃。网络 5 则是温度值数码显示程序段，该段以 "0" 比较器开始，是当 VW180 温度值确有变化的瞬间比较器接通，目的是使温度值显示稳定；将温度值变成 BCD 码写入 QW0 即可。网络 6 为初始化调用子程序 0。网络 7 直接用启动自动控温的 I0.0 填写给定值，本例给定为常数（以 50℃ 为例）。网络 8 调用子程序 1 设置 PID 回路表并开定时中断，操作分两种情况：在开机之前 I0.0 置位通过初始脉冲 SM0.1 调用；在开机之后 I0.0 置位通过正跳变调用。网络 9 为判断自动控温时 PID 输出是否 < 5530（4mA），如果是就输出 5530（4mA）。网络 10 为 I0.0 关断时输出 0 调节量。

② 子程序 0（SBR0）　初次扫描被调用；子程序 0 中 SM0.0 常开（始终为 1），即随时响应主程序的调用。初始化变量存储区，其中 VD260、VD264、VW252、VD268、VD180、VW184 开机清零；VW190 置最大输出调控量 27648（20mA），VW192 置 0 输出调控量 5530（4mA）。

③ 子程序 1（SBR1）　填写除给定值以外其它 PID 回路表参数。根据某温度调试系统的特点和实际调试实验，得到 PID 参数：增益 KQ 取 2000.0；积分时间取 2.8min；微分时间取 0.15min；定时中断时间间隔为 0.1s，与 PID 采样间隔时间相同。

④ 中断 0（INT0）　完成以下功能：程序段以 SM0.0 开始，随时响应子程序 1 中的定时中断，将 VW262 以上高 16 位补 0 成为双字整数，再划为实数，并除以 22118.0 使之成为 0.0～1.0 的过程变量（PV_n），再根据偏移地址存入 VD100。值得注意的是，由于温度信号是缓变信号，故 VD260 中过程值不需要多次采样取平均。第 2 个程序段用 I0.0 控制，I0.0 置 1 时 PID 回路指令有效，这样可以满足随时开启或关闭加热及自动控温，程序段 1 则是一次启动后工作到停机。PID 回路起止地址为 VB100，回路号为 0，将 0.0～1.0 的输出转换成 0～22118 的整数，再加 5530，成为 5530～27648 的输出，其中还有上/下限幅。当失调温度超过设定值 5℃ 时，输出 27648（全加热）。

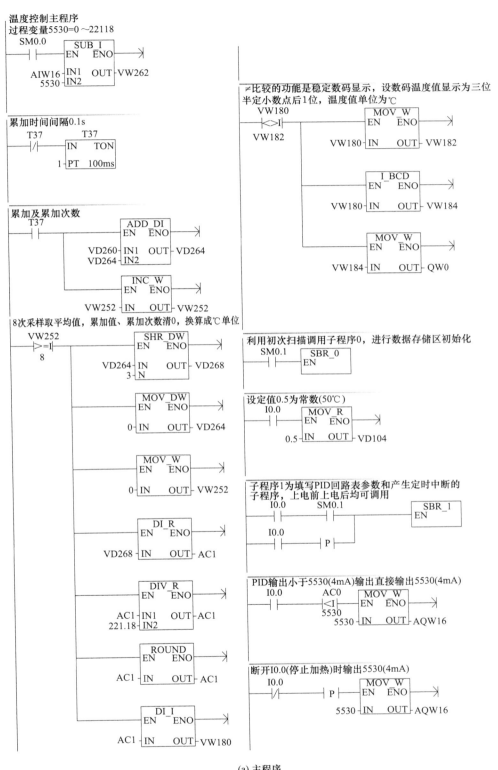

温度控制主程序
过程变量5530=0～22118

累加时间间隔0.1s

累加及累加次数

8次采样取平均值，累加值、累加次数清0，换算成℃单位

≠比较的功能是稳定数码显示，设数码温度值显示为三位半定小数点后1位，温度值单位为℃

利用初次扫描调用子程序0，进行数据存储区初始化

设定值0.5为常数(50℃)

子程序1为填写PID回路表参数和产生定时中断的子程序，上电前上电后均可调用

PID输出小于5530(4mA)输出直接输出5530(4mA)

断开I0.0(停止加热)时输出5530(4mA)

(a) 主程序

图 7-27

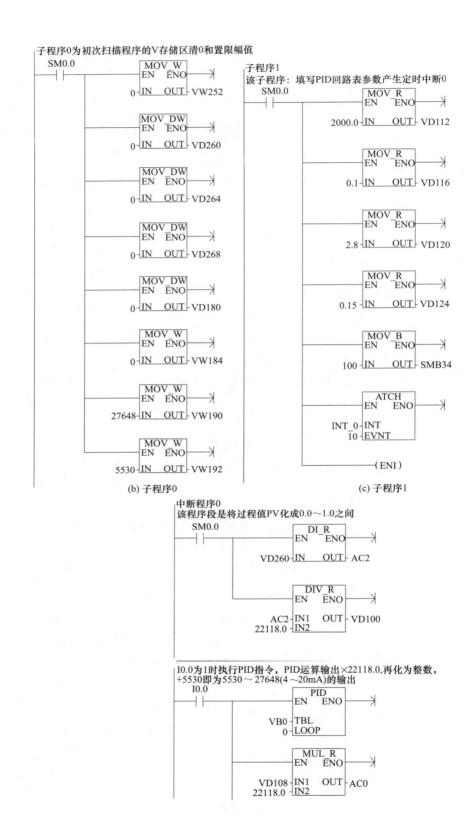

子程序0为初次扫描程序的V存储区清0和置限幅值

(b) 子程序0

子程序1
该子程序：填写PID回路表参数产生定时中断0

(c) 子程序1

中断程序0
该程序段是将过程值PV化成0.0~1.0之间

I0.0为1时执行PID指令，PID运算输出×22118.0，再化为整数，+5530即为5530~27648(4~20mA)的输出

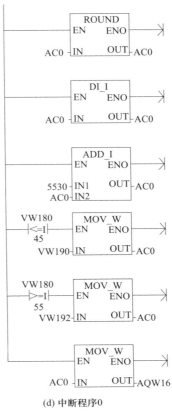

(d) 中断程序0

图 7-27 恒温控制梯形图程序

 思考与练习

1. 请根据图 7-3 所示的时序图和顺序功能图编写梯形图程序。

2. 请用顺序控制设计法编写图 7-2 所示运料小车的控制程序，要求设计顺序功能图、梯形图。

3. 请根据图 7-28 所示的顺序功能图编写相应的梯形图程序。

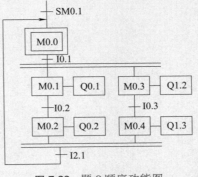

图 7-28 题 3 顺序功能图

4. 分别采用移位寄存器（SHRB）指令、SCR 指令设计彩灯控制程序，要求设计顺序功能图、梯形图。四路彩灯按"HL1HL2→HL2HL3→HL3HL4→HL4HL1→…"顺序重复循环上述过程，一个循环周期为 2s，使四路彩灯轮番发光，形似流水。

5. 传感器/变送器输出 4～20mA，输入到 PLC 模拟量模块如何处理成 0.0～1.0 的过程值 PV？

6. 设计一个居室安全系统的控制程序，使户主在度假期间，四个居室的百叶窗和照明灯有规律地打开和关闭或接通和断开。要求白天百叶窗打开，晚上百叶窗关闭；白天及深夜照明灯断开，晚上 6～10 时使四个居室照明灯轮流接通 1h。要求设计顺序功能图、梯形图。

第**8**章

西门子S7-200 SMART PLC的通信

在科学技术迅速发展的推动下，为了提高效率，越来越多的企业工厂使用可编程设备（如工业控制计算机、PLC、变频器、机器人和数控机床等）。为了便于管理和控制，需要将这些设备连接起来，实现分散控制和集中管理，要实现这一点，就必须掌握这些设备的通信技术。通过本章应能掌握通信网络的基础知识，根据需要配置 S7-200 SMART PLC 通信网络。

8.1 通信网络的基础知识

通信是指一地与另一地之间的信息传递。PLC 通信是指 PLC 与计算机、PLC 与 PLC、PLC 与人机界面（触摸屏）和 PLC 与其它智能设备之间的数据传递。

8.1.1 通信方式

(1) 有线通信和无线通信

有线通信是指以导线、电缆、光缆、纳米材料等看得见的材料为传输媒质的通信。无线通信是指以看不见的材料（如电磁波）为传输媒质的通信，常见的无线通信有微波通信、短波通信、移动通信和卫星通信等。

(2) 并行通信与串行通信

① 并行通信　同时传输多位数据的通信方式称为并行通信。并行通信如图 8-1 所示，计算机中的 8 位数据 10011101 通过 8 条数据线同时送到外部设备中。并行通信的特点是数据传输速度快，由于需要的传输线多，故成本高，只适合近距离的

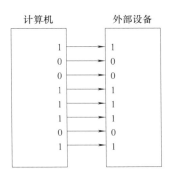

图 8-1　并行通信

数据通信。PLC 主机与扩展模块之间通常采用并行通信。

② 串行通信　逐位依次传输数据的通信方式称为串行通信。串行通信如图 8-2 所示，计算机中的 8 位数据 10011101 通过一条数据线逐位传送到外部设备中。串行通信的特点是数据传输速度慢，但由于只需要一条传输线，故成本低，适合远距离的数据通信。PLC 与计算机、PLC 与 PLC、PLC 与人机界面之间通常采用串行通信。

(3) 异步通信和同步通信

串行通信又可分为异步通信和同步通信。PLC 与其它设备通常采用串行异步通信方式。

① 异步通信　在异步通信中，数据是一帧一帧地传送的。异步通信如图 8-3 所示，这种通信是以帧为单位进行数据传输，一帧数据传送完成后，可以接着传送下一帧数据，也可以等待，等待期间为空闲位（高电平）。

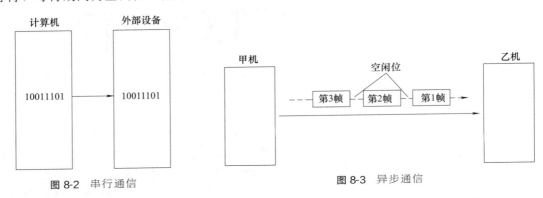

图 8-2　串行通信　　　　　　　　　图 8-3　异步通信

串行通信时，数据是以帧为单位传送的，帧数据有一定的格式。帧数据格式如图 8-4 所示，从图中可以看出，一帧数据由起始位、数据位、奇偶校验位和停止位组成。

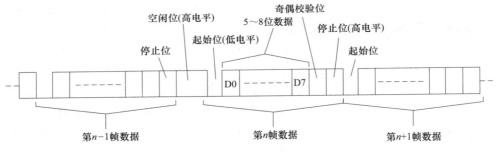

图 8-4　异步通信帧数据格式

起始位：表示一帧数据的开始，起始位一定为低电平。当甲机要发送数据时，先送一个低电平（起始位）到乙机，乙机接收到起始信号后，马上开始接收数据。

数据位：它是要传送的数据，紧跟在起始位后面。数据位的数据为 5～8 位，传送数据时是从低位到高位逐位进行的。

奇偶校验位：该位用于检验传送的数据有无错误。奇偶校验是检查数据传送过程中有无发生错误的一种校验方式，它分为奇校验和偶校验。奇校验是指数据和校验位中 1 的总个数为奇数，偶校验是指数据和校验位中 1 的总个数为偶数。

以奇校验为例，如果发送设备传送的数据中有偶数个 1，为保证数据和校验位中 1 的总个数为奇数，奇偶校验位应为 1。如果在传送过程中数据产生错误，其中一个 1 变为 0，那么传送到接收设备的数据和校验位中 1 的总个数为偶数，外部设备就知道传送过来的数据发生错误，会要求重新传送数据。

数据传送采用奇校验或偶校验均可，但要求发送端和接收端的校验方式一致。在帧数据中，奇偶校验位也可以不用。

停止位：它表示一帧数据的结束。停止位可以是 1 位、1.5 位或 2 位，但一定为高电平。

一帧数据传送结束后，可以接着传送第二帧数据，也可以等待，等待期间数据线为高电平（空闲位）。如果要传送下一帧，只要让数据线由高电平变为低电平（下一帧起始位开始），接收器就开始接收下一帧数据。

② 同步通信 在异步通信中，每一帧数据发送前要用起始位，在结束时要用停止位，这样会占用一定的时间，导致数据传输速度较慢。为了提高数据传输速度，在计算机与一些高速设备数据通信时，常采用同步通信。同步通信的数据格式如图 8-5 所示。

图 8-5 同步通信的数据格式

从图 8-5 中可以看出，同步通信的数据后面取消了停止位，前面的起始位用同步信号代替，在同步信号后面可以跟很多数据，所以同步通信传输速度快，但由于同步通信要求发送端和接收端严格保持同步，这需要用复杂的电路来保证，所以 PLC 不采用这种通信方式。

（4）单工通信和双工通信

在串行通信中，根据数据的传输方向不同，可分为三种通信方式：单工通信、半双工通信和全双工通信。

① 单工通信 在这种方式下，数据只能往一个方向传送。单工通信如图 8-6（a）所示，数据只能由发送端（T）传输给接收端（R）。

② 半双工通信 在这种方式下，数据可以双向传送，但同一时间内，只能往一个方向传送，只有一个方向的数据传送完成后，才能往另一个方向传送数据。半双工通信如图 8-6（b）所示，通信的双方都有发送器和接收器，一方发送时，另一方接收，由于只有一条数据线，所以双方不能在发送时同时进行接收。

③ 全双工通信 在这种方式下，数据可以双向传送，通信的双方都有发送器和接收器，由于有两条数据线，所以双方在发送数据的同时可以接收数据。全双工通信如图 8-6（c）所示。

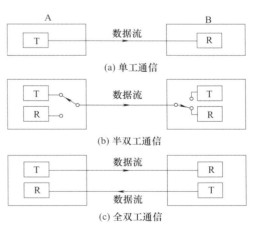

图 8-6 三种通信方式

8.1.2 通信传输介质

有线通信采用的传输介质主要有双绞线、同轴电缆和光缆。这三种通信传输介质如图 8-7 所示。

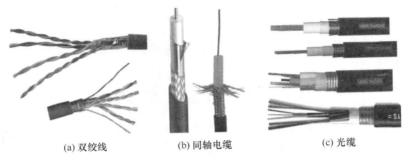

| (a) 双绞线 | (b) 同轴电缆 | (c) 光缆 |

图 8-7 三种通信传输介质

(1) 双绞线

双绞线是将两根导线扭绞在一起，以减少电磁波的干扰，如果再加上屏蔽套层，则抗干扰能力更好。双绞线的成本低、安装简单，RS232C、RS422A、RS485 和 RJ45 等接口多用双绞线电缆进行通信连接。

(2) 同轴电缆

同轴电缆的结构是从内到外依次为内导体（芯线）、绝缘线、屏蔽层及外保护层。由于从截面看这四层构成了四个同心圆，故称为同轴电缆。根据通频带不同，同轴电缆可分为基带（50Ω）和宽带（75Ω）两种，其中基带同轴电缆常用于 Ethernet（以太网）中。同轴电缆的传送速率高、传输距离远，但价格较双绞线高。

(3) 光缆

光缆由石英玻璃经特殊工艺拉成细丝结构，这种细丝的直径比头发丝还要细，一般直径在 $8 \sim 10 \mu m$（单模光纤）及 $50/62.5 \mu m$（多模光纤，$50 \mu m$ 为欧洲标准，$62.5 \mu m$ 为美国标准），但它能传输的数据量却是巨大的。

光纤是以光的形式传输信号的，其优点是传输的为数字的光脉冲信号，不会受电磁干扰，不怕雷击，不易被窃听，数据传输安全性好，传输距离长，且带宽宽、传输速度快。但由于通信双方发送和接收的都是电信号，因此通信双方都需要价格昂贵的光纤设备进行光电转换。另外，光纤连接头的制作与光纤连接需要专门工具和专门的技术人员。

双绞线、同轴电缆和光缆的参数特性见表 8-1。

表 8-1 双绞线、同轴电缆和光缆的参数特性

特性	双绞线	同轴电缆		光缆
		基带(50Ω)	宽带(75Ω)	
传输速率	1～4Mbps	1～10Mbps	1～450Mbps	10～500Mbps
网络最大长度	1.5km	1～3km	10km	50km
抗磁干扰能力	弱	中	中	强

8.2 PLC 以太网通信

以太网是一种常见的通信网络，多台计算机通过网线与交换机连接起来就构成一个以太网局域网，局域网之间也可以进行以太网通信。以太网最多可连接 32 个网段、1024 个节

点。以太网可实现高速（高达 100Mbps）、长距离（铜缆最远约为 1.5km，光纤最远约为 4.3km）的数据传输。

8.2.1 S7-200 SMART CPU 模块以太网连接的设备类

S7-200 SMART CPU 模块具有以太网端口（俗称 RJ45 网线接口），可以与编程计算机、HMI（又称触摸屏、人机界面等）和另一台 S7-200 SMART CPU 模块连接，也可以通过交换机与以上多台设备连接，以太网连接电缆通常使用普通的网线。S7-200 SMART CPU 模块以太网连接的设备类型如图 8-8 所示。

S7-200 SMART CPU模块与编程计算机连接   S7-200 SMART CPU模块与HMI连接

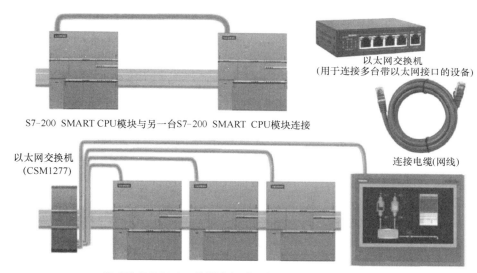

S7-200 SMART CPU模块与另一台S7-200 SMART CPU模块连接

以太网交换机
（用于连接多台带以太网接口的设备）

连接电缆(网线)

以太网交换机
(CSM1277)

S7-200 SMART CPU模块通过以太网交换机与多台设备连接

图 8-8 S7-200 SMART CPU 模块以太网连接的设备类型

8.2.2 IP 地址的设置

以太网中的各设备要进行通信，必须为每个设备设置不同的 IP 地址，IP 是英文 Internet Protocol 的缩写，意思是"网络之间互连协议"。

（1）IP 地址的组成

在以太网通信时，处于以太网络中的设备都要有不同的 IP 地址，这样才能找到通信的对象。图 8-9 所示是 S7-200 SMART CPU 模块的 IP 地址设置项，以太网 IP 地址由 IP 地址、子网掩码和默认网关组成，站名称是为了区分各通信设备而取的名称，可不填。

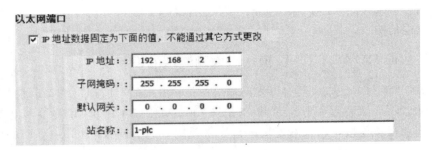

图 8-9 S7-200 SMART CPU 模块 IP 地址的组成部分

IP 地址由 32 位二进制数组成，分为四组，每组 8 位（数值范围 00000000～11111111），各组用十进制数表示（数值范围 0～255），前三组组成网络地址，后一组为主机地址（编号）。如果两台设备 IP 地址的前三组数相同，表示两台设备属于同一子网，同一子网内的设备主机地址不能相同，否则会产生冲突。

子网掩码与 IP 地址一样，也由 32 位二进制数组成，分为四组，每组 8 位，各组用十进制数表示。子网掩码用于检查以太网内的各通信设备是否属于同一子网。在检查时，将子网掩码 32 位的各位与 IP 地址的各位进行相与运算（$1 \cdot 1 = 1$，$1 \cdot 0 = 0$，$0 \cdot 1 = 0$，$0 \cdot 0 = 0$），如果某两台设备的 IP 地址（如 192.168.1.6 和 192.168.1.28）分别与子网掩码（255.255.255.0）进行相与运算，得到的结果相同（均为 192.168.1.0），则表示这两台设备属于同一个子网。

网关（Gateway）又称网间连接器、协议转换器，是一种具有转换功能，能将不同网络连接起来的计算机系统或设备（如路由器）。同一子网（IP 地址前三组数相同）的两台设备可以直接用网线连接进行以太网通信，同一子网的两台以上设备通信需要用到以太网交换机，不需要用到网关；如果两台或两台以上设备的 IP 地址不属于同一子网，其通信就需要用到网关（路由器）。网关可以将一个子网内的某设备发送的数据包转换后发送到其它子网内的某设备内，反之同样也能进行。如果通信设备处于同一个子网内，则不需要用到网关，故可不用设置网关地址。

(2) 计算机 IP 地址的设置及网卡型号查询

当计算机与 S7-200 SMART CPU 模块用网线连接起来后，就可以进行以太网通信，两者必须设置不同的 IP 地址。

计算机 IP 地址的设置操作如图 8-10 所示。在计算机桌面上双击"网上邻居"图标，弹出网上邻居窗口，单击窗口左边的"查看网络连接"，出现网络连接窗口，如图 8-10（a）所示；在窗口右边的"本地连接"上右击，弹出快捷菜单，选择其中的"属性"，弹出"本地连接属性"对话框，如图 8-10（b）所示；在该对话框的"连接时使用"项可查看当前本地连接使用的网卡（网络接口卡）型号，在对话框的下方选中"Internet 协议（TCP/IP）"项后，单击"属性"按钮，弹出"Internet 协议（TCP/IP）属性"对话框，如图 8-10（c）所示；选中"使用下面的 IP 地址"，再在下面设置 IP 地址（前三组数应与 CPU 模块 IP 地址前三组数相同）、子网掩码（设为 255.255.255.0），如果计算机与 CPU 模块同属于一个子网，则不用设置网关，下面的 DNS 服务器地址也不用设置。

(3) CPU 模块 IP 地址的设置

S7-200 SMART CPU 模块 IP 地址设置有三种方法：

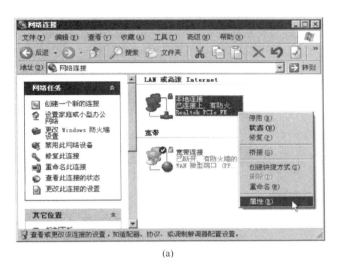

(a)

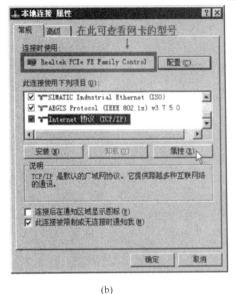

(b)

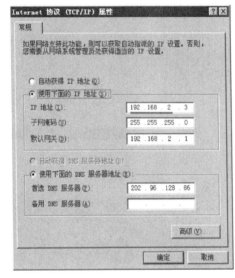

(c)

图 8-10　计算机 IP 地址的设置操作

用编程软件的"通信"对话框设置 IP 地址、用编程软件的"系统块"对话框设置 IP 地址、在程序中使用 SIP_ADDR 指令设置 IP 地址。

① 用编程软件的"通信"对话框设置 IP 地址　在 STEP7-Micro/WIN SMART 软件中，双击项目指令树区域的"通信"，弹出"通信"对话框，如图 8-11 所示；在对话框中先选择计算机与 CPU 模块连接的网卡型号，再单击下方的"查找"按钮，计算机与 CPU 模块连接成功后，在"找到 CPU"下方会出现 CPU 模块的 IP 地址。如果要修改 CPU 模块的 IP 地址，可先在左边选中 CPU 模块的 IP 地址，然后单击右边或下方的"编辑"按钮，右边 IP 地址设置项变为可编辑状态，同时"编辑"按钮变成"设置"按钮，输入新的 IP 地址后，单击"设置"按钮，左边的 CPU 模块 IP 地址换成新的 IP 地址。

注意：如果在系统块中设置了固定 IP 地址（又称静态 IP 地址），并下载到 CPU 模块，则在"通信"对话框中是不能修改 IP 地址的。

② 用编程软件的"系统块"对话框设置 IP 地址　在 STEP7-Micro/WINSMART 软件中，双击项目指令树区域的"系统块"，弹出"系统块"对话框，如图 8-12 所示；在对话框中勾选"IP 地址数据固定为下面的值，不能通过其它方式更改"，然后在下面对 IP 地址各项进行设置；然后单击"确定"按钮关闭对话框，再将系统块下载到 CPU 模块，这样就给 CPU 模块设置了静态 IP 地址。设置了静态 IP 地址后，在"通信"对话框中是不能修改 IP 地址的。

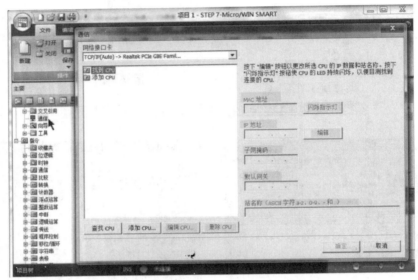

图 8-11　用编程软件的"通信"对话框设置 IP 地址

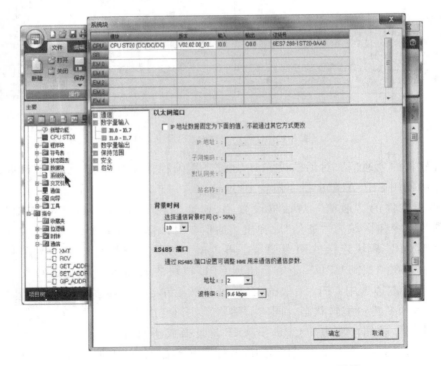

图 8-12　用编程软件的"系统块"对话框设置 IP 地址

③ 在程序中使用 SIP_ADDR 指令设置 IP 地址 S7-200 SMART PLC 有 SIP_ADDR 指令和 GIP_ADDR 指令，使用 SIP_ADDR 指令可以设置 IP 地址（如果已在系统块中设置固定 IP 地址，则用本指令无法设置 IP 地址），而 GIP_ADDR 指令用于获取 IP 地址，两指令的使用在后面会有介绍。

8.2.3 以太网通信指令

S7-200 SMART PLC 的以太网通信专用指令有 4 条：SIP_ADDR 指令（用于设置 IP 地址）、GIP_ADDR 指令（用于获取 IP 地址）、GET 指令（用于从远程设备读取数据）和 PUT 指令（用于往远程设备写入数据）。

(1) SIP_ADDR、GIP_ADDR 指令

SIP_ADDR 指令用于设置 CPU 模块的 IP 地址，GIP_ADDR 指令用于获取 CPU 模块的 IP 地址。

SIP_ADDR、GIP_ADDR 指令说明如表 8-2 所示。

▣ 表8-2 SIP_ADDR、GIP_ADDR 指令说明

指令名称	梯形图及操作数	使用举例
设置 IP 地址指令（SIP_ADDR）	SIP_ADDR EN ENO ADDR MASK GATE ADDR、MASK、GATE 均为双字类型，可为 ID、QD、VD、MD、SMD、SD、LD、AC. * VD、* LD、* AC	I0.0 — SIP_ADDR EN ENO VD100-ADDR VD104-MASK VD108-GATE 当 I0.0 触点闭合时，将 VD100 中的值设为 IP 地址（VB100～VB103 依次为 IP 地址的第 1～4 组数），将 VD104 中的值设为子网掩码，将 VD108 中的值设为网关。 在执行该指令前，应先向 VB100～VB103、VB104～VB107、VB108～VB111 中写入 IP 地址、子网掩码和网关的值。 若在系统块中设置了固定 IP 地址，则无法使用该指令设置 IP 地址
获取 IP 地址指令（GIP_ADDR）	GIP_ADDR EN ENO ADDR MASK GATE ADDR、MASK、GATE 均为双字类型，可为 ID、QD、VD、MD、SMD、SD、LD、AC. * VD、* LD、* AC	I0.0 — GIP_ADDR EN ENO ADDR-VD200 MASK-VD204 GATE-VD208 当 I0.1 触点闭合时，将 CPU 模块的 IP 地址复制到 VD200（VB200～VB203 依次存放 IP 地址的第 1～4 组数），将子网掩码复制到 VD204，将网关复制到 VD208

(2) GET、PUT 指令

GET 指令用于通过以太网通信方式从远程设备读取数据，PUT 指令用于通过以太网通

信方式往远程设备写入数据。

① 指令说明　GET、PUT 指令说明如表 8-3 所示。

▣ 表 8-3　GET、PUT 指令说明

指令名称	梯形图	功能说明	操作数
以太网读取数据指令（GET）	GET —EN　　ENO— ????—TABLE	按????为首单元构成的 TABLE 表的定义，通过以太网通信方式从远程设备读取数据	TABLE 均为字节类型，可为 IB、QB、VB、MB、SMB、SB、*VD、*LD、*AC
以太网写入数据指令（PUT）	PUT —EN　　ENO— ????—TABLE	按????为首单元构成的 TABLE 表的定义，通过以太网通信方式将数据写入远程设备	

在程序中使用的 GET 和 PUT 指令数量不受限制，但在同一时间内最多只能激活共 16 个 GET 或 PUT 指令。例如，在某 CPU 模块中可以同时激活 8 个 GET 和 8 个 PUT 指令，或者 6 个 GET 和 10 个 PUT 指令。

当执行 GET 或 PUT 指令时，CPU 与 GET 或 PUT 表中的远程 IP 地址建立以太网连接。该 CPU 可同时保持最多 8 个连接。连接建立后，该连接将一直保持到在 CPU 进入 STOP 模式为止。

针对所有与同一 IP 地址直接相连的 GET/PUT 指令，CPU 采用单一连接。例如，远程 IP 地址为 192.168.2.10，如果同时启用 3 个 GET 指令，则会在一个 IP 地址为 192.168.2.10 的以太网连接上按顺序执行这些 GET 指令。

如果尝试创建第 9 个连接（第 9 个 IP 地址），CPU 将在所有连接中搜索，查找处于未激活状态时间最长的一个连接。CPU 将断开该连接，然后再与新的 IP 地址创建连接。

② TABLE 表说明　在使用 GET、PUT 指令进行以太网通信时，需要先设置 TABLE 表，然后执行 GET 或 PUT 指令，CPU 模块按 TABLE 表的定义，从远程站读取数据或往远程站写入数据。

GET、PUT 指令的 TABLE 表说明见表 8-4。以 GET 指令将 TABLE 表指定为 VB100 为例，VB100 用于存放通信状态或错误代码，VB100～VB104 按顺序存放远程站 IP 地址的四组数，VB105、VB106 为保留字节，须设为 0，VB107～VB110 用于存放远程站待读取数据区的起始字节单元地址，VB111 存放远程站待读取字节的数量，VB112～VB115 用于存放接收远程站数据的本地数据存储区的起始单元地址。

在使用 GET、PUT 指令进行以太网通信时，如果通信出现问题，可以查看 TABLE 表首字节单元中的错误代码，以了解通信出错的原因。TABLE 表的错误代码含义见表 8-5。

▣ 表 8-4　GET、PUT 指令的 TABLE 表说明

字节偏移量	位 7	位 6	位 5	位 4	位 3	位 2	位 1	位 0
0	D（完成）	A（激活）	E（错误）	0	错误代码			
1								
2			远程站 IP 地址	IP 地址的第一组数				
3				IP 地址的第一组数				
4								

字节偏移量	位7	位6	位5	位4	位3	位2	位1	位0
5	保留=0(必须设置为零)							
6	保留=0(必须设置为零)							
7	远程站待访问数据区的起始单元地址 (I、Q、M、V、DB)							
8								
9								
10								
11	数据长度(远程站待访问的字节数量,PUT 为 1~212 个字节,GET 为 1~222 字节)							
12	本地站待访问数据区的起始单元地址 (I、Q、M、V、DB)							
13								
14								
15								

▣ 表 8-5　TABLE 表的错误代码含义

错误代码	含义
0(0000)	无错误
1	PUT/GET 表中存在非法参数: • 本地区域不包括 I、Q、M 或 V • 本地区域的大小不足以提供请求的数据长度 • 对于 GET,数据长度为零或大于 222 字节;对于 PUT,数据长度大于 212 字节 • 远程区域不包括 I、Q、M 或 V • 远程 IP 地址是非法的(0.0.0.0) • 远程 IP 地址为广播地址或组播地址 • 远程 IP 地址与本地 IP 地址相同 • 远程 IP 地址位于不同的子网
2	当前处于活动状态的 PUT/GET 指令过多(仅允许 16 个)
3	无可用连接。当前所有连接都在处理未完成的请求
4	从远程 CPU 返回的错误: • 请求或发送的数据过多 • STOP 模式下不允许对 Q 存储器执行写入操作 • 存储区处于写保护状态(请参见 SDB 组态)
5	与远程 CPU 之间无可用连接: • 远程 CPU 无可用的服务器连接 • 与远程 CPU 之间的连接丢失(CPU 断电、物理断开)
6-9、A-F	未使用(保留以供将来使用)

8.3　RS485/RS232 端口自由通信

自由端口模式是指用户编程来控制通信端口,以实现自定义通信协议的通信方式。在该模式下,通信功能完全由用户程序控制,所有的通信任务和信息均由用户编程来定义。

8.3.1　RS232C、RS422A 和 RS485 接口电路结构

S7-200 SMART CPU 模块上除了有一个以太网接口外，还有一个 RS485 端口（端口 0），此外，还可以给 CPU 模块安装 RS485/RS232 信号板，增加一个 RS485/RS232 端口（端口 1）。

（1）RS232C 接口

RS232C 接口又称 COM 接口，是美国 1969 年公布的串行通信接口，至今在计算机和 PLC 等工业控制中还广泛使用。RS232C 接口如图 8-13 所示。

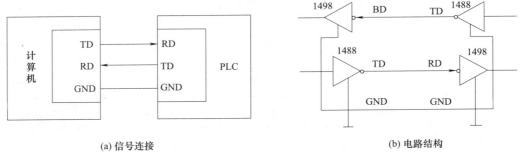

(a) 信号连接　　　　　　　　　(b) 电路结构

图 8-13　RS232C 接口

RS232C 标准有以下特点：

① 采用负逻辑，用 +5～+15V 电压表示逻辑 "0"，用 −5～−15V 电压表示逻辑 "1"。

② 只能进行一对一方式通信，最大通信距离为 15m，最高数据传输速率为 20Kbps。

③ 该标准有 9 针和 25 针两种类型的接口，9 针接口使用更广泛，PLC 多采用 9 针接口。

④ 该标准的接口采用单端发送、单端接收电路，电路的抗干扰性较差。

（2）RS422A 接口

RS422A 接口采用平衡驱动差分接收电路，如图 8-14 所示，该电路采用极性相反的两根导线传送信号，这两根线都不接地，当 B 线电压较 A 线电压高时，规定传送的为 "1" 电平；当 A 线电压较 B 线电压高时，规定传送的为 "0" 电平，A、B 线的电压差可从零点几伏到近十伏。采用平衡驱动差分接收电路作为接口电路，可使 RS422A 接口有较强的抗干扰性。

RS422A 接口采用发送和接收分开处理方式，数据传送采用 4 根导线，如图 8-15 所示，由于发送和接收独立，两者可同时进行，故 RS422A 通信是全双工方式。与 RS232C 接口相比，RS422A 的通信速率和传输距离有了很大的提高，在最高通信速率 10Mbps 时最大通信距离为 12m，在通信速率为 100Kbps 时最大通信距离可达 1200m，一台发送端可接 12 个接收端。

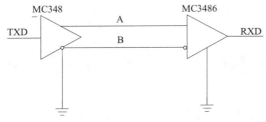

图 8-14　平衡驱动差分接收电路

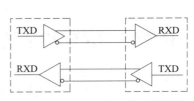

图 8-15　RS422A 接口的电路结构

（3）RS485 接口

RS485 是 RS422A 的变形，RS485 接口只有一对平衡驱动差分信号线，如图 8-16 所示，发送和接收不能同时进行，属于半双工通信方式。使用 RS485 接口与双绞线可以组成分布式串行通信网络，如图 8-17 所示，网络中最多可接 32 个站。

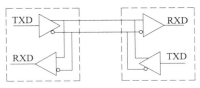

图 8-16 RS485 接口的电路结构

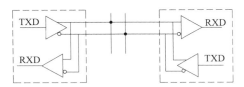

图 8-17 RS485 接口与双绞线组成分布式串行通信网络

RS485、RS422A、RS232C 接口通常采用相同的 9 针 D 形连接器，但连接器中的 9 针功能定义有所不同，故不能混用。当需要将 RS232C 接口与 RS422A 接口连接通信时，两接口之间需有 RS232C/RS422A 转换器，转换器结构如图 8-18 所示。

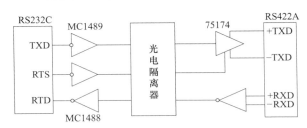

图 8-18 RS232C/RS422A 转换器结构

8.3.2　RS485/RS232 各引脚功能定义

（1）CPU 模块自带 RS485 端口说明

S7-200 SMART CPU 模块自带一个与 RS485 标准兼容的 9 针 D 形通信端口，该端口也符合欧洲标准 EN50170 中的 PROFIBUS 标准。S7-200 SMART CPU 模块自带 RS485 端口（端口 0）的各引脚功能说明见表 8-6。

▣ **表 8-6**　S7-200 SMART CPU 模块自带 RS485 端口（端口 0）的各引脚功能说明

CPU 自带的 9 针 D 形 RS485 端口（端口 0）	引脚编号	信号	说明
	1	屏蔽	机壳接地
	2	24V−	逻辑公共端
	3	RS485 信号 B	RS485 信号 B
	4	请求发送	RTS（TTL）
	5	5V−	逻辑公共端
	6	5V+	+5V，100Ω 串联电阻
	7	24V+	+24V
	8	RS485 信号 A	RS485 信号 A
	9	不适用	10 位协议选择（输入）
	连接器外壳	屏蔽	机壳接地

(2) CM01 信号板的 RS485/RS232 端口说明

CM01 信号板上有一个 RS485/RS232 端口，在编程软件的系统块中可设置将其用作 RS485 端口或 RS232 端口。CM01 信号板可直接安装在 S7-200 SMART CPU 模块上，其 RS485/RS232 端口的各引脚采用接线端子方式，各引脚功能说明见表 8-7。

表 8-7　CM01 信号板的 RS485/RS232 端口说明

CM01 信号板(SB)端口(端口 1)	引脚编号	信号	说明
	1	接地	机壳接地
	2	Tx/B	RS232-Tx(发送端)/RS485-B
	3	请求发送	RTS(TTL)
	4	M 接地	逻辑公共端
	5	Rx/A	RS232-Rx(接收端)/RS485-A
	6	+5V DC	+5V,100Ω 串联电阻

8.3.3　获取端口地址（GET_ADDR）指令和设置端口地址（SET_ADDR）指令

GET_ADDR、SET_ADDR 指令说明如表 8-8 所示。

表 8-8　GET_ADDR、SET_ADDR 指令说明

指令名称	梯形图	功能说明	操作数	
			TBL	PORT
获取端口地址指令（GET_ADDR）	GET_ADDR EN　ENO ADDR PORT	读取 PORT 端口所接设备的站地址(站号),并将站地址存放到 ADDR 指定的单元中	IB、QB、VB、MB、SMB、SB、LB、AC、* VD、* LD、* AC、常数（常数值仅对 SET_ADDR 指令有效）	常数:0 或 1。CPU 自带 RS485 端口为端口 0。CM01 信号板 RS232/RS485 端口为端口 1
设置端口地址指令（SET_ADDR）	SET_ADDR EN　ENO ADDR PORT	将 PORT 端口所接设备的站地址(站号)设为 ADDR 指定的值。新地址不会永久保存,循环上电后,受影响的端口将返回到原来的地址(即系统块设定的地址)		

8.3.4 发送（XMT）和接收（RCV）指令

(1) 指令说明

发送和接收指令说明如表 8-9 所示。

▣ 表 8-9 发送和接收指令说明

指令名称	梯形图	功能说明	操作数	
			TBL	PORT
发送指令 （XMT）	XMT EN ENO TBL PORT	将 TBL 表数据存储区的数据通过 PORT 端口发送出去。 TBL 端指定 TBL 表的首地址，PORT 端指定发送数据的通信端口	IB、QB、VB、MB、SMB、SB、﹡VD、﹡LD、﹡AC(字节型)	常数：0 或 1。 CPU 自带 RS485 端口为端口 0。 CM01 信号板 RS232/RS485 端口为端口 1
接收指令 （RCV）	RCV EN ENO TBL PORT	将 PORT 通信端口接收来的数据保存在 TBL 表的数据存储区中。 TBL 端指定 TBL 表的首地址，PORT 端指定接收数据的通信端口		

发送和接收指令用于自由模式下通信，通过设置 SMB30（端口 0）和 SMB130（端口 1）可将 PLC 设为自由通信模式，SMB30、SMB130 各位功能说明见表 8-10。PLC 只有处于 RUN 状态时才能进行自由模式通信，处于自由通信模式时，PLC 无法与编程设备通信；在 STOP 状态时自由通信模式被禁止，PLC 可与编程设备通信。

▣ 表 8-10 SMB30、SMB130 各位功能说明

位号	位定义	说明
7	校验位	00＝不校验；01＝偶校验；10＝不校验；11＝奇校验
6		
5	每个字符的数据位	0＝8 位/字符；1＝7 位/字符
4	自由口波特率选择（Kbps）	000＝38.4；001＝19.2；010＝9.6；011＝4.8；100＝2.4；101＝1.2；110＝115.2；111＝57.6
3		
2		
1	协议选择	00＝PPI 从站模式；01＝自由口模式；10＝保留；11＝保留
1		

(2) 发送指令使用说明

发送指令可发送一个字节或多个字节（最多为 255 个），要发送的字节存放在 TBL 表中。TBL 表（发送存储区）的格式如图 8-19 所示，TBL 表中的首字节单元用于存放要发送字节的个数，该单元后面为要发送的字节，发送的字节不能超过 255 个。

如果将一个中断程序连接到发送结束事件上，在发送完存储区中的最后一个字符时，则会产生一个中断，端口 0 对应中断事件 9，端口 1 对应中断事件 26。如果不使用中断来执行发送指令，可以通过监视 SM4.5 或 SM4.6 位值来判断发送是否完成。

如果将发送存储区的发送字节数设为 0 并执行 XMT 指令，会发送一个间断语

发送字节的个数	M	E	S	S	A	G	E

发送的字节(即要发送的数据)

图 8-19 TBL 表（发送存储区）的格式

（BREAK），发送间断语和发送其它任何消息的操作是一样的。当间断语发送完成后，会产生一个发送中断，SM4.5 或 SM4.6 的位值反映该发送操作状态。

（3）接收指令使用说明

接收指令可以接收一个字节或多个字节（最多为 255 个），接收的字节存放在 TBL 表中。TBL 表（接收存储区）的格式如图 8-20 所示，TBL 表中的首字节单元用于存放要接收字节的个数值，该单元后面依次是起始字符、数据存储区和结束字符，起始字符和结束字符为可选项。

接收字节的个数	起始字符	M	E	S	S	A	G	E	结束字符

用于存储接收的字节

图 8-20 TBL 表（接收存储区）的格式

如果将一个中断程序连接到接收完成事件上，在接收完存储区的最后一个字符时，会产生一个中断，端口 0 对应中断事件 23，端口 1 对应中断事件 24。如果不使用中断，也可通过监视 SMB86（端口 0）或 SMB186（端口 1）来接收信息。

接收指令允许设置接收信息的起始和结束条件，端口 0 由 SMB86～SMB94 设置，端口 1 由 SMB186～SMB194 设置。接收信息端口的状态与控制字节见表 8-11。

（4）XMT（发送）、RCV（接收）指令使用举例

XMT、RCV 指令使用举例见表 8-12，其实现的功能是从 PLC 的端口 0 接收数据并存放到 VB100 为首单元的存储区（TBL 表）内，然后又将 VB100 为首单元的存储区内的数据从端口 0 发送出去。

表 8-11 接收信息端口的状态与控制字节

端口 0	端口 1	说 明
SMBB6	SMB186	接收消息 状态字节 | n	r	e	0	0	t	c	p | n:1=接收消息功能被终止(用户发送禁止命令) r:1=接收消息功能被终止(输入参数错误或丢失启动或结束条件) e:1=接收到结束字符 t:1=接收消息功能被终止(定时器时间已用完) c:1=接收消息功能被终止(实现最大字符计数) DE 1=接收消息功能被终止(奇问校验错误)

端口 0	端口 1	说　明
SMB87	SMB187	接收消息 控制字节 en:0＝接收消息功能被禁止 　　　1＝允许接收消息功能 　　　每次执行 RCV 指令时检查允许/禁止接收消息位 sc:0＝忽略 SMB88 或 SMB188 　　　1＝使用 SMB88 或 SMB188 的值检测起始消息 ec:0＝忽略 SMB89 或 SMB189 　　　1＝使用 SMB89 或 SMB189 的值检测结束消息 il:0＝忽略 SMW90 或 SMB190 　　　1＝使用 SMW90 或 SMB190 的值检测空闲状态 c/m:0＝定时器是字符间定时器 　　　　1＝定时器是消息定时器 tmr:0＝忽略 SMW92 或 SMW192 　　　　1＝当 SMW92 或 SMW192 中的定时时间超出时终止接收 bk:0＝忽略断开条件 　　　1＝用中断条件作为消息检测的开始
SMB88	SMB188	消息字符的开始
SMB89	SMB189	消息字符的结束
SMW90	SMB190	空闲线时间段按毫秒设定,空闲线时间用完后接收的第一个字符是新消息的开始
SMW92	SMB192	中间字符/消息定时器溢出值按毫秒设定,如果超过这个时间段,则终止接收消息
SMW94	SMB194	要接收的最大字符数(1～255 字节),此范围必须设置为期望的最大缓冲区大小,即使不使用字符计数消息终端

在 PLC 上电进入运行状态时，SM0.1 常开触点闭合一个扫描周期，主程序执行一次。先对 RS485 端口 0 通信进行设置，然后将中断事件 23（端口 0 接收消息完成）与中断程序 INT_0 关联起来，将中断事件 9（端口 0 发送消息完成）与中断程序 INT_2 关联起来，并开启所有的中断，再执行 RCV（接收）指令，启动端口 0 接收数据，接收的数据存放在 VB100 为首单元的 TBL 表中。

一旦端口 0 接收数据完成，会触发中断事件 23 而执行中断程序 INT_0。在中断程序 INT_0 中，如果接收消息状态字节 SMB86 的位 5 为 1（表示已接收到消息结束字符），＝＝B 触点闭合，则将定时器中断 0（中断事件 10）的时间间隔设为 10ms，并把定时器中断 0 与中断程序 INT_1 关联起来；如果 SMB86 的位 5 不为 1（表示未接收到消息结束字符），＝＝B 触点断开，经 NOT 指令取反后，RCV 指令执行，启动新的数据接收。

由于在中断程序 INT_0 中将定时器中断 0（中断事件 10）与中断程序 INT_1 关联起来，10ms 后会触发中断事件 10 而执行中断程序 INT_1。在中断程序 INT_1 中，先将定时器中断 0（中断事件 10）与中断程序 INT_1 断开，再执行 XMT（发送）指令，将 VB100 为首单元的 TBL 表中的数据从端口 0 发送出去。

一旦端口 0 数据发送完成，会触发中断事件 9（端口 0 发送消息完成）而执行中断程序 INT_2。在中断程序 INT_2 中，执行 RCV 指令，启动端口 0 接收数据，接收的数据存放在

VB100 为首单元的 TBL 表中。

在本例中，发送 TBL 表和接收 TBL 表分配的单元相同，实际通信编程时可根据需要设置不同的 TBL 表。另外，本例中没有编写发送 TBL 表的各单元的具体数据。

⊡ 表 8-12 XMT、RCV 指令使用举例

梯形图程序	说　明
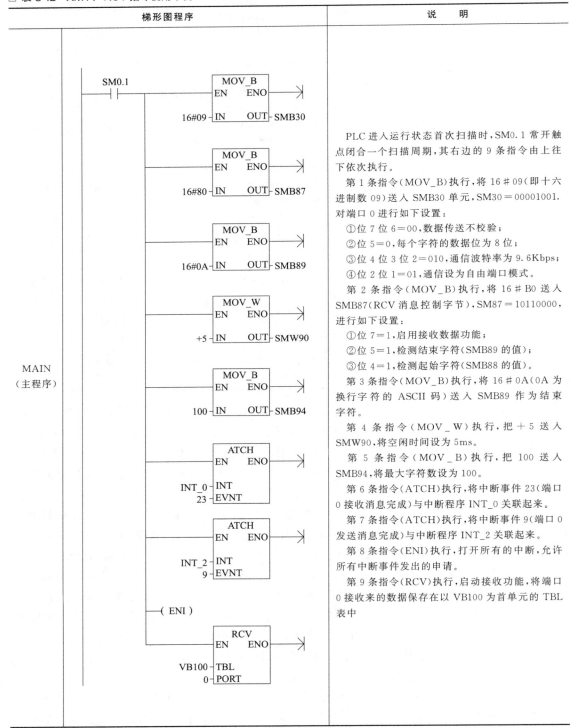	PLC 进入运行状态首次扫描时，SM0.1 常开触点闭合一个扫描周期，其右边的 9 条指令由上往下依次执行。 第 1 条指令（MOV_B）执行，将 16#09（即十六进制数 09）送入 SMB30 单元，SM30＝00001001。对端口 0 进行如下设置： ①位 7 位 6＝00，数据传送不校验； ②位 5＝0，每个字符的数据位为 8 位； ③位 4 位 3 位 2＝010，通信波特率为 9.6Kbps； ④位 2 位 1＝01，通信设为自由端口模式。 第 2 条指令（MOV_B）执行，将 16#B0 送入 SMB87（RCV 消息控制字节），SM87＝10110000，进行如下设置： ①位 7＝1，启用接收数据功能； ②位 5＝1，检测结束字符（SMB89 的值）； ③位 4＝1，检测起始字符（SMB88 的值）。 第 3 条指令（MOV_B）执行，将 16#0A（0A 为换行字符的 ASCII 码）送入 SMB89 作为结束字符。 第 4 条指令（MOV_W）执行，把 ＋5 送入 SMW90，将空闲时间设为 5ms。 第 5 条指令（MOV_B）执行，把 100 送入 SMB94，将最大字符数设为 100。 第 6 条指令（ATCH）执行，将中断事件 23（端口 0 接收消息完成）与中断程序 INT_0 关联起来。 第 7 条指令（ATCH）执行，将中断事件 9（端口 0 发送消息完成）与中断程序 INT_2 关联起来。 第 8 条指令（ENI）执行，打开所有的中断，允许所有中断事件发出的申请。 第 9 条指令（RCV）执行，启动接收功能，将端口 0 接收来的数据保存在以 VB100 为首单元的 TBL 表中

梯形图程序	说　　明
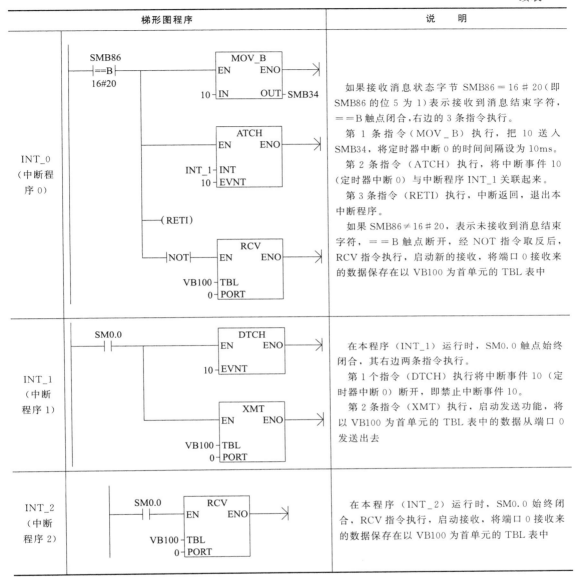	如果接收消息状态字节 SMB86＝16♯20（即 SMB86 的位 5 为 1）表示接收到消息结束字符，＝＝B 触点闭合，右边的 3 条指令执行。 　　第 1 条指令（MOV_B）执行，把 10 送入 SMB34，将定时器中断 0 的时间间隔设为 10ms。 　　第 2 条指令（ATCH）执行，将中断事件 10（定时器中断 0）与中断程序 INT_1 关联起来。 　　第 3 条指令（RETI）执行，中断返回，退出本中断程序。 　　如果 SMB86≠16♯20，表示未接收到消息结束字符，＝＝B 触点断开，经 NOT 指令取反后，RCV 指令执行，启动新的接收，将端口 0 接收来的数据保存在以 VB100 为首单元的 TBL 表中
	在本程序（INT_1）运行时，SM0.0 触点始终闭合，其右边两条指令执行。 　　第 1 个指令（DTCH）执行将中断事件 10（定时器中断 0）断开，即禁止中断事件 10。 　　第 2 条指令（XMT）执行，启动发送功能，将以 VB100 为首单元的 TBL 表中的数据从端口 0 发送出去
	在本程序（INT_2）运行时，SM0.0 始终闭合，RCV 指令执行，启动接收，将端口 0 接收来的数据保存在以 VB100 为首单元的 TBL 表中

 思考与练习

1. 什么是串行传输？什么是并行传输？
2. 什么是异步传输和同步传输？
3. 为什么要对信号进行调制和解调？
4. 常见的传输介质有哪些？它们的特点是什么？
5. 奇偶检验码如何实现奇偶检验？

参考
文献

[1] 廖常初. S7-200 SMART PLC 编程及应用 [M]. 第 3 版. 北京：机械工业出版社，2018.

[2] 黄永红. 电气控制与 PLC 应用技术-西门子 S7-200 SMART PLC [M]. 第 3 版. 北京：机械工业出版社，2018.

[3] 黄永红. 电气控制与 PLC 应用技术 [M]. 第 2 版. 北京：机械工业出版社，2018.

[4] 王存旭. 可编程控制器原理及应用 [M]. 北京：高等教育出版社，2013.

[5] 西门子（中国）有限公司. 深入浅出西门子 S7-200 SMART PLC [M]. 北京：北京航空航天大学出版社，2015.

[6] 项晓汉. S7-200 SMART PLC 完全精通教程 [M]. 北京：机械工业出版社，2013.

[7] 廖常初. S7-200 PLC 基础教程 [M]. 4 版. 北京：高等教育出版社，2019.

[8] 廖常初，祖正容. 西门子工业网络的组态编程与故障诊断 [M]. 第 4 版. 北京：高等教育出版社，2009.